学前心理学

XUEQIAN XINLIXUE

陈培霞 刘保俊 主 编

河南大学出版社
HENAN UNIVERSITY PRESS
·郑州·

图书在版编目（CIP）数据

学前心理学 / 陈培霞，刘保俊主编．— 郑州：河南大学出版社，2019.7（2023.8 重印）

ISBN 978-7-5649-3822-2

Ⅰ．①学…　Ⅱ．①陈…②刘…　Ⅲ．①学前儿童－儿童心理－幼儿师范学校－教材　Ⅳ．①B844.12

中国版本图书馆 CIP 数据核字 (2019) 第 151235 号

责任编辑　孙增科
责任校对　陈　巧
封面设计　郭　灿

出版发行　河南大学出版社
地址：郑州市郑东新区商务外环中华大厦 2401 号　　邮编：450046
电话：0371-86059712（高等教育与职业教育出版分社）
0371-86059701（营销部）　　网址：hupress.henu.edu.cn

排　　版　郑州和尔文化传播有限公司
印　　刷　广东虎彩云印刷有限公司
版　　次　2019 年 12 月第 1 版　　**印　　次**　2023 年 8 月第 7 次印刷
开　　本　787mm × 1092mm　1/16　　**印　　张**　17.5
字　　数　394 千字　　**定　　价**　45.00 元

序 言

心理学是自20世纪以来发展最为迅速、应用最为广泛的学科之一，它对现代教育有着非常重要的影响。学前心理学作为心理学的重要组成部分，是研究个体从出生到入学前儿童心理发展特点和规律的科学，它对当前学前儿童的教育、保育和发展等工作提供了心理学依据。蒙台梭利指出："儿童发展的时期是一生最重要的时期。道德的营养不良和精神的中毒对人的心灵的危害正如身体的营养不良对于身体健康的危害一样。"所以，研究学前心理学对于了解儿童的心理特点，走进儿童的内心世界具有重要的意义。

学前心理学是构成学前教育工作者完整知识结构的一个重要组成部分，是学前教育工作者必备的专业基础知识。本书以高职院校学前教育专业学生的培养要求为依据，其主要任务是向学生介绍学前儿童心理发展的基本理论和基础知识，以全面呈现学前儿童心理发展的特点和规律，为形成正确的儿童观、教育观奠定坚实的理论基础。

本书遵循理论联系实际的原则，既整合了当前心理学和学前心理学研究中有价值的成果，又引入了大量的学前儿童心理教学案例，满足学生模仿学习的需要，真正实现了把学前心理学的理论知识和学与教的实践紧密结合起来，将学习内容与幼师职业资格考试有机对接，使学生更好地实现就业、走向社会。同时，"理论知识＋教学案例"的呈现提升了教材的趣味性，激发学生产生学习兴趣，实现了科学性和趣味性的结合。

本书分为十一章，包括学前心理学概述、学前儿童心理发展的基础理论、学前儿童的感知觉和注意、学前儿童的记忆与想象、学前儿童思维与言语发展、学前儿童的情绪情感发展、学前儿童的意志发展、学前儿童个性的发展（上）、学前儿童个性的发展（下）、学前儿童的社会交往、学前儿童的游戏，这十一章的内容全面呈现了学前儿童心理发展的规律和特点。本书突出了实用性的特点，密切联系了当今学前教育的现状，希望能够为学前教育工作者提供切实可行的帮助，进一步促进我国学前教育事业的发展。

全书由陈培霞、刘保俊主编，参与编写的人员有：刘保俊（第一、二、七章），陈培霞（第三、四章），刘小转（第五、六章），何璐（第八、九章），王汶洁（第十、十一章）。全书由刘保俊进行框架设计，由陈培霞统稿，定稿。

本书在编写过程中参考并引用了许多心理学研究者的学术成果及理论观点，在此一并表示谢意！

限于学科特点和编者水平，书中难免存在不足之处，敬请各位专家和读者不吝赐教，以便修订时改进。

编 者

目　录

第一章　学前心理学概述

学习目标

1. 了解学前心理学的研究对象、内容和意义。
2. 掌握学前心理学的研究方法。
3. 了解学前儿童心理发展的影响因素并学会分析其在个体发展中的作用。

引导案例 1-1

到底应该用哪个概念呢?

几位幼儿教师正在进行有关幼儿园小、中、大班孩子们的进餐行为的研究,一切都很顺利。不过形成研究方案时,就概念的采用问题,大家出现了不同的意见。黄老师认为,应该用“儿童进餐行为研究”,张老师认为应该用“学前儿童进餐行为研究”,李老师则认为应该用“幼儿进餐行为研究”。

思考:若您在场,您认为用哪个题目更准确呢? 为什么?

引导案例 1-2

某幼儿园为了有计划、有目的地指导幼儿进行早期阅读,提高幼儿对阅读的兴趣,对幼儿早期阅读的情况进行了研究调查。该幼儿园随机抽取了小、中、大班 90 名(其中小班 30 名,中班 30 名,大班 30 名)幼儿及其家长进行访谈。

思考:该研究采用的是哪种研究方法? 该研究方法的优点是什么?

第一节　学前心理学的研究内容及意义

学前儿童心理学简称学前心理学,是个体发展心理学的一个分支。发展心理学旨在探究人类从胚胎到死亡的全过程，揭示各个年龄阶段的发展规律和心理特征。而学前儿童心理学是主要研究个体从出生到上小学之前的心理发生发展特点和规律的一门科学，着重研究个体发展的早期阶段。

一、学前心理学的研究对象

学前心理学研究的对象是学前儿童。目前，我国学术界对学前儿童这一概念的界定并不完全一致，存在广义和狭义之分。广义的学前儿童指从出生或从受精卵开始到上小学之前(0～6 岁)的儿童。狭义的学前儿童指从进入幼儿园到入小学之前(3～6 岁)的儿童。本书研究的是广义的学前儿童，指个体从受精卵开始到 6 岁这一生命历程。本书进一步将学前儿童期划分为 4 个时期：胎儿期，精卵细胞结合到小儿出生前；新生儿期，胎儿娩出、脐带结扎时起，至出生后满 28 天；婴儿期，出生后到 3 周岁之前；幼儿期，3 周岁到 6 周岁。

知识链接 1-1

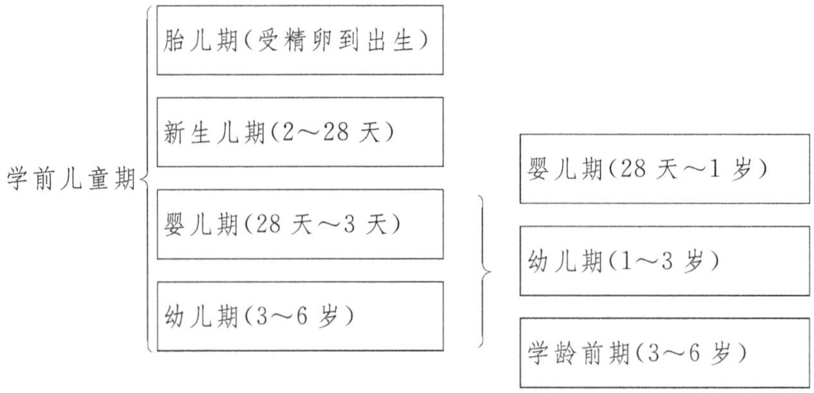

关于幼儿期的界定不是很明确，有些资料是从出生到 6 岁，有些资料显示是 1～3 岁。

二、学前心理学的研究内容

学前心理学是研究学前儿童心理发生发展特点和规律的一门科学，它不仅要描述学前儿童心理发展过程的共同特征，还要揭示这些特征变化的时间趋势，分析其发展的内外影响因素等。具体来说，学前心理学的研究内容可分为以下三方面。

(一)学前儿童心理发展的年龄特征

学前儿童心理发展的年龄特征是指学前儿童在一定条件下，在儿童发展的各个年龄阶段中所形成的一般的、典型的、本质的心理特征。这些特征是从许多儿童的心理特征中概括出来的，具有一定的稳定性和可变性。一般来讲，学前儿童从受精卵到出生、成熟，大约经历了胎儿期、新生儿期、婴儿期和幼儿期。这些时期代表着相互连续又相互区别的年龄阶段：旧的年龄阶段被新的取代，如此循环往复，螺旋向上发展。例如，婴儿期是道德的萌芽时期，是一个以“好”和“坏”两极性为评判或判断标准的道德时期；幼儿期则主要是情境性品德发展时期。

（二）学前儿童心理发展的特点

1. 发展具有方向性和顺序性

正常情况下，学前儿童的心理发展具有一定的方向性和顺序性，按照从低级到高级、由简单到复杂的顺序进行。例如，儿童动作的发展，遵循头尾律、远近律和大小律，即先头部后四肢、从身体中心向外围、从粗动作到细动作的发展规律，每个儿童均不例外。另外，儿童的情绪情感也是按照从基本的情绪（快乐、悲伤等）到更加高级的情感（道德感、美感等）的顺序发展。

【真题卡片 1—1】

单选题（2017 上半年保教知识与能力）

△下列哪一种活动重点不是发展幼儿的精细动作能力？（　　）

A. 扣纽扣　　B. 使用剪刀　　C. 双手接球　　D. 系鞋带

【答案】C。

【真题卡片 1—2】

单选题（2014 下半年保教知识与能力）

△下列哪一种活动重点不是发展幼儿的精细动作能力？（　　）

A. 2～3 个月　　B. 4～5 个月　　C. 7～8 个月　　D. 9～10 个月

【答案】B。

2. 发展具有连续性和阶段性

学前儿童的心理发展是一个连续的过程，先前的发展阶段是后来的发展阶段的前提和基础。在一定的社会和教育条件下，学前儿童从出生到成熟大约经历了胎儿期、新生儿期、婴儿期和幼儿期。这些阶段是相互连续的发展时期，既不能跨越，也不能倒退。例如，儿童言语的发展是一个连续的过程，一般从学会说简单的字词开始，然后把字词串联起来组成短句。虽然儿童的心理发展是连续的过程，但是在不同的发展时期也有各自的特征。例如，3 岁幼儿的思维还保留着儿童思维的具体形象性，5 岁幼儿已开始出现抽象逻辑思维的萌芽。

3. 发展具有不均衡性

儿童心理发展的不均衡性主要体现在同一个体身上。同一个体的某一方面在不同年龄阶段的发展速度不均衡。一般来说，年龄越小，发展的速度越快。如身高在婴幼儿时期呈现出加速发展的特征，这成为第一个加速期；进入青春期之后，开始第二个加速期；而在其他年龄阶段则发展平稳。此外，同一个体的不同方面发展也不均衡。感知觉在个体出生时就产生，并且迅速发展到较高水平，而抽象逻辑思维发展到学前末期仍处于较低水平。有学者提出敏感期的概念，认为儿童的各种心理机能的发展存在一个最佳年龄阶段，若在此阶段为儿童提供合适的条件，就会有效促使儿童心理的发展；若错过这个阶段，将来需要花费更长的时间去弥补，甚至很难弥补。

4. 发展具有个体差异性

学前儿童心理发展的差异性主要指不同个体在心理发展过程中表现出来的心理状况、速度、水平等方面的差异。尽管儿童心理发展都要按照基本的顺序和方向进行，都会经历大致相同的路线，但是每个儿童心理发展的速度、最终达到的发展水平和其发展的优势领域都可能是不同的。现代基因研究表明，虽然个体基因 99.9%都和父母完全相同，但就是那 0.1%的不同，造就了包括血型和眼球颜色在内的 300 万个不同的遗传性征，这些不同也成就了每个人的个体差异。例如，有的儿童语言发展较快，2 岁就能说出完整流利的句子，有的却刚刚学会说话。

（三）学前儿童心理发展的影响因素

影响学前儿童心理发展的因素是多种多样的，主要来自两个方面：一是遗传，二是环境。与此相关的理论主要有三种：遗传决定论、环境决定论和相互作用论。遗传决定论十分强调遗传对人的作用，代表人物霍尔的“一两的遗传胜一吨的教育”的观点充分说明了这一点。环境决定论的创始人华生在其《行为主义》中写道：“给我一打健全的、

没有缺陷的婴儿，在我为他们设立的世界中长大，我可以保证，从他们中任意挑选一个，不管他的天分、爱好、倾向、能力以及他的职业取向或血统如何，我都可以将他们训练成为任何一种领域的专家，如医生、律师、艺术家、商业领袖，甚至是乞丐和小偷。”这两种理论都片面强调某一类因素的重要性。而相互作用论则吸取前两种理论的精华之处，认为个体的发展是遗传和环境两类因素相互作用的结果，这一理论已经被大家广泛接受。

三、研究、学习学前心理学的意义

研究和学习学前心理学，既具有重要的理论价值，也包含丰富的实践意义。

1. 了解学前心理发展规律，树立正确的儿童观和教育观

通过对心理的科学研究，有助于人们破除对心理的神秘感，并主动地运用心理规律来开展活动。学前儿童心理学主要揭示了学前儿童心理发展的规律性，可帮助家长和教师树立

科学的儿童观：既遵循幼儿心理发展的规律，适时适当地对学前儿童提出发展的要求和目标，动态地评价学前儿童的发展，又要根据学前儿童的个别差异因材施教。

当今社会，幼儿园教育小学化的倾向十分严重，很多家长和老师不了解学前儿童身心发展的规律，在教育的过程中急功近利，将小学的知识过早、过重地压在学前阶段的儿童身上，这种做法不仅有害于幼儿的身心健康，还会对幼儿未来的学习造成不良后果。学前儿童心理学可以让人们科学地认识学前儿童心理发展的年龄特征，了解其心理发展的方向和顺序，进而使教育者能够正确对待儿童，尊重儿童身心发展规律，树立正确的儿童观。

知识链接 1-2

幼儿园教什么，由家长决定

据报道，某幼儿园大班应大部分家长要求开设拼音、写字、算术等“小学化”教学内容，而不得不调整了课程。频频出现的“幼儿教什么由家长决定”的现象，引起媒体和社会日益广泛的关注，值得教育工作者深思。

幼儿园教什么，应根据幼儿成长特点，遵循学前教育规律，由从事学前教育实践和科学研究的专业人士来确定，而不是由非专业的家长“表决”确定。按照现行的《幼儿园教育指导纲要（试行）》等文件，幼儿园教育应以游戏为基本活动，促进幼儿身心全面协调发展，不应片面追求某一方面或某几方面的发展，严禁“拔苗助长”式的超前教育和强化训练。显然，幼儿园提前教小学内容是不科学的、不可取的。

但是，许多生源不足的幼儿园，为了生存不得不迎合家长需求，开设小学教学内容。而家长之所以如此要求，很大程度上也是出于无奈，担心孩子上小学后分在不好的班或跟不上教学进度，更害怕孩子被各式各样的选拔性入学测试挡在门外。我们不能把板子全打在幼儿园身上，也不能全部归咎于家长。幼儿园“小学化”问题，其实是整个社会的应试教育文化在幼儿园的具体体现。

小学的招生方式和教学行为在很大程度上制约着幼儿园的保教行为，纠正幼儿园“小学化”问题，必须搞好小学和幼儿园的联动，进行系统性治理。

首先，要发挥好小学的“指挥棒”作用。一方面要均衡配置教育资源，促进小学均衡发展；另一方面要严格规范小学办学行为，严禁各种形式的违规考试，坚持小学一年级“零点”教学，严禁“跑步前进”的做法。

需要指出的是，由于幼儿园和小学属不同学段，在教育行政部门和教研部门中往往分属不同的科（处）室管理，让小学相关团队加入纠正幼儿园“小学化”的队伍中来，必须加强两个学段人力、智慧和资源的密切配合与衔接，集中力量推进。否则，各自为政的局面只会使纠正幼儿园“小学化”的措施停留在口号上。

其次，要充分发挥优质公办幼儿园的示范引领作用。优质公办幼儿园是纠正幼儿园“小学化”的先锋队和顶梁柱。要鼓励、督促它们带动和引领其他幼儿园坚持正确方向，指导和引领家长、社会的教育观念走上科学轨道。

最后，要逐步提升学前教育工作的专业化、科学化、规范化水平，加大舆论宣传力度，尽快纠正所谓幼儿教师是“哄孩子”的低技术含量职业的不当认识，努力让社会各界充分认识到学前教育的独特价值和重要意义。只有这样，我们才可能让整个社会弱化应试教育，实施素质教育，逐步纠正“幼儿园教什么由家长决定”这一怪现象。

知识链接1-3

幼小衔接，有两种走进小学的“姿势”

这几年，我不断遭遇的咨询话题是：别人家孩子上小学之前都学了很多，我怕孩子跟不上；据说现在的小学一年级老师说孩子们啥都会，所以讲的很快，谁不提前学点肯定要落后；孩子刚上学时的自信心很重要，只有提前把一年级的东西学会了，就能赢得自信……

尽管学前教育界专家一直疾呼：拒绝小学化，千万别抢跑，一定要按照成长的规律做教育，要让孩子们以优雅的姿势走进小学。但是，理归理，事归事，家长的担心始终都在，包括一些受过高等教育的家长，也免不了那一分纠结。

看来，幼小衔接这件事情，躲是躲不过了，只有接招。

关键是怎么接？接对了，健康发展；接错了，贻害无穷。所以，我就目前国内幼儿园的两种做法，说说自己的看法。

一、急功近利的错接

急功近利的错接是指那些没有真功夫却很功利的幼儿园，为了“哄来家长赞扬声”，在儿童走进大班后，用足劲灌输小学一年级的数学和语文课本知识，美其名曰，这叫立竿见影般的幼小衔接。如此做法还有场外掌声，有些小学一年级老师也给幼儿园的做法叫好，说“这样的幼儿园教的东西真多，这些孩子我们教起来省劲”。

上面所说的都是外场视角，我们不妨以主场的儿童感受去分析一下问题。我看至少有以下三点需要仔细研究的问题：

第一，这些读小学前被速成和恶补的孩子，通常都是采用了小学化方式，也可能直接就用了小学教材来“提前跃入战壕”。而习惯了游戏化、生活化的儿童，在突变的模式下，尽管学到了许多知识，但难免会从不适应到厌烦。所以，若带着厌学的种子走进小学，后期的问题就是“不逼就不学”。

第二，这是典型的在黑板上“教出来”的孩子，学习就是依赖老师，犹如“喂着吃饭的孩子”，肯定是个问题。这个问题将来在小学的表现是什么？就是“不教不会学”。

第三，由于刚入小学时似乎已经“学富五车”，所以弱小年龄的孩子们，在缺少自控力下，在“抢跑领先”而骄傲的心理下，上课会不专注听课，并以为自己不听就会是一种可以炫耀的资本。于是，久而久之，养成了课堂不听课的坏习惯。这种问题是个“慢性病”，越往后病症越严重，临床情况是“学啥也不专心”。

二、后劲十足的对接

这是目前越办越好的那些“懂教育规律”的幼儿园，也就是具备现代幼教思想和引进优质幼教课程的幼儿园。这些幼儿园对待幼小衔接的认识和做法是：以能力发展为主线，以认知过程为重点，绝不排斥学习知识，重在研究过程的能力建构。

先说数学。幼儿园的数学着力点并不是速算，也不去比拼学到多少位数的加减法，而是通过正确的活动和生活，给儿童建构一些基本的数理逻辑、数物对称、数形对称，因为，这些才是今后建好数学大厦的“地基”。

再说语文的问题。特别是识字，不能被所谓的“小学化”困阻了学习。事实上，生活中的遭遇的汉字躲不开，各种绘本上的字早就吸引了儿童去认识，大街上的牌匾也直接闯入儿童的眼帘。咋办？学呗。只要不是像小学课堂一样，在黑板上去“硬式教学”，就不算小学化。这是我的观点。

所以，这样幼儿园所做的以学习态度和能力为主线的幼小衔接是没问题的。包括对儿童生活能力、心理准备一道都带上，然后走进小学。想想看，这些孩子可能暂时未必超越前面破门抢跑，但最终必赢。

前几日，跟一位面临入小学的孩子的家长说了上面两种情况时，我把这两种不同的入学“走姿”比喻为“两部车：

前者，只是一节装满知识的车厢，没动力系统，依靠幼儿园老师和家长在后面推车，推进了小学大门。之后的前行，由小学老师接力，继续推进。

后者，因为幼儿园期间已经启动了儿童的学习动力系统和培养了儿童学习的能力系统，所以这些儿童如一部有动力的汽车。车上转载的知识可能没有前者多，但是他们是自行走进小学的大门。

我的建议是：家长们别着急，悠着点自己那颗小虚荣心，在孩子们即将走进有考试的学习轨道前，给他们多准备一些“跑前营养餐”，并用“望远镜”去看看孩子未来的远方，给他们将来走进社会的背囊中多装一些素质、能力。

2. 为学前儿童早期的家庭教育提供理论指导

家庭是儿童早期教育的重要场所，父母作为儿童的第一任老师，对儿童早期的身心发展，甚至一生的发展都起着重要作用。学前儿童的教育不只是幼儿园的责任，家长也应该掌握一定的学前儿童心理学知识，了解学前儿童身心发展的规律。在与孩子相处时能够从孩子的角度看待他们身上发生的问题，给孩子成长的时间和空间；能够尊重孩子发展的个体差异，学会欣赏和鼓励他们。例如，在评价幼儿园的教学质量时，能够注重孩子的快乐成长，不为幼儿园教育小学化的倾向推波助澜。

3. 为学前儿童的幼儿园教育提供科学依据

儿童入园之后，幼儿园成为他们受教育的主要场所。幼儿园的环境设置、课程设置、一日生活时间安排、保教活动的内容和方法等，都应该遵循学前儿童的身心发展特点，为儿童提供科学的学前教育。学前儿童心理学是学前教育专业的一门重要的专业理论课程，未来的幼儿教师学习了这门课程，可以深入认识和理解儿童，科学地教育儿童，促进他们的心理健康发展，同时也能避免工作中的盲目性，提高保教的工作效率。

4. 为学前儿童教育的其他领域工作者提供切实服务

学前儿童心理学的研究成果不仅能为学前儿童的家庭和学校教育提供支持，还为其他领域的幼儿工作者提供服务。例如，儿童玩具的设计者和制作者、儿童食品的开发和调配者、儿童广播电视节目的制作人员等都需要结合学前儿童心理学的相关知识，把握儿童心理发展特点，不断提高自己的工作水平和质量。此外，学前儿童心理学还可为儿童医务工作者提供帮助。作为一名儿童医务工作者，除具备儿童医学知识外，也需要具备儿童心理学知识，掌握评定儿童心理发展水平的方法，能够诊断儿童心理发展方面的疾病，如儿童智力发展不全和儿童精神疾病等。

【真题卡片 1－3】

简答题(2017 上半年保教知识与能力)

△作为幼儿教师，如何在保教活动中营造良好的心理氛围？

【参考答案】

(1)营造温暖、放松的心理环境，让幼儿形成安全感和信赖感；建立良好的师生关系，保持良好的情绪状态，以积极、愉快的情绪影响幼儿；以欣赏的态度对待幼儿，注意发现幼儿的优点，接纳他们的个体差异，不简单与同伴作横向比较；保护幼儿自尊心，幼儿做错事时要冷静处理，不厉声斥责，更不能打骂。

(2)帮助幼儿学会恰当表达和调控情绪。教师用恰当的方式表达情绪，为幼儿作出榜样。如教师生气时不乱发脾气，不迁怒于人。教师和幼儿一起谈论自己高兴或生气的事，鼓励幼儿与人分享自己的情绪，允许幼儿表达自己的情绪，并给予适当的引导。如幼儿发脾气时不硬性压制，等其平静后告诉他什么行为是可以接受的；发现幼儿不高兴时，主动询问情况，帮助他们化解消极情绪。

(3)尊重幼儿、让幼儿主动发展。尊重幼儿的人格、需要、兴趣。教师遇事要和幼儿商量，把幼儿当作活动的主人，允许孩子做自己感兴趣的事。

(4)建立团结友爱的班集体，充分利用幼儿集体的教育力量。

(5)加强教师自身修养，以身示范。

第二节　学前心理学的研究方法

学前心理学的研究方法主要有以下几种。

一、观察法

观察法，是指研究者通过感官和辅助仪器，有目的、有计划地对处于自然情境下的学前儿童在日常生活、游戏和劳动过程中的表现，包括其言语、表情和行为，并根据观察结果分析儿童心理发展的规律和特征的方法。在研究中，人们除了借助自己的眼睛、耳朵去感知观察外，还可以运用照相机、闭路电视装置等现代技术手段来进行观察。

观察法是研究学前儿童心理活动的基本方法。因为学前儿童的心理活动有突出的外显特征，所以通过对他们外部言行的观察，可以了解他们的心理活动。借助观察法，可克服研究对象在各种能力、反应方式和特点方面的局限，能比较客观、有效地观测他们的行为。许多儿童心理研究成果都利用了观察法，如达尔文的《一个婴儿的传略》、陈鹤琴的《一个儿童发展的顺序》等。皮亚杰喜欢在家庭、学校或者游戏场所等儿童自然活动的情况下观察儿童，他认为自然状态的观察更有利于取得客观的结果。

用观察法研究学前儿童心理时应注意的问题有：①观察前，观察者要做好准备；②观察时，尽量使儿童保持自然状态；③对儿童观察，记录要求详细、准确、客观，不要带任何主观偏见；④儿童的行为不稳定，观察应排除偶然性，观察的次数要多。另外，还要考虑到各种误差，如观察者的期望效应、观察仪器设备的干扰等。

观察法最大的优点在于：①观察者能通过观察直接获得资料，不需其他中间环节，因此观察的资料比较真实；②在自然状态下观察儿童，能获得生动的资料；③观察具有及时性的优点，能捕捉到儿童正在发生的现象；④观察能收集到一些无法言表的儿童活动资料。观察法的局限性主要有：①受时间的限制；②受观察对象限制；③受观察者本身的限制；④观察者只能观察表面现象，而不能直接观察到本质；⑤观察法不适用于大面积调查。

表 1－1　儿童社会参与性活动观察记录

儿童代号	无所事事	旁观	单独	平行	联合	合作
1						
2						
3						
4						
5						
……						

【真题卡片1—4】

简答题(2017上半年保教知识与能力)

△简述教师观察幼儿行为的意义。

【参考答案】

观察是通过有目的、有计划地考察学前儿童在日常生活、游戏、学习和劳动中的表现。包括其言语、表情和行为，可以分析儿童心理发展的规律和特征。

观察法是研究学前儿童心理活动的最基本方法。因为幼小儿童的心理活动有突出的外显性，通过观察其外部行为，可以了解他们的心理活动。同时，观察法是在自然状态下进行，可以比较真实地得到学前儿童心理活动的资料。

在幼儿教育中，教师应尊重幼儿在发展水平、能力、经验、学习方式等方面的个体差异，因人施教。而了解幼儿的兴趣、发展水平需要教师细致、耐心的观察。教师善于发现幼儿感兴趣的事物、游戏和偶发事件中所隐含的教育价值，把握时机，积极引导。教师应成为幼儿学习活动的支持者、合作者、引导者。

同时《幼儿园教育指导纲要(试行)》也指出，平时观察所获的具有典型意义的幼儿行为表现和所积累的各种作品等是教育与评价的重要依据。因此，观察对教师了解幼儿、尊重幼儿、促进幼儿的发展起着重要作用。

二、实验法

实验法，即有计划地控制各种条件，并通过在各种条件中特别引起或改变某一条件来研究儿童心理特征的变化，从而揭示特定条件与心理活动之间关系的方法。运用实验法可以揭示自变量与因变量之间是否存在因果关系或相关程度的大小，从而发现并概括出儿童教育现象中的客观规律。

在运用实验法的过程中必须考虑三个变量：①自变量，即实验者安排的刺激情境和实验情境；②因变量，即实验者预定要观察、记录的变量，是实验者要研究的真正对象；③控制变量，即实验变量之外的其他可能影响实验结果的变量。

实验法主要有两种，即自然实验法和实验室实验法。

(一)自然实验法

自然实验法又称现场实验法，是指在实际生活情境中，由实验者创设或改变某些条件，以引起儿童某些心理活动并进行研究的方法。例如，在正常的儿童游戏活动中，分析小班、中班、大班幼儿的基本活动特点，从中发现幼儿游戏活动的规律。自然实验法与观察法的不同之处在于：研究者可以对某些条件进行控制，避免研究者处于被动的地位。自然实验法兼具观察法和实验法的优点。正因为如此，自然实验法和观察法一样，成为研究学前儿童心理的主要方法。由于儿童摆脱实验室实验可能产生的紧张心理而处于自然状态中，因此通过自然实验法得到的资料比较符合实际。

（二）实验室实验法

实验室实验法是指在实验中严格控制实验条件，借助专门的实验仪器引起和记录儿童的心理现象并进行研究的方法。严格控制实验条件，有助于发现儿童行为和心理活动的因果关系，并可对实验结果进行反复验证。实验室实验法最主要的优点就是能严格控制实验条件，通过特定的仪器探测一些不易观察到的情况，取得有价值的科学资料。例如，在儿童情感实验室中，通过设计不同情景实验，诱发出特定情绪，利用生理学方法（记录心率、心律、血压、呼吸、体温等生理信号的变化）和行为学方法（通过观察被试面对不同刺激时的表现，对他们的行为动作、面部表情和语音信号进行分析），对儿童的情绪进行研究，从而达到对儿童情绪能力进行评估的目的。实验室实验法的局限性在于儿童在实验室环境下容易产生不自然的心理状态，可能干扰实验结果的客观性。

三、调查法

调查法指研究者通过各种方法与手段，对学前儿童的某一心理发展主题进行系统的、周密的、间接的了解与考察，并对搜集到的资料进行定性、定量分析的研究方法。调查法的间接性主要体现在：它并不像观察法那样直接地对儿童的动作或行为进行观察和研究，而是间接地了解研究对象。例如，向家长了解儿童在家的表现，调查家长的养育态度和观念等。根据调查的手段不同，可将调查法分为问卷法和访谈法。

（一）问卷法

问卷法指研究者使用由一系列问题构成的调查表，收集资料以测量学前儿童行为和态度的基本研究方法。由于儿童的阅读和书写能力有限，研究者可将问卷的内容读给儿童听，收集他们口头回答并整理分析。这种方法容易操作，但可靠性差，因为学前儿童对问题的理解能力有限，并且他们的回答具有随意性。运用问卷法进行研究时，调查的对象主要是学前儿童有关的成人（父母和老师等）。

知识链接 1-4

幼儿家庭阅读环境问卷（节选）

1. 您孩子的年龄：________岁________月

2. 孩子性别：A. 男　　B. 女

3. 请问您是小朋友的：

A. 爸爸　　B. 妈妈　　C. 其他家人　　________（请填写）

4.家庭中拥有幼儿图书：

A.没有　B.1～10本　C.11～20本　D.20本以上

5.您认为孩子在家庭中的阅读：

A.没有意义　B.不清楚　C.有意义　D.意义重大

6.您每天陪孩子阅读多长时间？

A.没有　B.1～10分钟　C.11～30分钟　D.30分钟以上

7.请尽量多地列举孩子最喜欢的图书名称。

问卷法的优点主要有：①能够避免研究者口头表达方式的差异而造成的调查结果的偏误，减少调查资料中的误差；②能在较短的时间内搜集大量资料，节约时间和经费；③所获资料便于进行统计分析，容易得出结论。

问卷法的缺点主要有：①对年龄偏小或文化水平较低的群体，问卷法往往难以进行；②被调查者对题目的回答有时难辨真伪，进而影响问卷结果的真实性；③问卷法往往只能反映一些表面的现象，难以深刻揭示儿童复杂的心理状态。

（二）访谈法

访谈法是指研究者根据一定的研究目的和计划与研究对象进行交谈，询问他们的看法和态度，了解他们的想法，从中分析其心理特点的研究方法。访谈法是一种研究性谈话，能够从访谈对象处收集到第一手研究资料，且比较适合于年龄较小、缺乏书面语言的阅读能力的学前儿童的研究上。访谈法是最古老且最常用的调查法。

访谈法的优点主要有：①灵活性大，可根据具体情况调整问题顺序，通过补充询问和引导获得更深入、更生动、更丰富的材料；②简单易行，适用面广，对年龄偏小和文化水平低的个体同样适用；③直接交谈的方式能确保获得的资料比较真实可信。

访谈法的缺点主要有：①费时费力，不适合做大范围调查；②对于敏感性的问题，受访者难以给出真实回答；③访谈结果的科学性和有效性容易受到研究者主观因素的影响，如访谈技能和研究素养；④标准化程度低，所收集的资料难以进行定量分析。

在对学前儿童进行访谈时，要注意以下几点：①访谈问题应具体，形象，易于儿童理解；②访谈氛围应亲切舒适，能引起儿童的兴趣；③访谈时间不宜过长，一般以30分钟左右为宜；④访谈态度应客观，宽容，不带任何偏见；⑤访谈记录要详尽，全面，可借助录音。

四、测验法

测验法是根据一定的测验项目和量表来了解儿童心理发展水平的方法。测验法主要用于探究同一年龄的学前儿童心理发展的个别差异，还可用于了解不同年龄的学前儿童的心理发展的差异。运用测验法时，所采用的量表是非常重要的。国际上已有一些好的婴幼儿发展测验量表，如格塞尔成熟量表(1938)、贝利婴儿发展量表(1969)、韦克斯勒幼儿和小学智力量表(1967)等。但是，这些都是国外研究者根据他们的本国情况制定的，我国在借鉴的同时也要制定符合我国儿童身心发展水平的量表，而不能照搬过来。

测验法的优点有：①使用简便，能在较短时间内粗略了解儿童的发展状况；②量表标准化程度高，结果处理方便，可直接进行对比研究；③量表类型较为丰富，可适用于不同的研究需要。

测验法的缺点有：①对施测者的要求高，使用过程缺乏灵活性；②测验的结果易受到儿童练习和经验的影响，缺乏准确性；③同一测验题目很难同时适用于不同生活背景的儿童，缺乏文化公平性。

对学前儿童实施测验时应注意以下几点：

(1)由于学前儿童的年龄较小、独立工作能力差，因此，对学前儿童的测验一般采用个别测验，逐一进行，不宜采用团体测验。

(2)测验人员必须经过严格训练，不仅要掌握测验技巧，还要善于与儿童沟通，取得他们的信任和合作，使他们在测验中表现出真实水平。

(3)学前儿童心理活动的稳定性较差，不能仅凭一次测验结果就妄下结论，更不能随意透露测验结果，以免造成不良后果。

(4)测验法只能粗略了解儿童的发展状况，多作为辅助方法使用。若要了解某个儿童的发展水平和状况，需结合其他方法从多方面进行考察。

五、个案研究法

个案研究法是指研究者对某些有特殊情况的个体进行个别地、系统地研究的方法。在进行个案研究时，需要详尽地收集与个案相关的信息：既要了解儿童的生理和心理特征，也要收集儿童的家庭、社区环境和成长是等资料。个案研究法能够对个体进行全面深入的考察，检验治疗是否有效，为进一步研究指明方向。但个案研究的样本量小，其结论不具有广泛的推广性，不能推广到同年龄阶段的所有儿童身上。

六、作品分析法

作品分析法是指研究者通过分析儿童的作业、日记或试卷来分析他们的观察力、想象力、理解力等能力和兴趣方面特点的研究方法。例如，可以通过儿童的绘画作品来了解他们的想象力。日本教育家鸟居昭美先生说过：儿童的画不是用来“看”的，而是用来“听”的，他们的画只有被“听”了，他们的绘画行为才有意义。儿童在创作过程中往往伴随着语言和动作，这些在作品中无法体现出来。因此，对儿童的作品进行分析时最好观察其整个创作过程，不仅要用耳朵倾听儿童对自己作品的介绍，而且要观察儿童的肢体表达，解读儿童的创作过程中传递的信息，以便更加充分地了解儿童的内心活动。

【真题卡片 1—5】

单选题(2015 下半年保教知识与能力)

△教师根据幼儿的图画来评价幼儿发展的方法属于(　　)。

A. 观察法　　B. 作品分析法　　C. 档案袋评价法　　D. 实验法

【答案】B。

【真题卡片 1—6】

单选题(2016 上半年保教知识与能力)

△一名幼儿画小朋友放风筝，将小朋友的手画得很长，几乎比身体长了 3 倍。这说明幼儿绘画特点具有(　　)。

A. 形象性　　B. 抽象性　　C. 象征性　　D. 夸张性

【答案】D。

【真题卡片 1—7】

材料分析题(2016 年下半年保教知识与能力)

△材料

图 1. 打针　　图 2. 聚餐　　图 3. 吃饭

问题：

(1)上述三幅画各反映出幼儿绘画的哪种表现形式?

(2)怎样理解幼儿的绘画?

(3)评价幼儿画时应注意什么问题?

【参考答案】

1. 图 1 打针，体现了儿童画的夸张特点。图中夸大的针头和地上的鲜血，反映了幼儿对扎针的恐惧。幼儿利用图画对恐惧感作了情绪性的夸张，这样的夸张反过来又渲染了恐怖情绪，放大了幼儿的内心活动。

图 2 聚餐，反映了“展开式”的表现手法。幼儿将不同的角度观察到的事物在同一画中表现出来，运用了“展开式”的画法。

图 3 吃饭，是“透明画”的表现。“透明画”就是把本来看不到的东西也画出来，好像外面的遮挡物是透明的一样。在孩子眼中，用画表现的是他们所知道的，而不是他们所看到的。

2. 儿童绘画经历了涂鸦期(1～4 岁)，象征期(2.5～5 岁)，图式期(3.5～8 岁)，写实期(5 岁～小学)。不同时期的幼儿绘画，有不同的表现形式。每个幼儿都有一双发现美的眼睛，心里都有一颗美的种子。幼儿对事物的感受和理解不同于成人，他们表达自己认识和情感的方式也有别于成人。幼儿稚嫩的笔触、动作和语言往往蕴含着丰富的想象和情感。

3. 成人应对幼儿独特的艺术表现给予充分的理解和尊重，不能用自己的审美标准去评判幼儿，更不能为追求结果的“完美”而对幼儿进行千篇一律的训练，不用简单的“像不像”“好不好”来评判，充分了解并倾听幼儿的想法和创作意图，肯定和鼓励他们大胆表现，以免扼杀他们想象与创造的萌芽。

幼儿艺术领域的学习关键在于充分创造条件和机会，在大自然和社会文化生活中萌发幼儿对美的感受和体验，丰富他们的想象力和创造力，引导幼儿学会用心灵去感受和发现美，用自己的方式去表现和创造美。

第三节　学前儿童心理发展的影响因素

人类的发展是先天遗传的结果还是受后天教养的影响？这也是一个备受争议的问题。不同时期，人们对这个问题的解释不同：20 世纪初，遗传决定论在心理学理论中占据主导地位，认为人的发展主要是先天遗传的结果；20 世纪 20 年代开始，环境决定论开始占据上风，认为儿童的发展由后天环境塑造，主要受到教养者的行为和态度的影响。研究者多采用双生子研究和领养研究来证明自己的观点，得出的结果不尽相同。两种理论针锋相对，彼此争论不休。现在，很多研究者持折中的观点，同时看到遗传和环境的作用，而且两者是交织在一起对人的发展共同发生作用的。

一、遗传因素

遗传是一种生理现象，是指双亲的身体结构和功能的各种特征通过遗传基因传递给下一代的现象。祖先的生物特性也称遗传素质，主要是指那些与生俱来的有机体的构造、形态、感觉器官、血型和神经系统等方面的解剖生理特征。

1. 遗传素质是学前儿童心理发展的物质前提

遗传素质对学前儿童的身心发展提供了可能性。例如，健全的四肢是动作技能发展的前提，完善的发音器官是口语发展的前提，发育良好的大脑和神经系统是智力发展的前提；

先天失明的幼儿不能发展视力，先天聋哑的幼儿不能发展听觉和口语，无脑畸形儿不能产生任何心理活动。由此可见，没有正常人的遗传素质，就没有正常人的心理。因此，遗传是儿童心理发展的物质前提。

2. 遗传素质为学前儿童心理发展的个体差异性奠定了最初的基础

遗传素质的不同是造成个体差异的重要基础，它为每个个体的发展提供了不同的可能性。正常的儿童都具有人类的遗传素质，但由于不同的个体在高级神经活动类型、感受器官的结构和机能上的遗传素质存在差异，使有的幼儿易于发展成为一个安静的人，有的易于发展成为一个音乐家，有的则易于发展成为一个优秀的体育运动员。

总之，遗传素质为人类的心理发展提供了最初的自然物质基础和可能性。对于儿童的培养和教育，人们应充分利用和发挥遗传素质提供的有利条件，因材施教，使儿童的发展达到最优化。例如，对于有数学和绘画天分的儿童，家长和教师可以提供相应的支持，发挥其先天优势，助其成才。

【真题卡片 1—8】

单选题(2017 上半年保教知识与能力)

△生活在不同环境中的同卵双胞胎的智商测试分数很接近，这说明(　　)。

A. 遗传和后天环境对儿童的影响是平行的

B. 后天环境对智商的影响较大

C. 遗传对智商的影响较大

D. 遗传和后天环境对智商的影响相对

【答案】C。

二、生理成熟

生理成熟是指机体生长发育的程度或水平，也称为生理发展。儿童的生理成熟具有一定的规律性，主要体现在发展的顺序和速度上。

1. 生理成熟的顺序和速度

儿童生理发展的顺序是：头部发育最早，接着是躯干，然后是上肢，最后是下肢。儿童动作发展的顺序是：先会抬头，然后会翻身，再会坐、爬、站、走和跑。生理成熟的顺序性为儿童心理活动的出现和发展提供了基本的前提条件。儿童在 1 岁左右开始牙牙学语和蹒跚学步，这些都是以他的生理发展为前提的。养育者不可操之过急，应在孩子生理成熟的基础上创造条件，促进孩子的发展。此外，个体的生理并不是匀速发展的，在人的一生中存在两个加速期——婴幼儿期和青春期。在这两个时期，人的身体生长非常迅速，相应的心理发展也很快。

2. 生理成熟为学前儿童心理发展提供准备状态

在儿童的生理结构发展到一定的成熟水平时，适时地提供合适的刺激，就会促使其相应的心理活动的变化和发展。如果身体结构尚未发育成熟，没有足够的准备，就过早地给予刺激，也达不到预期的效果，甚至会造成损害。美国心理学家格塞尔曾经做过一个双生子爬楼梯的实验，证明了生理成熟对儿童学习技能的准备作用。在孩子的生理成熟还没有达到所需水平时，即使提前学习也没有太大作用。很多家长在教育孩子上存在拔苗助长的心理，没有尊重孩子所处的发展阶段和现有的生理成熟水平，反而会造成消极结果。幼儿园教育的小学化倾向，如教给孩子抽象的知识、机械地训练其计算能力等，就没有遵循孩子生理、心理发展的规律。

【经典实验】

格赛尔双生子爬梯

格赛尔以同卵双生儿为实验对象进行了一些早期训练的实验，以期了解训练儿童时成熟在其中所起的作用，其中"爬楼梯"的实验最为有名。实验人员先对双生儿中的一个进行了训练，时间是出生后46～52周，训练6周，每天训练10分钟。再对另一个双生子(出生后53～54周)进行训练。结果是先被训练者爬楼梯的速度为25秒，而后被训练者为24秒，提早训练并没有表现出优越性。格赛尔等人根据这一类研究的结果，得出如下结论准备的主要因素是机体成熟，个体发展的基本形式和顺序由神经系统的成熟来决定，过早的训练只能带来一时的效果，而真正的学习效果要在机体成熟之后才能出现。

三、环境因素

引导案例1-3

同胞姐妹天各一方 同样容貌不同人生

湖北省武汉市的一名29岁的女性在大街上偶遇自己的双胞胎妹妹。她们从小被领养到不同的家庭中：妹妹在一个农村家庭中长大，家里有两个哥哥，家庭条件非常不好，读完初中后便辍学打工，生活清苦；姐姐被领养到一个铁路家庭中，从小喜欢唱歌、跳舞，很受家人的宠爱和支持。在碰到妹妹之前，她完全不知道自己是被父母领养的。两个拥有完全相同基因的双胞胎姐妹，因为从小生长在不同的家庭环境，接受不同的教育，分别演绎出了不同的人生之路。

环境是指学前儿童周围的客观世界。从卵子和精子准备相遇那刻起,生命已经开始受到母体内外环境的影响。环境因素自始至终地影响着个体心理的成熟和发展。环境具体可分为产前环境、家庭环境、幼儿园环境和社会环境。

首先,环境使遗传所提供的心理发展的可能性变为现实。尽管遗传提供了心理发展的可能性。但如果不生活在社会环境里,则这种可能性也不会变成现实。野兽抚养大的孩子虽然具有人类的遗传素质,却不具备人类的正常心理。

其次,环境制约个体心理发展的水平和方向。具体的社会生活条件和教育条件是形成个性差异的最重要因素。

1. 产前环境

产前环境也称为胎内环境,是影响学前儿童生长发育的一种重要环境。很多研究表明:母亲的生育年龄、疾病状况、不良行为习惯、情绪状态等都会直接或间接地影响胎儿的生理、心理的发展。产前环境对胎儿的生长具有特殊的重要性。因此,育龄女性越来越重视备孕和孕期的保健,为胎儿的健康发育提供一个舒适的产前环境。

知识链接 1-5

关于产前环境

1. 女性的生育年龄

女性的最佳生育年龄是20～35岁。过早或过晚生育会增加胎儿发育不良的危险。女性若在18岁以下生育,其胎儿体重容易过轻,增加了神经缺陷的可能性。同时,分娩困难的概率比正常孕妇高。女性若在35岁之后生育,容易出现分娩困难和死胎,而且大大增加了胎儿患唐氏综合征的概率。

2. 孕妇的疾病状况

许多病毒,如风疹、伤寒、肝炎、梅毒和淋病等疾病的病毒,都能够通过胎盘影响儿童,给儿童的大脑或其他器官造成毒害。因此,孕妇要保护好自己的身体,加强营养,适当地锻炼,提高身体的免疫力。若在怀孕期间生病,孕妇应谨遵医嘱,慎重用药。在怀孕的早期几个月,药物对胎儿的不利影响往往最大。一般怀孕7个月后,药物对胎儿的影响可能降低。

3. 孕妇的不良行为习惯

孕妇的不良行为习惯,如喝酒、抽烟、吸毒等,会对胎儿的发育造成损伤。孕妇在孕期摄入大量酒精后,酒精会通过胎盘对成长中的婴儿造成严重的危害和永久性的影响。母亲饮酒过多,胎儿易患酒精综合征。大量抽烟的孕妇所生的婴儿体格偏小,早产可能性大,会增加胎儿今后患癌症的风险。孕妇吸毒更会对胎儿健康造成严重影响。

4. 孕妇的情绪状态

孕妇的短暂不良情绪不会对胎儿的生理、心理造成大的危害。但是,如果处于孕期的女性遭受重大精神刺激，如被抛弃或亲人去世等，或者长期处于不良的情绪状态，如焦虑，紧张不安和忧郁等，会导致孕妇血管收缩，使胎儿的供血量减少。时间持续得越长，胎儿的大脑和躯体发育越受影响，心理上也会与母亲感同身受，变得不安、敏感。孕妇过于激烈的情绪状态还可能会导致流产。因此，在孕期女性最好保持平静良好的情绪状态。

5. 孕妇的心理准备

孕妇对自己的孩子是否欢迎或接受，会对胎儿的发展造成不同的影响。研究者认为，如果女性对自己的怀孕有所准备，并且期待孩子的到来，那么她通常会用乐观、期待的心情对待胎儿；而因意外怀孕被迫生产的女性则通常在物质和心理上准备不足，不自主地对孩子的来临产生抵触心理。这种消极、抑郁的心理会传递给胎儿，对其生理、情绪和智力等方面造成不良影响。

2. 家庭环境

家庭是孩子成长的摇篮，对孩子的一生会产生长远而深刻的影响。研究表明，不良的家庭环境和扭曲的教育方式，经常会导致学前儿童出现学习问题、品行偏差、行为异常或社会性发展问题。此外，家长的儿童价值观、对孩子的期望也会对儿童心理的发展产生重要影响。目前，国际上经常使用《家庭环境观察评定量表(HOME)》来评价家庭的养育环境。

家庭经济条件对学前儿童的心理发展具有重要影响。在一些经济落后的地区，父母双方外出打工，将子女留给老人抚养，这些留守儿童从小缺乏父母的陪伴和看管，容易出现情感冷漠和品行问题等现象。而在一些城市家庭，独生子女政策造成大量的“421”家庭，孩子集所有家人的宠爱于一身，也容易形成自我中心的个性，与人交往容易发生冲突，同情心差等。此外，随着离婚率的不断增加，单亲家庭的数量也越来越大。单亲家庭中生长的孩子也较易出现学习和品行问题，甚至犯罪行为。

3. 幼儿园教育

当今社会，幼儿入学接受教育的年龄越来越早，2 岁甚至更小的孩子已经可以入园上托班。因此，幼儿园对学前儿童的心理发展起着主导作用。幼儿园和家庭不同，它提供给孩子有目的、有计划、有系统的教育。幼儿园的教育理念、教师素质和硬件设施等都会影响孩子的发展水平。适当的教育，遵循儿童发展的规律，能发挥儿童的主动性，促进儿童的身心健康发展；不恰当的教育只会扼杀儿童的创造性和主动性，阻碍甚至摧残儿童的身心发展。

4. 社会环境

社会环境既包括一个国家或社会的科学文化水平、社会风俗习惯、历史文化传统以及与其他国家之间的交流合作等宏观方面，也包括人际交往圈、社区环境、工作单位等微观方面。从宏观上来看，社会生产的发展水平，影响国民经济生活，影响科学文化和教育水平，从而影响到个体心理的发展水平。现代儿童生活环境的多样化和复杂化，是先辈在儿时望尘莫及的。社会生产越发达，需要掌握的知识越多，教育对个体心理发展的促进作用就越是明显。从微观上看，个体处在不同层次的环境系统之中，并受到它们的影响。在此，着重提及大众传媒和暴力电子游戏对学前儿童心理发展的影响。目前，学前儿童接触的大众传媒主要有手机、电视、网络等。随着时代的发展，学前儿童越来越多地接触网络和电视，这些都对他们的心理发展产生极大影响。此外，暴力电子游戏对儿童的影响也已经被许多研究证实。儿童在玩暴力电子游戏时，容易引发起攻击性思维，在生活中也会模仿游戏中的暴力行为，更容易出现攻击性倾向，如与同伴打架或与教师发生冲突等。

考题预测

一、单项选择题

1.“给我一打健全的婴儿，我可以用特殊的方法任意地加以改变，或者使他们成为医生、律师……或者使他们成为乞丐和盗贼。”这种片面的观点突出强调的是(　　)对儿童心理发展的作用。

A. 遗传因素　　B. 生理成熟

C. 环境和教育　　D. 先天因素

2. 双生子爬楼实验说明儿童心理发展过程中(　　)的作用。

A. 遗传素质　　B. 家庭教育

C. 文化环境　　D. 生理成熟

3. 目前幼儿园教师为幼儿制作成长档案是运用了(　　)方法对幼儿的成长进行研究。

A. 观察法　　B. 谈话法

C. 作品分析法　　D. 实验法

4. 新生儿的心理，可以说一周一个样；满月之后，是一个月一个样。可是周岁以后发展速度就缓慢下来，两三岁以后的儿童，相隔一周，前后变化就不那么明显了。这表明了学前儿童心理发展进程的一个基本特点是(　　)。

A. 发展的连续性　　B. 发展的不平衡性

C. 发展的整体性　　D. 发展的高速度

5. 导致儿童身心发展差异性的物质性基础是(　　)。

A. 遗传差异　　B. 教育差异

C. 环境差异　　D. 成熟差异

6. 教育者要在儿童发展的关键期施以相应教育，这是因为人的发展具有(　　)

A. 个别差异性　　B. 不均衡性

C. 顺序性和阶段性　　D. 稳定性和可变性

7. “童言无忌”从儿童心理学的角度看是(　　)。

A. 儿童心理落后的表现　　B. 符合儿童年龄特征的表现

C. 超常的表现　　D. 父母教育不当所致

二、简答题

1. 简述学前儿童心理发展的特点。

2. 简述学前心理学的主要研究方法。

三、论述题

1. 请根据幼儿园教育的特点和幼儿身心发展的规律，论述幼儿园教育为什么不能“小学化”。

2. 试述影响儿童心理发展的因素。

第二章　学前儿童心理发展的基础理论

学习目标

1. 了解每种理论的代表人物的生平经历并从中受到鼓舞和启发。
2. 理解每种理论流派的主要观点以及与其他流派的异同之处。
3. 掌握艾里克森的心理社会发展理论和皮亚杰的认知发展阶段理论。
4. 学会用各种理论分析儿童的心理发展和行为表现，并且能用理论指导教学实践。

引导案例 2-1

亮亮变得爱打人了？

5 岁的亮亮特别爱看《熊出没》，大人想既然是电视台播放的儿童动画片，也就给他看了。一段时间以后，父母发现亮亮变得爱打人了，而且嘴里总是念叨着熊大或者熊二的台词，比如："打光头强！"

思考：含有较多暴力镜头的影视节目，是否适合学前儿童观看？

对于儿童心理发展的研究，历史上不同的学者采用不同的研究视角和研究方法，形成了不同的理论流派。他们对学前儿童心理发展的解释各不相同，这些理论也会影响学校和家庭对儿童的教育方式。因此，有必要学习当今主要的理论流派，了解他们对教育工作的指导意义。

第一节　精神分析理论

精神分析理论的主要代表人物有西格蒙德·弗洛伊德和埃里克·埃里克森。弗洛伊德提出了著名的性心理理论，其影响非常广泛。埃里克森在弗洛伊德理论的基础上进一步提出了心理社会发展理论，将人的一生分为8个阶段(见后文)。

一、弗洛伊德的性心理理论

(一)弗洛伊德生平

图2-1　弗洛伊德

西格蒙德·弗洛伊德(图2—1)于1856年5月6日出生在奥地利维也纳的一个叫弗莱堡的小镇。他的父亲雅各布·弗洛伊德是一个心地善良、乐于助人，且诚实单纯的毛织品商人。母亲阿玛利亚·弗洛伊德是一位美丽、善良、开朗、活泼的女性。弗洛伊德是家中长子，他共有6个兄弟姐妹，他是其中最出众的一个。弗洛伊德深受母亲的偏爱，他的房间可以点汽灯，其他人只能用蜡烛。他曾说过："一个母亲所特别钟爱的孩子，一生都有身为征服者的感觉；由于这种自信，往往可以导致真正的成功。"

1873年，弗洛伊德以优异成绩被保送至维也纳大学医学院。学习期间，因为他犹太人的血统备受歧视，这反而促使他更加努力学习。1881年，弗洛伊德获得博士学位。1885年，弗洛伊德前往法国巴黎彼里埃医院实习，师从让·马丁·沙可，5个月后回国，并于1886年开办一家私人心理诊所，与未婚妻玛莎结婚。1890年，弗洛伊德出版《梦的解析》一书，标志着精神分析理论的诞生。

知识链接2-1

影响世界历史的三个犹太人

爱因斯坦、马克思和弗洛伊德这三位犹太人，他们的成就分别代表了现当代人类在自然科学、社会科学、心理科学领域思想影响的最高峰。他们是上一个千年最伟大的三个天才，这三位思想家对20世纪的世界文明有着巨大的影响。他们三位的思想都在各自的领域引发了一场地震：爱因斯坦是自然科学领域的革命者，马克思是社会科学领域的革命者，弗洛伊德是心理学领域的革命者。他们开创的思想路线构成了20世纪的学术传统，并且作为重要的思想遗产而进入21世纪。

（二）人格的结构

弗洛伊德认为，人的发展是一个冲突的过程，人具有两种基本的本能：性本能和攻击本能。这些本能需要获得满足，但在现实生活中经常遭受限制。在对学前儿童抚养的过程中，父母对他们性和攻击欲望的控制会对他们今后的行为和个性发展起到重要的作用。

弗洛伊德认为人格的结构，包括本我、自我和超我三种成分。

(1)本我是人格中最原始的成分，人生来就有。它最主要的功能是追求立即满足先天本能的需要，因此它遵循的是快乐原则。刚出生的婴儿几乎完全处于本我状态，除了身体的舒适之外，他们很少担忧其他的事情。例如，当婴儿饿了或者尿湿了时，他们就会立即通过哭闹来寻求养育者的照料，直到需要得到满足才会停下来。随着孩子年龄的增长和经验的积累，儿童在行动前学会思考现实情况。例如，他知道从一个大孩子的手中夺取玩具，可能会挨打。这就促使了人格结构的第二种成分——自我的发展。

(2)自我是人格中的理性成分，它遵循的是现实原则。自我有两种功能：第一，寻求较为实际的方式来满足本能的需要；第二，控制本我的不合理冲动。例如，当一个幼儿饥饿时，他不会像婴儿那样哇哇大哭，而是知道如何获取食物，寻找母亲并说："饼干，饼干……"再如，刚学会走路的孩子，能够考虑绕过产生碰撞的物品，抑制自己随意走动的冲动，这也是自我控制功能的一种体现。

(3)超我是人格中的道德成分，遵循的是道德原则。儿童在3～6岁时出现超我，儿童将父母的道德观念和规范内化为自己的道德标准。超我一旦形成，儿童就能够自行判断行为的好坏。超我包括两个部分：第一是良心，它告诉人们不应该做什么，人们一旦违背了良心的要求，就会产生内疚感；第二是理想我，代表的是积极的志向，是个人追求完美的动力。

弗洛伊德认为，人格结构的三种成分不可避免地会发生冲突。若要获得健康的、成熟的人格，本我、自我和超我之间需要保持动态的平衡。自我需要调节本我和超我之间的冲突，既要想方设法满足本能的需要、寻求快乐，又要选择合乎规范的方式，适应外界的现实准则，避免良心的谴责。

（三）性心理发展的阶段

弗洛伊德非常看重性本能在人格发展中的作用。他眼中的性是广义的，除了包括生殖活动外，还包括吮吸、排便、抚摸等一切能引起身体快感的行为。他将性能量称为"力比多"。随着性本能的成熟，"力比多"就会逐渐从身体的某一部位转移到另一部位，儿童的性心理发展就进入了另一个阶段。根据“力比多”在不同年龄阶段所在部位的不同，弗洛伊德将儿童的性心理发展分为5个阶段：口唇期、肛门期、性器期、潜伏期和生殖期。学前儿童的年龄阶段主要处于前三个时期，即口唇期、肛门期、性器期。

1. 口唇期(0～1岁)

性本能主要集中在口唇，婴儿主要通过吮吸、咀嚼和咬东西等口唇活动来获得满足。若婴儿的口唇需要未能得到适当满足，儿童长大后的性格可能偏向依赖、悲观和退缩，也可能形成吮吸手指、暴食和抽烟的不良习惯。例如，婴儿突然断奶或断奶过早，结婚后可能会过分依赖配偶。

2. 肛门期(1～3岁)

儿童按照自己的意愿排便是这一时期满足性本能的主要方式。成人对儿童的如厕训练主要发生在这一时期，要求儿童必须在找到合适的场所之前忍住排便的欲望，这会引起父母和儿童之间的冲突。成人在训练孩子如厕时的情绪氛围很重要，会对孩子的人格发展产生持久影响。过分严格、过早的如厕训练会使儿童变得顽固和压抑。

3. 性器期(3～6岁)

儿童对刺激的需求主要集中在性器官区域。儿童开始对自己的性器官感兴趣，常会抚摸自己的生殖器获得快感。在这一时期，儿童出现俄狄浦斯情结，即女孩的恋父情结和男孩的恋母情结。随着儿童年龄的增加，在正常的养育条件下，其俄狄浦斯情结会逐渐消失，最终形成对同性父母的认同。在这一时期，成人如何看待和处理儿童抚摸生殖器的行为会影响其今后人格的发展。

4. 潜伏期(6～2岁)

潜伏期儿童的性能量被压抑在无意识当中，自我和超我不断地发展，儿童的生活范围不断扩大，与同伴交往的内容更加丰富，他们将更多的精力投入学习、游戏和运动中。

儿童一般喜欢和同性伙伴一起玩耍，和异性较为疏远。

5. 生殖期(12岁以后)

青春期的到来唤醒了埋藏深处的性能量，青少年对异性产生兴趣。这一时期，青少年必须学会采用社会接纳的方式释放自己的性能量。如果获得健康发展，就会顺利进入结婚生子的阶段。

弗洛伊德认为，如果儿童在某一发展时期不能得到满足或过度满足，将会发生固着。固着指某一时期的发展任务未解决，从而导致今后表现出这一时期的行为方式。例如，口唇期的需要没有合理满足的儿童，在成年后可能会出现嘴部的吮吸行为——咬嘴唇、咬指甲等的行为。弗洛伊德的理论并非基于实证研究，而是采用访谈和临床法，很难进行验证。他的理论还过分关注性感受和性唤起，也遭受很多质疑。但是，弗洛伊德提出人的早期经验会对今后发展产生重要影响的观点一直享有广泛的影响力。

知识链接 2-2

儿童为什么要分床独睡

分床而睡是每一个儿童都要面临的问题。有些儿童八九岁了，还赖在父母床上不肯走。过晚地分床睡，会带来一系列心理问题。为保证儿童的心理健康发展，父母与儿童分床的时间，最晚不要超过3岁。

第一，两三岁，正是儿童自主意识萌芽和迅速发展的时期。安排儿童独自睡，对于培养其心理上的独立自主感很有益处。这种独立感和自理能力的培养，能够促使儿童今后更好地适应社会。

第二，儿童四五岁时，正处于男孩儿恋母、女孩儿恋父的时期。这个时期的恋父、恋母情结具有排他性，表现为对异性父母更加依恋，并且拒绝与同性父母的亲近。因此，3岁之前分床是比较合适的，否则越往后拖，分床会越困难。儿童的年龄越大分床越难，若强行分床，会容易产生心理问题。

二、埃里克森的心理社会发展理论

（一）埃里克森生平

图 2－2　埃里克森

埃里克·洪伯格尔·埃里克森（图 2—2）是一位著名的精神分析学家，于 1902 年 6 月 15 日出生在德国的法兰克福。埃里克森的母亲是犹太人，他的亲生父亲在他出生前就抛弃了他们母子。3 岁时，母亲带着他移居到德国的巴登，并改嫁给一名犹太儿科医生。在埃里克森的成长过程中，尽管继父和母亲很爱他，隐瞒了他的身世，但是他仍然有一种异样的感觉：母亲和继父都是犹太人，而自己的外貌明显具有斯堪的纳维亚人的特征，金发碧眼，身材魁梧。因此，他父母所在的教会成员将他看作是异教徒，而他的同学则因为他的家庭把他看作犹太人。来自两方面的排斥感让他备受折磨，他开始对自己的身份感到困惑，这也促使他后来去思考“同一性”的问题。

埃里克森 18 岁开始在大学预科学校学习，他并不喜欢那种正式而严格的教育氛围。毕业之后，他违背继父想让他成为一名医生的意愿，开始周游欧洲大陆，立志成为一名艺术家。1927 年是埃里克森生命的转折点。一次偶然的机会，他结识了精神分析领域中的重要人物——安娜·弗洛伊德，并深受安娜的影响，开始走上精神分析的道路。此后，他一直致力于研究和教学工作，笔耕不辍，并出版了多部著作，如《儿童与社会》和《同一性：青春期与危机》等。1994 年，92 岁高龄的埃里克森安然离世。

（二）心理社会发展理论

埃里克森在弗洛伊德的理论的基础上，进一步提出了自己的理论。他认为弗洛伊德将性作为解释行为的主要原因的看法太过局限，并且他将视野拓展到社会环境下的儿童和家庭，重视社会文化对人的影响以及人与人之间的相互作用。埃里克森根据人的一生中出现的心理社会问题，将人格发展分为 8 个阶段。这些阶段以固定的模式出现，对所有人来说都是相似的。个体在每个阶段中都有其独特的发展任务，也会面临相应的发展危机，如果能很好地解决，才能顺利地进入下一个阶段，获得积极的品质，否则个体将会形成消极的品质，影响后一阶段的良性发展，产生适应困难。学前期儿童主要处于婴儿前期、婴儿后期和幼儿期 3 个阶段。

1. 婴儿前期（0～1 岁）

婴儿前期主要解决基本信任对基本不信任的心理危机，获得希望的品质。信任指婴儿的需要与外界对他需要的满足保持一致，这种信任主要来自母亲或其他主要的养育者。婴儿因为饥饿、身体不适等原因产生哭闹时，养育者是否能够及时关注和照料，这很大程度上决定了婴儿信任品质的形成。在这一阶段，婴儿与养育者形成良好的依恋关系非常重要，这会进一步决定其今后发展其他人际关系的能力。

2. 婴儿后期（1～3 岁）

婴儿后期主要解决自主对羞怯和怀疑的心理危机，获得意志的品质。这一时期的婴儿逐渐学会走路和说话，生活范围进一步扩大。当婴儿产生独立自主的需要，想要自己动手穿衣、吃饭、拿玩具和探索周围的世界时，父母应允许孩子做一些力所能及的事情，并给予鼓励和表扬，这有利于培养孩子的意志品质。另外，父母希望训练孩子良好的生活习惯，如按时吃饭、节约粮食和不随处排泄等。父母的要求有时与孩子的需求产生激烈冲突。此时，父母不能对孩子的反抗行为听之任之，放任自流，这会妨碍孩子形成良好的习惯。同时也不能过分严厉或惩罚不当，这会伤害孩子的自主感，是儿童产生怀疑，感到害羞。父母应把握好适度原则，这样才有利于孩子自主能力的发展。

3. 幼儿期(3～6岁)

幼儿期主要解决主动对内疚的心理危机，获得目的的品质。这一时期儿童对外界充满了强烈的好奇心，想要主动探索周围的世界。如果成人能够支持孩子的探索行为，在适当的时候给予指导，孩子的主动性会不断增强，将来很可能成为一个有创造力和责任感的人。如果成人压制孩子的好奇心，限制孩子自由探索的行为，嘲笑孩子的想象力或创作，会使孩子丧失信心，感到内疚和失败。孩子需要保持主动性，但也要学会不侵犯他人的权利、利益和目标。

4. 童年期(6～12岁)

童年期主要解决勤奋对自卑的心理危机，获得能力的品质。这一时期的儿童主要在学校接受教育。他们通过勤奋学习，获得相应的知识和技能。优异出众的表现会获得同伴的欣赏和老师的赞扬，这会使儿童更加自信，充分肯定自己的能力，形成积极的自我评价。相反，如果儿童不勤奋好学，在与同伴的横向比较中处于劣势，可能会缺乏他人的认可甚至引发消极的评价，这会让儿童产生自卑心理。

5. 青年期(12～20岁)

青年期主要解决同一性对角色混乱的心理危机，获得诚实的品质。埃里克森认为青年期是一个非常重要的转折时期，在这一时期青年最主要思考的问题是“我是谁”，并逐渐形成明确的自我意识和角色定位。青年人有一段时间会很疑惑自己到底是怎样的人，出现成人眼中的逆反行为，他们会尝试各种行为去探索更真实的自己：尝试各种奇装异服，参加校内外的帮派团体，有的可能会探索奇怪甚至危险的行为。经过这些探索和尝试之后，青年人需要建立自我的同一性，形成一个统一的自我角色。在中国的教育环境下，青年期对自我同一性的探索一般会推迟到18岁以后，即高中毕业进入大学之后。那时，他们才有机会去实践各种探索。

6. 成人前期(20～40岁)

成人前期主要解决亲密对孤独的心理危机，获得爱的品质。这一时期的成人逐渐脱离父母的庇护，开始寻求与他人的亲密关系，发展出自身的责任感。只有具有自我同一性并获得诚实品质的成人才可能发展出真正的亲密关系。真正成熟的亲密关系意味着彼此之间相互信任，在平等的关系中包含着自我牺牲、妥协并承担义务。处于成年前期的个体如果没有获得成熟的亲密关系，就会体验到孤独感。

7. 成人中期(40～65岁)

成人中期主要解决创造对停滞的心理危机，获得关心的品质。这一时期的成人需要获得创造感。有了创造感生命才会充满活力，避免停滞不前。这种创造感可以在两个方面体现出来：第一，在家庭方面，养育后代，关心他们的健康成长；第二，在工作上，不断努力，追求更高的成就。这种创造感会给个体注入新鲜的活力，使其获得满足感。相反，如果成人不愿意承担养育家庭和工作的责任，只考虑自身的享乐，那么他的创造感就会停滞或形成以自我为中心、人格贫乏的心理。

8. 成人晚期(65 岁以后)

成人晚期主要解决自我完善对悲观绝望的心理危机，获得智慧的品质，这是人生最后一个阶段。老年人回想过去的生活，如果觉得自己一生过得很有价值、很有意义、很幸福，他便会产生一种完善感，坦然地面对死亡的来临；如果觉得自己一辈子碌碌无为，没有实现自己的理想和目标，他便会感觉悲观失望，恐惧死亡的来临。

在埃里克森看来，每一个发展阶段都有一对危机需要解决，它们就像一个连续体的两极，成功地解决危机能发展出积极的品质，但并不意味着没有丝毫负面的体验。两种品质之间应该有一个合适的比例。例如，在第六个阶段(亲密对孤独)，对于成人来说，虽然需要建立亲密关系，但也不能亲密无间，需要保留彼此独立的空间，偶尔的孤独感会让人更加成熟和独立。另外，只要寿命足够长，人都要经历所有的发展阶段，并非只有当前一个阶段的危机解决后才能进入下一个阶段，而是顺利度过前一个阶段会增加后一个阶段顺利发展的机会，个体也可以在当前阶段去解决前一个阶段遗留的任务。

在弗洛伊德性心理发展论的基础上，埃里克森提出了他的心理社会发展理论，两者有相似和不同之处，在此简要列出并对比两种理论的要点，见表 2—1。

表 2—1　弗洛伊德和埃里克森的理论对比

大致年龄	弗洛伊德的 5 个阶段	埃里克森的 8 个阶段：危机与品质
0～1 岁	口唇期	基本信任对基本不信任；希望品质
1～3 岁	肛门期	自主对羞涩和怀疑；意志品质
3～6 岁	性器期	主动对内疚；目的品质
6～12 岁	潜伏期	勤奋对自卑；能力品质
12～20 岁	生殖期	同一性对角色混乱；诚实品质
20～40 岁	生殖期	亲密对孤独；爱的品质
40～45 岁	生殖期	创造对停滞；关心品质
65 岁以后	生殖期	自我完善对悲观绝望；智慧品质

(三) 精神分析理论对学前儿童教育的启示

精神分析理论对教育最大的启示是要重视儿童的早期经验。个体在童年时期接受的抚养和教育方式为其一生的发展奠定了基础。学前期是人生发展的开端时期，学前教育越来越受到人们的重视——成人着手对孩子进行培养的年龄越发提前。精神分析理论对于学前儿童教育的启示，主要体现在以下几个方面：

(1)教师要给儿童提供一个民主、尊重和关爱的课堂环境，让儿童主动探索，在适当的时

候给予指导,以使儿童能够快乐学习、健康发展:

(2)教师应尊重儿童的个体差异,鼓励孩子看到自身的优点。每个个体发展的速度不均衡,教师应学会真心地欣赏儿童,淡化横向比较,鼓励以自我为参照标准的纵向比较,让儿童体验到自身的进步,增强自信心。

(3)教师不应简单粗暴地制止儿童身上发生的不良行为,如攻击、破坏课堂秩序等,应多方面关注儿童生活,了解他们的经历,先探究他们不良行为背后的动机,再对症下药。

(4)教师可通过绘本故事给儿童提供适当的性教育。按照弗洛伊德的观点,3 到 6 岁的幼儿处于性器期。教师应用专业知识武装自己,提供适宜的性关怀和性教育。

第二节　行为主义理论

行为主义的创始人是美国心理学家华生。行为主义主张研究可观察的、外显的行为,而不是研究意识之类的内部心理活动。该理论非常强调后天学习的作用,认为人类的学习是一个循序渐进的过程,而非必然要经历一系列相似的发展阶段。行为主义理论的代表人物有华生、斯金纳和班杜拉,他们分别提出了自己的理论。

一、华生的环境决定论

(一)华生的生平

图 2-3　华生

约翰·华生(图 2—3)于 1878 年 1 月 9 日出生在美国南卡罗来纳州格林维尔附近的一个贫困家庭,在 6 个兄弟姐妹中排行第四。华生的母亲是一名虔诚的教徒,希望他长大后成为一名牧师。他的父亲是一个游手好闲的好色之徒,经常在外与人厮混,几周都不回家。在华生小的时候，家里请了一个黑人保姆，保姆经常吓唬他：魔鬼就藏在黑暗中，如果他夜里乱跑就会被魔鬼抓住，带到地狱里。成年后的华生一直深受黑暗恐惧的心理阴影的影响，不敢关灯睡觉。

1891 年，华生 13 岁时，父亲抛妻弃子，与格林维尔郊区的两个印第安女人同居。父亲的不辞而别让华生极度失望和伤心。在高中时，华生表现出懒惰、堕落和暴力的行为特点，曾因非法活动被两度逮捕。1894 年，华生洗心革面，进入伏尔曼大学学习，半工半读，做过很多卑下的工作。21 岁那年，华生获得硕士学位，本想继续深造，却因母亲生病不得不出去工作。25 岁的华生以一篇题为“动物教育：白鼠心理发展与其神经系统发育的实验研究”的毕业论文获得芝加哥大学实验心理学哲学博士学位。1904 年华生与自己的学生玛丽结婚，开始进行学术研究。1913 年，华生的文章《行为主义眼中的心理学》发表，标志着行为主义的诞生。

（二）环境决定论

环境决定论是由华生提出的，华生也被称为“行为主义之父”。华生认为儿童是被动的个体，其发展完全取决于养育环境和教养方式。换句话说，儿童成长为怎样的人，教养者负有极大的责任。华生认为心理学不应该研究意识，而应该研究可观察的外显行为；行为的基本要素，是刺激与反应，用公式表述如下：S（刺激）—（反映）。他否认遗传的作用，因为从一个个体接受的刺激便可预测他的反应，从个体的反应也可推测他接受的刺激，这种刺激与反应之间的联结是通过后天的学习获得的。

华生致力于儿童情绪的研究，他认为婴儿出生时只有 3 种情绪反应：恐惧、愤怒和爱。以恐惧为例，华生认为，起初能引起婴儿恐惧的刺激无非就是突然的响声和失去支撑物如物体从高空坠落；但年龄大一些的婴儿会恐惧很多事物，如陌生人、猫、狗、黑暗等。他认为婴儿对这些事物的恐惧一定是后天习得的。为了检验自己的理论，华生和其助手瑞里进行了著名的“小阿尔伯特”实验。

【经典实验】

恐惧的习得和消除

华生和其助手瑞里以一个 9 个月大的小男孩阿尔伯特为实验对象，观察他对小白鼠的恐惧是否是后天习得的。实验之初，华生给小阿尔伯特看一只温顺的小白鼠，小阿尔伯特对小白鼠并不害怕，并且跟小白鼠一起玩。两个月后，每当小阿尔伯特看一只温顺的小白鼠，华生就在他身后用力敲打金属棒，发出巨响，孩子受到惊吓。反复几次后，小阿尔伯特将小白鼠和吵闹的声响联系起来：当他再看到小白鼠靠近时，就会表现出恐惧、逃避的反应。这个实验证明了恐惧是很容易习得的。

除了研究恐惧的后天习得，华生还进行过如何消除儿童恐惧的实验研究，被称为“彼得实验”。实验的被试者为3岁的彼得，他害怕兔子、毛皮大衣、羽毛等东西。华生及其助手琼斯为消除彼得的恐惧，做了如下实验：在彼得吃饭时，将一只关在笼子里的兔子放在距离彼得较远、不会让他恐惧的地方。第二天，将兔子拿到较近的地方，直到彼得感觉到一丝不安。之后的每一天，兔子都被移得更近一些，最后甚至可以放在他的膝盖上。彼得对兔子的恐惧和容忍逐渐转化为积极的反应，后来他竟然能一边吃饭一边和兔子玩耍。之后彼得对毛皮大衣和羽毛的恐惧也用类似的方法消去了。

华生告诫父母们，应该从孩子刚出生就开始训练他们，应避免拥抱、亲吻孩子，因为这样容易使婴儿将父母的出现与纵容的行为联系起来，就不会学习独立自主地探索世界。要想培养孩子良好的习惯，就应该少娇惯他们并使用良好的方式训练。华生的环境决定论否定遗传的作用，片面夸大教育和环境的作用，忽视人的主观能动性，陷入了教育万能论的误区。

二、斯金纳的操作学习理论

引导案例 2-2

小少爷的把戏

从前，一个富翁老来得子，所以对这个宝贝儿子就特别的溺爱。而这位小少爷也就格外淘气。

一天，小少爷爬到门前的大树上玩，有个书生从树下路过，小少爷就站在树上撒尿，浇了那个书生一身。书生很是气恼，嚷嚷一通也就走了。富翁知道了哈哈大笑。

第二天，小少爷又爬到了树上，这次他尿到了一个商人身上。商人一见是富翁的公子，马上转怒为喜，连向富翁夸奖小少爷聪明：玩的把戏都跟别人家的孩子不一样。财主高兴，小少爷也高兴。

第三天，玩上瘾的小少爷对着路上急驰的一匹快马撒尿。这次他却没有以前幸运了，马上骑的是一个江湖大盗，大盗纵身上树，一把将小少爷扔出去老远，小少爷一命呜呼。

思考：为何小少爷敢持续作弄他人？

（一）斯金纳的生平

斯金纳（图2—4）出生于美国宾夕法尼亚一个比较幸福的家庭。父亲是一名律师，母亲是家庭主妇。斯金纳所接受的家庭教育非常严格，有一套明确的家规。斯金纳的父母对孩子违反家规的惩罚非常独特，并非简单的体罚，而是以关爱的方式来处罚。一次，斯金纳用弹弓发射一根胡萝卜，把邻居家的玻璃打碎了，父亲夸奖了他的创造才能，并且让他向邻居道歉，为邻居换上新玻璃。父亲经常带斯金纳参观当地的监狱，并用警察的形象来吓唬他。这种教育方式正好和斯金纳提出的行为强化理论相符合——利用一个人厌恶的刺激来纠正其不当的行为。同时，父亲也会经常奖励斯金纳良好的行为表现。

斯金纳是一个极富创造力的人，从小就痴迷于各种发明创造。他将这种创造力运用到了心理学学术生涯中，发明了著名的“斯金纳箱”，成为他操作学习理论的摇篮，他还将学习理论运用到实践生活中，发明了教学机器并设计了程序教学方案。斯金纳在心理学研究方面成就斐然：他发表过 110 多篇论文，出版了 19 本专著。其中，《有机体的行为：一种实验的分析》和《言语行为》是他自认为最重要的两部著作。

图 2－4　斯金纳

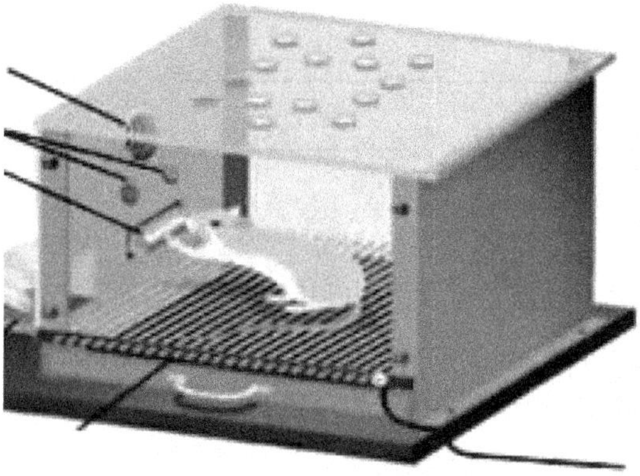

图 2－5　斯金纳箱

（二）操作学习理论

斯金纳根据自己发明的斯金纳箱，以白鼠和鸽子为实验对象，提出了操作学习理论。该理论认为，人类的发展取决于外部刺激（强化物和惩罚物），而不是诸如本能、驱力或生理成熟等内部力量。斯金纳研究的条件作用与巴普洛夫、华生的有所不同，他将由外在刺激而引发的反应称为“应答性反应”，这种反应常常是自动的、无意识的行为。他把个体对环境的主动操作、受到强化的反应称为“操作性反应”，这常常是有目的的行为。人类的学习主要是操作性学习，即一个个体的行为是否会再次发生，取决于它产生的结果是积极的还是消极的。例如，幼儿园的一个儿童主动将自己的玩具与同伴分享，教师看到后及时强化，给予口头表扬，那么这种积极的情绪体验会促使这位儿童今后更多地出现分享行为。

斯金纳是在操作学习理论中，提出了两个重要的概念：强化和惩罚。他进一步将强化区分为正强化和负强化，将惩罚分为正惩罚和负惩罚。正强化，又称为积极强化，指通过呈现一些令人愉快的刺激物，如食物、表扬和注意等，使个体更多地表现出某种行为。负强化，也称为消极强化，指通过去除某种令人厌烦的刺激使个体更多地表现出某种行为。例如，为了避免教师的批评，儿童在课堂上更多地表现为遵守纪律。无论是正强化还是负强化，作用都是为了增加行为的发生频率。而惩罚则是为了降低某种行为的发生频率甚至消除某种行为。正惩罚是当幼儿出现不适当的行为时，给予其令人厌恶的刺激的方式；负惩罚指当幼儿出现不适宜行为时，剥夺其获得的愉快性刺激的方式。例如，当幼儿在同伴游戏中出现攻击行为，若教师带其到反思角待着，这种方式属于正惩罚；若教师收走他曾经获得的小红花，这种方式属于负惩罚。强化类型和惩罚类型的对照表见表2－2

表2－2 强化类型与惩罚类型对照

	愉快性刺激	惩罚性刺激	作用
正强化	正强化	—	增加行为发生的频率
负强化	—	消除	
正惩罚	—	给予	降低行为发生的频率
负惩罚	消除	—	

斯金纳的操作学习理论在塑造孩子的良好行为以及消除孩子的不良行为习惯上有很大的实践价值。教师在运用强化和惩罚的方式时，应当注意以下几点：

(1)注意强化的个体差异性和精神性。教师为了使自己选择的强化物起到良好的作用，需要提前了解每位幼儿的兴趣与需要，进行有针对性的强化。例如，糖果对于某些幼儿具有诱惑力，可以起到强化作用，但对某些幼儿可能就不具备吸引力。此外，强化应以表扬、微笑等精神性奖励为主，少用物质性奖励，以防止儿童养成为获得外在的物质奖赏而学习的习惯。

(2)及时强化。对儿童表现出来的积极行为要及时给予强化，这种积极行为才会更容易保留下来；如果隔一段时间才去强化，行为往往得不到加强。教师要善于在日常生活中对儿童进行随机教育，观察到孩子的积极行为时应当给予及时给予表扬等，帮助孩子塑造良好的品质。

(3)小步调的原则。儿童的良好行为习惯是长期塑造的结果。当儿童取得一点小的进步时，就对他进行强化鼓励，并且进一步提出更高一点的要求，一步一步耐心地等待，儿童最终会逐渐表现出成人所期望的行为。

(4)谨慎使用惩罚。惩罚在消除不良行为时，并不一定总是有效，而且容易带来负面效果。惩罚容易使儿童心怀怨气，可能出现转向攻击的行为，把自己的不满发泄到同伴身上。有的行为在成人眼里是惩罚，在儿童看来却是奖励。如有些儿童捣乱课堂纪律，可能就是为了吸引教师的注意，此时教师的批评其实是一种奖励，儿童会变本加厉。这时最好的方式是在课堂上不去关注个别孩子的捣乱行为，课下可深入了解孩子行为背后的动机，对症下药，儿童这种行为就会逐渐消失。

知识链接 2-3

陶行知四块糖的故事

陶行知先生在育才学校做校长的时候，有一天，他看到一位男生正想用泥块砸自己班上同学，陶行知当即制止了他，并告诉他放学时到校长室等候。

放学后，陶行知来到校长室时，那个男孩已经等在门口准备好挨训了。看着男孩戒慎戒恐而又叛逆不服的模样，陶行知并没有板起严肃的面孔，反而从兜里掏出了一块糖果，笑着递给他，说："这是奖励你的，因为你按时来到这里，而我却迟到了！"男孩惊疑地接过糖。

随后，陶行知又掏出第二块糖放到男孩手里，同样笑着说道："这块糖也是奖给你的，因为当我不让你再打人时，你立即就住手了，这说明你很尊重我，我应该奖励你！"男孩更惊疑了，眼睛睁得大大的，瞪着手中的糖。

接着，陶行知又掏出第三块糖，再次塞到男孩手里，说："我调查过了，你用泥块砸那个男生，是因为他们不守游戏规则，欺负女生。你砸他，说明你很正直善良，有跟坏人做斗争的勇气，我应该奖励你啊！"

捏着手中的三块糖，男孩感动极了，流着眼泪后悔地说："陶校长，你打我两下吧！我错了，我砸的不是坏人，而是自己的同学，同学再不对，我也不能用这种方式呀！"

这时，陶行知满意地笑了，随机又掏出第四块颗递过去，说："为你能够正确地认识到自己的错误，我再奖励你一块糖。可惜我只有这一块了，我没有糖了，我们的谈话也该结束了！"

面对犯错误的学生，陶先生"反其道而行之"，没有批评，没有训斥，没有让学生写所谓的检查、保证，更没有找来其家长"共同教育"。平等、亲切和真诚伴随着整个谈话过程，这四块糖也因此而显得如此珍贵而没有半点虚伪和矫饰，让男孩，同时也让我们感受到陶先生的胸襟和风范。

这个小故事反映了一个大道理：陶行知先生善于激励学生的情感，诱发他们转向先进的欲望。能从时间的侧面发现学生的闪光点，并给予表扬和肯定，使学生既受到教育又从事件中找回自信，这一点难能可贵。

三、班杜拉的社会学习理论

（一）班杜拉的生平

图 2-6 班杜拉

班杜拉（图 2—6）出生于加拿大阿尔伯塔省北部的一个名叫曼达尔的小镇。父亲是波兰的小麦农场主。班杜拉有 5 位姐姐，他是家中唯一的男孩，童年的班杜拉集家人的宠爱于一身，生活得非常快乐。班杜拉的中小学教育是在镇上唯一的学校完成的，他所就读的学校仅有 20 名学生和 2 位老师，整个学校只有一本教科书。正是这种相当恶劣的教学环境，使得学生们养成自我学习的动机和能力。1949 年，班杜拉在加拿大不列颠哥伦比亚大学获得心理学学士学位。1951 年和 1952 年，他先后在美国爱荷华大学获得硕士和博士学位，并在学习期间提出了著名的社会学习理论。

（二）社会学习理论

社会学习理论，有时也被称为社会认知理论。社会学习理论认为学习来自于对他人的观察，并强调行为榜样的影响性。班杜拉特别重视观察学习、认知因素和自我调节在新行为习得上的重要作用。班杜拉将学习分为直接学习和观察学习两种形式。直接学习是指个体表现出某种行为后得到强化进而产生学习的过程。例如，儿童主动将垃圾捡起丢进垃圾箱，教师看到后表扬了他，那么他今后会逐渐养成爱护环境的好习惯。这种学习是他亲身经历的。而观察学习是指个体通过观察他人的行为及其受到的强化而进行学习的过程。例如，另外一个儿童正好目睹了教师表扬小朋友主动捡起垃圾的行为，他为了获得老师的称赞，可能会在某个时候表现出同样的行为，这就是观察学习的过程。

班杜拉认为，人类的大部分行为是通过观察学习获得的。其中，最能引起儿童模仿的榜样有以下几类：

(1)父母和幼儿园教师。父母和幼儿园教师是儿童心目中最重要的人,当然也是儿童最喜欢模仿的人。

(2)同性别的长辈。在家里,男孩子喜欢模仿父亲,女孩子喜欢模仿母亲;很多女孩子童年时代都有穿母亲的高跟鞋、歪歪扭扭走路的经历,这是对成人穿着打扮的模仿。

(3)受到教师称赞的同伴。儿童希望通过同样的行为获得教师的表扬和奖励。(4)影视中的人物。随着大众传媒的发展,儿童接触的信息越来越丰富,经常出现对影视人物的模仿。

因此,在对孩子的教育过程中,成人不仅要注意自己的言行举止对孩子产生的影响,而且要过滤掉不良的信息源,给孩子树立正面的榜样。

个体的成长会经历种种成功和失败,也会相应地遭遇不同的情绪体验。在面对未知的挑战时,个体是否有信心去接受呢?班杜拉就此提出了自我效能感的概念。自我效能感是指个体相信自己能够在某种情境下实现目标的信念。它影响人们对任务的选择、遇到困难时的态度和与坚持性等。影响自我效能感的因素主要有以下四个方面:

(1)曾经成功的经验或失败的教训。成功有助于个体建立较高的效能感,失败则会降低效能感。教师应给儿童提供难度适当的任务,激发他们的成功体验,提升效能感。

(2)对其他人在相似情境下的观察。个体倾向于观察跟自己能力水平相当的人,如果他们能够完成某件事情,即使自己没有做过,也会认为自己能够顺利完成。

(3)言语说服。个体在面临一项新任务时,可能会信心不足,这时来自教师、父母、领导等权威人士的言语鼓励会极大地提高他的自我效能感。

(4)对自身生理和情绪状态的解释。适度的紧张对于完成一项任务是必需的,有利于发挥最佳水平。例如,个体在公开演讲时,感受到自己的紧张情绪,出现心跳加快、手心出汗和脸红等生理表现时,若他把这当作正常的反应,则不会降低自我效能感;若认为自己的紧张会被人发现甚至遭到嘲笑,则会极大地干扰活动的顺利进行。

引导案例 2-3

活动中的旁观者

在幼儿园的区域活动中,老师能够关注并尊重孩子积极参与的表现和行为,而对默默旁观的孩子往往有这样的想法和处理方式:“怎么不参加活动呀?”“不要光在旁边看人家玩,你也一块儿去玩儿吧。”在老师看来,孩子只是在看,没有参加活动。那么,他们为什么喜欢旁观?什么样的孩子喜欢旁观?旁观后他们学会了什么?

一次美工区要进行新的活动,小明一直跟在旁边。我说:“小明和我们一起做个新的作品怎么样?小明一扭头走开了。我和孩子们围坐在一起,开始一步一步地展示剪对称图形的方法。我抬头看见小明伸着脖子站在外围向里看。当我俩的眼睛对在一起的时候,他马上扭头向别处看。我不再关注他，继续指导参与的孩子进行操作。这时，他走得更近了，专注地看着其中一个已经开始操作的小朋友，以至于我走到了他身边也没有被发现。十几分钟过去了，有两个小朋友操作完成，离开了。这是小明绕到空位置上，拿起纸和剪刀开始操作。坐在对面的涵涵对他说："你还没和老师学呢，你不会。""我刚才都看见了，纸对折就能剪出来一样的，我会了。不能像玲玲那样把那边剪没有了。"小明比画着折纸对涵涵说。

点评：其实，喜欢旁观的孩子是在用另一种学习方式学习新内容，只是不愿意被他人关注而已。觉得被关注似乎是不好意思的事情，所以选择间接地学习——旁观，在有一定的把握后，自己独自尝试操作，这样他们没有太大的压力，即使做得不好也不会担心其他小朋友给自己不好的评价。这样的孩子自尊心比较强，比同龄的幼儿情感丰富、要强和敏感。

【真题卡片 2-1】

单选题(2015 年下半年保教知识与能力)

△班杜拉的社会认知理论认为(　　)。

A. 儿童通过观察和模仿身边人的行为学会分享

B. 操作性条件反射是儿童学会分享最重要的学习形式

C. 儿童能够学会分享是因为儿童天性本善

D. 儿童学会分享是因为成人采取了有效的奖惩措施

【答案】A。

第三节　认知发展理论

行为主义理论注重研究个体外显的行为结果，以及如何塑造个体希望看到的行为。而认知发展理论侧重个体内在的认知过程，研究个体在与环境相互作用过程中的发展。认知发展理论以皮亚杰的认知发展阶段理论为主，该理论认为人的发展体现在人对环境的适应过程中，并将人的认知发展分为 4 个阶段(具体见后文)。此外，认知发展理论还包括信息加工理论，这种理论认为人脑是一个类似于计算机的符号操作系统。

一、皮亚杰的心理发展理论

(一)皮亚杰的生平

图 2-7　皮亚杰

让·皮亚杰(图 2—7)于 1896 年 8 月 9 日出生在瑞士纳沙特尔,那是一座拥有浓厚的文化氛围的城市。他自幼聪明好学,具有独立思考的习惯和科学探究的精神。这得益于父母对他的影响和教育。皮亚杰的父亲是纳沙尔特大学的一位文学和历史学教授,注重理性思维和实证研究;母亲是一位虔诚的基督徒,聪慧过人且性格温和,常常沉溺于想象性沉思。他所在的学校也有着开放而自由的教学氛围。宽松自由的家庭教育和学校管理给予皮亚杰足够的自由去追求自己的兴趣。

1915 年,19 岁的皮亚杰从瑞士纳沙特尔大学生物系毕业,获得学士学位。1918 年,他获得该大学的生物学和哲学双博士学位。1919 年,他来到巴黎大学学习两年后,获得法国国家科学博士学位。这段时间皮亚杰才真正走进心理学的领域。1924 年,他被聘为日内瓦大学教授,10 年间他对儿童思维进行了大量研究,先后发表《儿童的语言和思维》《儿童的判断和推理》和《儿童的道德判断》等 5 部专著,奠定了他在心理学领域的地位。皮亚杰被认为是除了弗洛伊德之外影响力最大的研究心理学方面的人,也被誉为“20 世纪难得一见的百科全书式的人物”。

(二)认知发展理论

1. 认知发展的基本单位

皮亚杰认为发展起源于主体的动作,其本质在于主体对环境的适应过程。所谓适应,指的是有机体适应情景所需要的能力。例如,饥饿的儿童寻找食物和成人在危难时寻求帮助的行为都是适应性的。图式，也称为认知结构，是认知发展的基本单位，指的是能够解释和应对某一情境的思维和行为模式。随着年龄的增长，儿童大脑中的图示会不断丰富，能够帮助他们更好地适应环境。一般而言，个体通过同化和顺应两种方式来取得机体和环境的平衡。同化是指主体将新的外部信息加以修改，直接纳入自己已有的图式中的过程。顺应是指主体修改或重新建构自己已有的图式以适应新环境的过程。例如，婴儿从吮吸乳头到使用奶瓶就是一个不断适应新环境、塑造新行为的过程。用吮吸乳头的方式去吮吸奶嘴，这是一个同化的过程。但是同时，奶嘴的不同质地、奶瓶的抓握等新的信息又需要婴儿能够重新去修改已有的经验，这是顺应的过程。认知发展是同化和顺应相互穿插、相互作用的结果。

2. 认知发展的阶段

皮亚杰根据自己多年的研究成果，提出了认知发展的 4 个阶段：感知运动阶段、前运算阶段、具体运算阶段和形式运算阶段，见表 2－3。他认为，所有的儿童都要有序地经历这 4 个阶段，既不能跳跃发展，也不能逆向倒退。

表 2－3 皮亚杰的认知发展阶段

年龄	阶段	主要特征和发展
0～2 岁	感知运动阶段	婴儿主要通过感觉和动作来适应生活，如触摸、视觉等；两岁时，已经形成客体永存性的概念
2～7 岁	前运算阶段	思维的特点是以自我为中心，不能从别人的角度思考；提高了符号思维的能力，出现表象思维
7～11 岁	具体运算阶段	开始具有逻辑思维和运算能力，可以用心理活动代替物理活动；建立物体守恒的概念和思维的可逆性
11 岁以上	形式运算阶段	是认知发展的最高阶段。能理解组成命题各概念之间的关系，能运用命题进行思维。逻辑思维不再限于具体的事物，逐渐形成抽象思维能力

知识链接 2-4

物体守恒实验

物体守恒是指物体的数量不随着物体形状的改变而改变的性质。皮亚杰设计实施的一些物体守恒实验显示 3～6 岁幼儿的思维往往还不具有守恒性。例如，研究者给幼儿呈现两排相同颜色的珠子，这两排珠子按照同样的间距放置，儿童认为两排珠子的数量是一样多。

然后研究者当着儿童的面将第二排珠子的间距扩大，再让儿童判断两排珠子的数量是否一样多。未获得守恒概念的儿童会认为第二排的珠子数量更多，如图 2—8 所示。

a 儿童认为两排珠子的数量一样　　b 未获得守恒概念的儿童认为第二排珠子多

图 2-8　守恒能力测验示

3. 皮亚杰认知发展理论的教育意义

皮亚杰认为：教育的原则是培养创新的人——有创造力的善于发明和发现的人，而非简单重复前人的人。他的认知发展论对学前儿童的教育具有很大的指导意义。

(1)在幼儿园设置充满智慧刺激的环境，鼓励儿童自由探索，依靠自己的能力解决问题。

(2)儿童的发展是循序渐进的，过于复杂的经验不利于儿童进行同化或顺应，应该为儿童提供适合他的发展水平的教育。

(3)个体的思维先后经历了 4 个不同的发展阶段，应根据儿童所处发展阶段的认知方式来设计教学，激发孩子学习的欲望。

(4)儿童认知发展的速度不同，同一年龄的儿童会出现不同的发展水平，在教学中要注意个别差异、因材施教。

(5)儿童 2～7 岁时存在自我中心的思维特点，在幼儿教学中可多方位地鼓励同伴交往，这将有利于儿童学习站在他人的角度考虑问题。

二、信息加工理论

信息加工理论将人的心理加工描述为计算机对信息的输入、加工、存储和提取。信息加工论者认为认知发展是连续的，而非阶段式的；大脑像计算机一样拥有硬件和软件，硬件指大脑和边缘系统等生理构造，软件是记忆、注意、推理和问题解决等认知加工。该理论还认为，大脑和神经系统的成熟能够提高青少年对信息加工的速度，除此之外，人们所处的文化环境以及所接受的家庭和学校的教育都会对其信息加工能力产生影响。信息加工研究者采用非常严格和精深的研究方法，能够让人们识别出儿童是如何解决问题的，以及他们常犯的逻辑错误的原因，这具有实际应用价值。但是，这种理论基于实验室研究，不能真实反映儿童日常生活的思维，其适用性遭受质疑。

第四节　情景理论和生物学理论

一、情境理论

情境理论认为，在考察个体的学习和发展时，不能忽视情景（环境）的作用。这里提到的情境包括儿童所处的社会环境、家庭背景、同伴群体和历史经验等。本节主要介绍维果斯基的社会文化理论和布朗芬布伦纳的生态系统理论。

（一）维果斯基的社会文化理论

图 2-9　维果斯基

维果斯基（1896～1934）是苏联卓越的心理学家，主要研究儿童发展与教育心理，被誉为“心理学中的莫扎特”。虽然英年早逝，但他的思想越来越受到心理学界的重视。当时，他的两本著作《思维与语言》（1962）和《社会中的思维》（1978）被翻译成英文，受到西方心理学界的广泛关注。

社会文化理论认为，儿童通过与拥有更丰富知识的社会成员（如父母、教师或更有能力的同伴等）的合作交流获得他们的文化价值观、信仰和问题解决策略，社会文化背景会影响个体的认知发展。因此，维果斯基认为认知并不只存在于个人的思维中，还存在于个体参与的社会经验中，不是所有儿童都要经历相同的认知发展阶段，认知发展的过程和内容并不像皮亚杰所说的那样具有普遍性。他提出了的著名的最近发展区的概念和支架的概念。最近发展区是指一个学习者能独立达到的水平与一个技能更为娴熟的参与者的指导和鼓励下能达到的水平之间的差距。如果成人为儿童提供处于最近发展区的有适当挑战性的任务和知识，则能够更有效地促进他们认知的发展。最近发展区的大小，是儿童心理发展潜能的重要标志，也是儿童可接受教育程度的重要标志。支架是指教育者根据儿童在学习情景中的行为做出相应的指导，逐渐提高儿童对问题的理解和解决能力。这种指导如同给儿童提供一个支架，待儿童能独立解决问题时，就可以将支架撤掉。这种支架可以来自教师、家长或能力稍高的同伴。

【真题卡 2－2】

单选题(2016 年上半年保教知识与能力)

△教师拟定教育活动目标时，以幼儿现有发展水平与可以达到水平之间的距离为依据，这种做法体现的是(　　)。

A. 维果斯基的最近发展区理论

B. 班杜拉的观察学习理论

C. 皮亚杰的认知发展阶段论

D. 布鲁纳的发现教学法

【答案】A。

(二)布朗芬布伦纳的生态系统理论

布朗芬布伦纳(1917～2005)认为，人类的发展是生物因素和环境因素相互作用的结果。其中，环境是人类发展的主要影响因素，它就像一套嵌套结构，如同俄罗斯套娃一般，一种环境嵌套在另一种环境中。布朗芬布伦纳将个体所处的生态环境分为 5 个系统：微观系统、中间系统、外部系统、宏观系统和时间系统。

(1)微观系统是环境层次的最里层，是指儿童大部分时间直接接触的环境，包括家庭、幼儿园和小区等。微观系统是一个动态的发展系统，生活在其中的个体会产生相互影响。夫妻对孩子不同的教育方式可能让孩子感觉无所适从，同时也会造成夫妻间的冲突，影响夫妻关系。

(2)中间系统是指微观系统中的各个环境成分之间的相互联系。例如，如果儿童的家庭和学校等系统之间有积极一致的支持性联系，儿童将最大可能得到事业的发展。当今幼儿园重视家园共育正是基于这一理论。

(3)外部系统在中间系统之外，是指儿童虽未直接参与但仍然对他们的发展造成影响的环境系统，包括父母的工作环境、家庭的朋友关系和社区对家庭的影响。若父母结交一些酒肉朋友，经常在外喝酒、赌博，必然会影响孩子的成长和学习。

(4)宏观系统是最外层的系统，是指儿童所处社会的文化、亚文化和社会阶层背景，包括某种文化的态度倾向、价值观、法律和规范等。它影响着其他系统并最终作用于儿童。例如，我国是一个集体主义文化取向的民族，这种文化会影响学校教育的方向，主张将儿童培养为重视集体利益的人。

(5)时间系统是指社会历史事件的发生和个体生理的发展变化对儿童发展产生的影响，

它是从纵向的角度来考察的。社会历史事件包括战争、自然灾害等,这些会对儿童的生活造成影响。青春期的孩子因生理和心理的特点会较多地与父母发生冲突。

各系统之间以及系统与个体之间的相互作用影响着个体的成长、发展和学习。如果个体所处的每个系统之间的联结是和谐的、积极的,他就能健康成长;若各系统之间存在冲突与矛盾,个体的成长就会受到负面的影响。因此,需要学校、家庭和社会等各个系统的相互配合,为儿童的成长营造一个良好的生态环境。

二、生物学理论

生物学理论非常重视生物因素在人类发展中的作用,其代表人物和理论有格赛尔的成熟理论和洛伦兹的关键期理论。格塞尔的成熟理论是典型的遗传决定论,该理论认为儿童生理、心理的发展取决于他的成熟程度,而他的成熟由基因规定的顺序决定,外部环境并不能产生任何影响。这种偏激的理论已经遭到了极大的排斥。

洛伦兹提出关键期理论。关键期是一段有限的时间。在此期间如果给予个体适宜的刺激,个体就会获得相应的发展。若错过了关键期,个体的能力发展将会受限。后来有学者用敏感期代替关键期。敏感期是指个体特定能力出现的最佳时期。在此期间个体对环境的影响特别敏感,若错过敏感期,这种能力还会发展,只是教育起来比较艰难。教育者应当把握好儿童各种能力发展的敏感期,适时地提供促进儿童能力发展的刺激和环境,增强教育的效果。例如,美国心理学家布鲁姆研究发现:儿童的智力在出生后的4年内已发展了50%。可见,学前期是人生发展的黄金时期,儿童的早期教育是多么的重要。

知识链接2-5

印刻现象

图2-10 印刻现象

最早引入关键期这一概念的是奥地利习性学家、诺贝尔奖获得者康拉德·洛伦兹。他发现一个有趣的现象:像小鸭和小鹅这类动物,总是喜欢在破壳后的几天里追逐它们第一次看见的活体动物。例如,它们第一次见到的是母鹅,就追逐母鹅;第一次见到的是人,就追逐人。它们以为那是自己的妈妈，如图 2—10 所示。这种追逐习惯会长久保持。可见，小动物们通常把出生后第一眼见到的对象当作自己的母亲，并对其产生偏好和追随反应，洛伦兹将这种现象称为印刻现象和印刻效应，印刻发生的时期就是关键期。人类和动物的发展都存在关键期，如在此时给予适当的良性刺激，会促使人类和动物的能力得到更好的发展。一般认为以下 4 个领域的研究可证实关键期的存在：鸟类的印刻、恒河猴的社会性发展、人类语言的习得和哺乳动物的双眼视觉。

第五节　朱智贤的心理发展观

朱智贤(1908～1991)是我国著名教育心理学家。朱智贤的发展心理学理论主要有以下三方面的内容。

图 2－11　朱智贤

一、探讨心理发展的基本理论问题

朱智贤探讨心理发展的基本理论包括四个方面：一是探讨内因与外因的关系，二是探讨教育与发展的关系，三是探讨年龄特征与个别特征的关系，四是探讨先天与后天的关系。当然，对这四个问题的分析和阐述，在中外发展心理学史上有过不少，但作为统一的、系统的、辩证的提出还是第一次。

二、强调用系统的观点研究心理学

朱智贤经常说，认知心理学强调儿童认知发展的研究，精神分析学派强调儿童情绪发展的研究，行为主义强调儿童行为发展的研究，我们则要强调儿童心理整体发展的研究。早在

20世纪60年代初，在他发表的《有关儿童心理年龄特征的几个问题》一书中，首次提出系统的、整体的、全面地研究儿童心理发展的观点。

三、提出坚持在教育实践中研究中国化的发展心理学

朱智贤多次提出发展心理学研究的中国化问题。早在1978年，他就指出："中国的儿童与青少年及其在教育中的种种心理现象有自己的特点，这些特点表现在教育实践中，是需要我们深入下去研究的。"他反对脱离实际地为研究而研究的风气，主张研究中国人从出生到成熟心理发展的特点及其规律。

【真题卡片2—3】

单选题(2015年下半年保教知识与能力)

△下列哪一种不属于《3～6岁对儿童学习与发展指南》倡导的幼儿学习方式？(　　)

A. 强化练习　　B. 直接感知

C. 实际操作　　D. 亲身体验

【答案】A。

考题预测

一、单项选择题

1. 照料者对婴儿的需求应给予及时回应是因为：根据埃里克森的观点，在生命中第一年的婴儿面临的基本冲突是(　　)。

A. 主动性对内疚　　B. 基本信任对不信任

C. 自我统一性对角色　　D. 自主性对害羞

2. 按照皮亚杰的观点，2～7岁儿童的思维处于(　　)。

A. 具体运算阶段　　B. 形式运算阶段

C. 感知运动阶段　　D. 前运算阶段

3. 儿童心理发展潜能的主要标志是(　　)。

A. 最近发展区的大小　　B. 潜伏期的长短

C. 最佳期的性质　　D. 敏感期的特点

4. 根据皮亚杰的认知发展阶段论，3～6岁幼儿属于(　　)阶段。

A. 感知运动阶段　　B. 前运算阶段

C. 具体运算阶段　　D. 形式运算阶段

5. 提出"最近发展区"理论的是(　　)。

A. 皮亚杰　　B. 维果斯基

C. 杜威　　D. 福禄贝尔

6. 用以控制幼儿情绪的"消退法",其理论依据是(　　)。

A. 行为主义理论　　B. 认知理论

C. 人本主义理论　　D. 精神分析理论

7. 儿童能以命题形式思维,则其认知发展已达到(　　)。

A. 感知运动阶段　　B. 前运算阶段

C. 具体运算阶段　　D. 形式运算阶段

二、简述题

1. 简述班杜拉社会学习理论的主要观点。

2. 行为主义理论的基本观点有哪些?

三、论述题

1. 试析皮亚杰的认知理论的主要观点及其在幼儿教育中的应用。

2. 论述埃里克森的人生发展八个阶段的理论。

第三章 学前儿童的感知觉和注意

学习目标

1. 理解学前儿童感知觉的特征与意义。
2. 领会感知觉规律在学前教育中的运用。
3. 能够初步应用学前儿童观察力培养的措施。
4. 理解注意的概念、特征以及注意在学期儿童心理发展中的意义。

引导案例 3-1

鲍勃·伊登斯一出生即失明，在 51 岁时复明。后来，他在谈到恢复视力后的经历时说："我从来没有想到黄色竟是如此的黄！黄色太让我感到惊讶了，难以形容。红色是我最喜欢的颜色，但是我难以相信这就是红色。天不亮，我就迫不及待地起床，想去看一切我能看见的东西。夜晚，我遥望天空中的星辰和闪烁的光。有一天，我看见一些蜜蜂，它们美极了。我看到一辆卡车流星似地在雨中驶过，在空气中留下一道水雾，太美了！我还看见一片凋零的叶子在空中飘荡，让人难以忘怀。世界上的一切对于我都是那么美！你们能理解吗？"

点评：我们的世界多么美丽啊！我们无时无刻不在感受着它带给我们的震撼和感动！可是你知道吗？这一切都要得益于我们复杂丰富的感知觉。

第一节 感知觉概述

感知觉是一个合成词，可拆分为感觉和知觉。两者既紧密联系，又存在细微差别。从个体发展的角度看，一般感觉先于知觉出现，但在现实生活中纯粹的感觉是很少见的。为了方便理论的探究，把感觉和知觉分离，来分别介绍。

一、感觉

(一)什么是感觉

感觉是人脑对直接作用于感觉器官的客观事物的个别属性的反映,是人最早发生和成熟的心理过程。感觉是最初级的认识过程,是一种最简单的心理现象。当然感觉并不一定在某一时间内只反映一种属性,而是可以反映许多种属性,但在感觉中,各种属性之间既无组织又无界限。正如一个人进入到某个完全陌生的环境里,虽然这个环境中既有各种声响,又有各种气味,但他分不清哪个声响来自哪种东西,哪种气味散发自哪个物体,这时对他来说,各种声响和气味只是杂乱无章的一大堆刺激。人类的感觉器官,如眼睛、耳朵、鼻子、舌头、皮肤、肌肉和关节,会搜集大量的刺激信号,通过脑的神经系统进行传输和形成映像。例如,将一个成熟的橘子放在面前,眼睛看到橘子金黄的颜色和椭圆的形状,鼻子闻到其沁人心脾的清香味,用手触摸它稍显粗糙的果皮并感受到冰凉的温度,剥开果皮后可以用舌头品尝到酸甜的果肉等。橘子的颜色、形状和味道等就是它一系列的个别属性。这些个别属性通过人类的感觉器官作用于大脑,随之引起的一系列心理活动就是感觉。

通过感觉,人们不仅可以了解到客观事物的个别属性,如物体的大小、形状、颜色、气味,甚至自身或其他物体碰撞发出的声音,还能由此了解身体内部所处的状态和变化,如饥饿、疼痛等。人们每天都在有意无意地调动全身各种感官对周围环境进行感觉,由于早已习以为常,很多时候都忽略了感觉的存在及其重要性。假设长时间处于一个大部分感觉都不能发挥作用的环境中又会如何呢?

【经典实验】

感觉剥夺实验

加拿大心理学家贝克斯顿(W. H. Bexton)等人在1954年首先进行了"感觉剥夺"实验,如图3—1所示。实验中给被试戴者上半透明的护目镜,使其难以产生视觉;用空气调节器发出的单调声音限制其听觉;手臂戴上纸筒套袖和手套,腿脚用夹板固定,限制其触觉。被试者单独待在实验室里,几小时之后开始感到恐慌,进而产生幻觉;在实验室连续待了三四天后,被试产生许多病理心理现象:出现错觉和幻觉;注意力涣散,思维迟钝,紧张,焦虑,恐惧等。实验后需数日才能恢复正常。

该实验证明了感觉对人类的重要性。由此可见,日常生活中那些看起来"不经意"的接受刺激并由此产生的感觉对个体的生存和认识世界是多么重要。

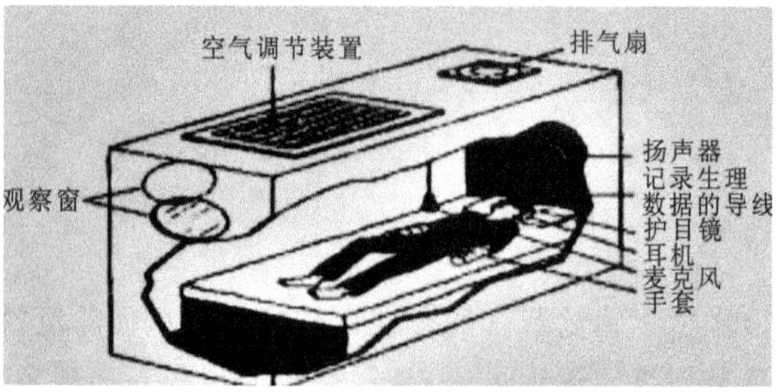

图 3-1 “感觉剥夺”实验装置

需要特别说明的是，感觉只对当前直接接触的客观事物进行反映，由过去的或者间接接触的事物催生的并非感觉。因此，记忆中再现事物属性的映像、幻觉中各种类似于感觉的心理体验都不能被称为感觉。

（二）感觉的生理机制

一个人的感觉系统由感受器和相应的感觉神经组成。无论何种感觉，它的产生都是由某种刺激影响到某种感受器所引起的。例如，光波刺激产生视觉，声波刺激产生听觉。一般来说，感觉活动的形成必然经过三个主要环节：首先是感觉器官获取刺激信息；第二步是转换，也就是有专门的感受器神经细胞把刺激信息转换为神经冲动；第三步是由传入神经将感受器传出的神经冲动传到大脑皮层，并在相应的感觉中枢区域被加工成具有不同性质和强度的感觉。

知识链接 3-1

痛觉的保护作用——祖孙三代无痛觉

在看似平常的日常生活中，保护人们的是感受疼痛的能力。但在意大利托斯卡纳村深处住着的马尔西利家族却是一个例外。这个家族祖孙三代都拥有一种极为罕见的特征——感觉不到疼痛。这一切要从祖母玛利亚说起。祖母在年轻的时候，有一次不注意从扶梯上摔倒受伤，去看了医生，医生说：“你这次什么事也没有，但你以前发生了两次踝关节损伤。”这意味着这位祖母之前受过两次严重的伤，而自己没有一点感觉。玛利亚的女儿列蒂西雅对温度的反应有些不寻常，这使得她常年能在海里游泳，即使温度只有十几摄氏度，她都能在海里待上几分钟。姐姐艾琳娜能吃特别烫的食物，因为她并不能感觉到烫，所以嘴里常被烫出水泡。这些怪事甚至延续到第三代人身上，孙子小时候骑自行车被压到手臂，受了很严重的伤，但是10分钟后又能什么感觉都没有地继续骑车了。可是等到几个月后发现手臂没法弯曲。相关遗传学家认为，人们之所以会对疼痛的感觉有如此大的差异，应大部分归于遗传基因，即DNA。感觉疼痛需要一套强大的神经机制，它们分布在人们身体的肌肤、肌肉和内脏中，将信息从人们的身体传向大脑。所以，马尔西利一家的秘密被隐藏在数以百万计的神经元里面。通过对这三代人的基因序列研究，发现这完全可能是在家族中间发生的基因单一突变，这意味着这个家族患上了遗传学中一种全新的综合征。

（三）感觉的分类

一个人的感觉可以分为外部感觉和内部感觉两大类。外部感觉的感受器位于人体表面或接近表面的地方，主要接受来自体外的各种刺激，反映外部事物的个别属性，主要有视觉、听觉、嗅觉、味觉、肤觉等。内部感觉的感受器位于机体的内部，主要接受机体内部的各种刺激，反映人体的位置、运动和内脏器官的不同状态，包括运动觉、平衡觉和机体觉，见表3－1。

表3－1　人的八种感觉

感觉种类		适宜刺激	感受器	大脑皮层中枢	反应属性
外部感觉	视觉	390～800纳米（可见光波）	视网膜上的棒体和锥体细胞	枕叶	黑、白、彩色等
	听觉	16～20000Hz（可听声波）	耳蜗管内的毛细胞	颞叶	声音
	味觉	溶解于水、唾液和脂类的化学物质	舌面、咽后部、腭及会厌上的味蕾	中央后回最下部	甜、酸、苦、咸等味道
	嗅觉	有气味的挥发性物质	鼻腔黏膜的嗅细胞	边缘系统	气味
	肤觉	机械性、温度性刺激	皮肤和黏膜上的冷点、稳点、痛点、触点	中央后回	冷、温、痛、压、触
内部感觉	运动觉	骨骼肌运动、身体四肢位置状态	肌肉、肌腱、韧带、关节中的神经末梢	中央前回	身体运动状态、位置变化
	平衡觉	头部位置和身体平衡状态	内耳、前庭和半规管的毛细胞	前外雪氏回	身体位置变化
	机体觉	内脏器官活动变化时的物埋化学刺激	内脏器官及组织深处的神经末梢	下丘脑、第二感觉区和边缘系统	身体疲劳，饥渴和内脏器官活动不正常

(四)感觉规律

1. 感受性和感觉阈限

感受性是指一个人对刺激物的感觉能力。不同的人对各种刺激的感受性是不同的：感受性高的人能感觉到的刺激，不一定被感受性低的人感觉到。另外，一个人的感受性会随着环境因素、机体状态及实践锻炼等因素的变化而变化。

感受性一般用感受阈限来度量。感觉阈限是指能引起感觉持续一定时间的刺激强度。感受性越强，感觉阈限越小；感受性越弱，感觉阈限越大。感受性和感觉阈限成反比例关系。

某种刺激若要引起一个人的感觉，是需要具有一定强度的。也就是说，只有当物体发出的声音、气味等刺激达到一定强度时才能被听到、闻到。那种刚刚能引起人的感觉的最小刺激量叫作绝对感觉阈限。

表 3－2 人类各种感觉的绝对感觉阈限

视觉	晴朗的黑夜中可以见到距离 48 公里处的烛光
听觉	安静房间内可以听到距离 6 米处表的嘀嗒声
味觉	9 升水中的一茶匙白糖可以辨别出甜味
嗅觉	弥散于 3 个房间中的一滴香水
触觉	从 1 厘米距离外落到脸上的一个蜜蜂的翅膀
温度觉	皮肤表面温度有一摄氏度之差即可察觉

在已有感觉的基础上，为引起一个差别感觉，刺激必须增加或减少到一定的量。刚能引起差别感觉的两个同类刺激物之间的最小差别量叫作差别感觉阈限。差别阈限是一个人辨别两种不同刺激强度时所需要的最小差异量。差别阈限的值越小，则差别感受性越大；差别阈限的值越大，则差别感受性越小。

2. 感觉的适应现象

适应是指有机体在刺激的持续作用下所引起的感受性提高或降低现象。许多人都有“入芝兰之室，久而不闻其香”的生活经历，这是嗅觉适应现象。一个人下水游泳，刚开始都会觉得水很凉，而在水里多待一会儿就没有凉的感觉，这是肤觉适应现象。当一个人从光亮的地方进入暗处时，起初可能什么也看不见，过一段时间后眼睛开始能看清黑暗中的物体，这是暗适应；相反，从黑暗的电影院走到阳光明媚的室外，最初只觉得耀眼，什么也看不清，必须经过一段时间后才能逐渐看清物体，这是明适应。明适应与暗适应是视觉适应现象。厨师烧菜越烧越咸，是味觉适应现象。

3. 联觉现象

联觉是指一种感觉引发另一种感觉的心理现象。颜色感觉容易产生联觉。例如，红色象征革命和喜庆，因此红色的旗帜会让人感到威武庄严；绿色象征春天，表示青春和健康，给人以喜悦和宁静的感觉。红、橙、黄等色，类似于太阳和烈火那样的颜色，往往引起温暖的感觉，称之为暖色；青、蓝、紫等色，类似于碧空和寒冰那样的颜色，往往引起寒冷的感觉，称之为冷色。

4. 感觉的代行现象

由于某种原因造成丧失一种感觉能力的人，其他感觉能力会由于代偿而得到特殊发展。例如，聋哑人的视觉特别敏锐，盲人的听觉和触觉特别发达。以上这些人的这些感觉能力特别强，并不是他们先天具有特殊的分析器，而主要是在后天生活和实践的过程中经长期锻炼发展起来的。

5. 感觉的对比

感觉的对比值的是同一感受器接受不同的刺激而使感受性发生的变化。感觉的对比分同时对比和继时对比。天上的星星在明月下看起来比较少，而在黑夜里看起来就明显增多；灰色的长方形在黑色背景上看起来要比放在白色背景上更亮些。这些都是同时对比。吃了糖果以后吃苹果，会觉得苹果很酸，这是继时对比。

二、知觉

（一）什么是知觉

知觉是人脑对直接作用于感官的客观事物的整体属性的反映。它的产生必须建立在感觉的基础上，是一种比感觉更高级的心理活动。

对客观事物的个别属性的认识是感觉，对同一事物的各种感觉的结合，就形成了对这一物体的整体的认识，也就是形成了对这一物体的知觉。知觉是直接作用于感觉器官的客观物体在人脑中的反映。

感觉和知觉的界限非常模糊，日常很难对二者进行严格的区分。感觉是知觉的基础，没有感觉就没有知觉。感觉越精细、越丰富，知觉就越正确、越完整。人总是以知觉的形式直接反映物体，感觉只是作为知觉的组成部分存在于知觉之中，很少有孤立的感觉。因此，人们在许多场合都把感觉和知觉通称为感知觉。在心理学中，为了研究的方便，才把它们分别进行分析。

（二）知觉种类

根据不同的分类标准，知觉可以分为不同的种类。

1. 根据知觉过程中谁起主导作用分

根据知觉过程中谁起主导作用，可以把知觉分为视知觉、听知觉、嗅知觉、味知觉和肤知觉等。例如，人们在看书或者参观时主要是视知觉，听音乐时主要是听知觉。这些知觉单独起作用时称作单一知觉，当几种知觉同时起作用时就成了复杂知觉。例如，听课时的知觉就是视知觉、听知觉等多种知觉的结合。

2. 根据知觉对象不同分

根据知觉对象不同可以把知觉分为物体知觉和社会知觉。物体知觉，主要是对物的知觉，主要有以下三种：

(1)空间知觉。空间知觉是事物的空间特性在人脑中的反映，它包括形状、大小、方位、远近和立体等知觉。通过空间知觉，我们不仅可以认识事物的形状及大小，而且可以认识物体的上下、左右、前后等方位。

(2)时间知觉。时间知觉是人脑对客观事物发展变化的顺序性和延续性的反映。时间知觉主要是通过自然界的周期现象、有机体内的各种生理过程有节律的周期变化以及其他计时工具来进行的。同时，它还受人的兴趣、态度、情绪和知识经验的影响。

(3)运动知觉。运动知觉是人脑对物体的位置移动及其速度的知觉。运动知觉的主要作用是分辨物体的运动与静止以及运动速度的快慢。运动知觉的产生依赖于物体本身运动的速度、物体与观察者之间的距离以及观察者本身所处的状态及其参照系等。

社会知觉是对人的知觉，包括对他人的知觉、自我知觉和人际关系知觉。对他人的知觉是指通过一个人的言语、行动来认识其整体的知觉。人们每时每刻都在和别人打交道，正确地认识和了解别人是交往成功的前提。自我知觉是一个人自己对自己的认识。认识别人容易，正确地认识并恰如其分地评价自己却很困难。人只有全面了解自己，才能克服缺点，使自己更完善。人际知觉是人与人交往时对人与人之间关系的知觉。人与人交往时，彼此间的情感与态度在一定程度上影响着这种知觉。

3. 根据知觉内容是否符合客观现实分

根据知觉内容是否符合客观现实可以把知觉分为正确的知觉与错觉。

正确的知觉是人的知觉的主要方面，它是人脑对事物本来面貌的反映。错觉又叫错误知觉，是指不符合客观实际的知觉，包括几何图形错觉(高估错觉、对比错觉、线条干扰错觉)、时间错觉、运动错觉、空间错觉以及光渗错觉、整体影响部分的错觉、声音方位错觉、形重错觉、触觉错觉等。

错觉是对客观事物的一种不正确的、歪曲的知觉。错觉可以发生在视觉方面，也可以发生在其他知觉方面。如果掂量一公斤棉花和一公斤铁块时，你会感到铁块重，这是形重错觉。当你坐在正在开着的火车上，看窗外的树木时，会以为树木在移动，这就是运动错觉。

知识链接 3-2

有趣的错觉

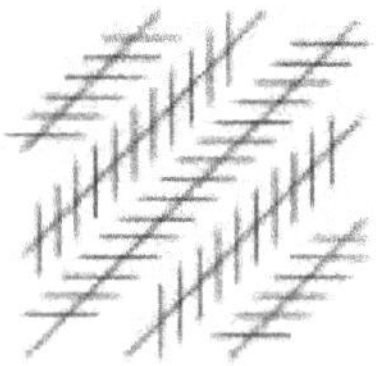

这些斜线是什么关系呢？平行线！

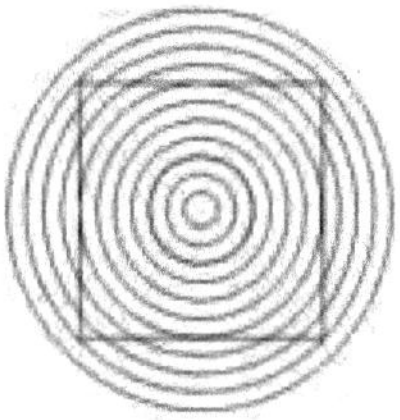

这是正方形吗？是的！

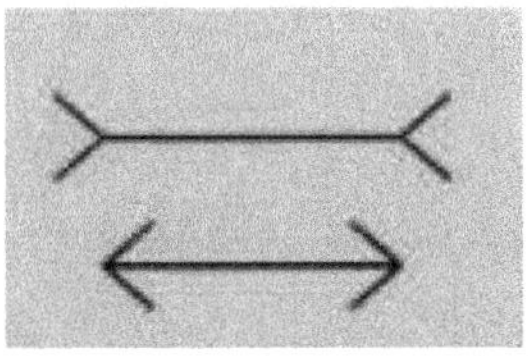

两条直线一样长吗？是的！

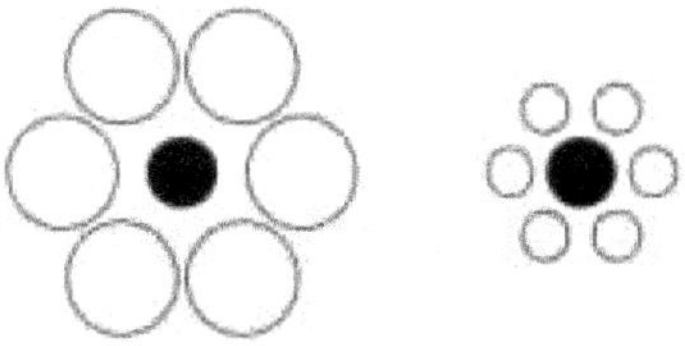

两个黑圆圈一样大吗？是的！

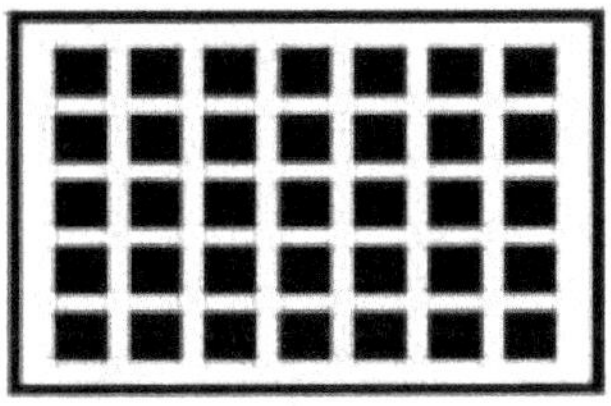

十字交叉点很暗是真的吗？当然不是！

图案是在旋转吗？没有！

图 3－2　常见图形错觉

（三）知觉的特性

1. 知觉的选择性

作用于人的客观事物是纷繁多样的，但人不可能全部清楚地感知到客观事物，只能根据需要选择少数事物作为知觉的对象，这种特性称为知觉的选择性。被选择的就成为知觉的对象，没有被选择的就成为背景。影响知觉选择性的主要因素有以下几种：

（1）对象和背景的差异。对象和背景之间差别越大，越容易从背景中选出对象。例如，在一片绿色的田野上，一位穿红衣服的妇女，就容易被清晰地映入眼帘。“万绿丛中一点红”的“红”容易引人注目。

（2）对象的活动性。在相对静止的背景上，运动的刺激物容易成为知觉的对象。黑夜中的流星容易一下子被收进眼底，闪光的霓虹灯广告、电影、移动的玩具等，都已被人们知觉。

（3）对象本身的特征。对象特征越明显，越容易被感知；特征不明显，就不易被感知。走到大街上，迎面走过许多人，你不会注意他们的面貌，然而其中若有一个另类的人，就立刻会被你发现。如图3—3的形象出现很容易引起人们的注意。

图3-3 踩高跷的女孩

图3-4 女孩和老人

另外，从主观因素看，有没有知觉的目的和任务、已有的知识经验、个人的兴趣爱好和情感情绪状态等，都会影响一个人对知觉对象的选择。不同人的注意点不同，各择所需，各取其好。

2. 知觉的整体性

知觉的对象具有不同的属性，由不同部分组成，但是人并不把知觉的对象感知为个别的孤立部分，而是把它感知为一个统一的整体。这种特性称为知觉的整体性。当我们走进一间教室，首先是对整个教室有一个整体的印象，然后才会观察它的细节，如有多少桌椅、有哪些教室布置、板报内容是什么等等。

知觉对象作为一个整体不是各个部分的机械堆砌，对一个事物的知觉取决于其关键性的部分，非关键性的弱的部分会被掩盖。

图3-5 知觉的整体性

如图3—5所示，我们看到此图时候，就会知觉为一个正三角形，而不是几条线段，这就是刺激物之间的关系起了重要作用。知觉的整体性与知识经验有关，知识经验越丰富，越能识别出事物的关键性特征，从而精确地把握知觉对象。

3. 知觉的理解性

在知觉的过程中，人总是用过去所获得的有关知识经验，对感知事物进行加工处理，并用词把他们表示出来，知觉的这种特性就是知觉的理解性。对知觉对象的理解情况与知觉者的知识经验直接有关。例如，一张X光片，医生可以从X光片中看出身体某部分的病变情况，而一般人做不到；汽车修理工在发动机运转的声音中能够辨别出是否有故障，而普通人则是无法做到。而且，语词对人的知觉具有指导作用，可以加快对知觉对象的理解。例如，某些风景名胜地把山峰看成“天女散花”，在导游的解说下，游客就很容易清晰地看出；夜晚，在老师的指导下，比较容易找出天空中的星座。幼儿的生活经验比较贫乏，更不会自觉地运用已有的经验来知觉事物。为了帮助幼儿更好知觉事物，老师、家长要注意运用言语指导他们提取已有的生活经验。

4. 知觉的恒常性

当知觉的条件在一定范围内改变的时候，知觉的映像仍然保持相对不变，这就是知觉的恒常性。常见的知觉恒常性有亮度恒常性、大小恒常性、形状恒常性等。例如，阳光照射下的煤块的亮度远远大于黄昏时粉笔的亮度，但我们仍然认为煤矿是黑色的，这就是亮度恒常性；学生坐在第一排座位上看老师与坐在最后一排座位上看老师，在他们视网膜上的影像大小不一，但学生总是把老师看成是有特定大小的形象，这就是大小恒常性；无论你在教室的哪个方向看教室的门，也无论教室的门是开着的还是关着的，你总把教室门看成是长方形的，这就是形状恒常性，如图 3－6。

图 3－6　知觉的恒常性

知觉恒常性使人在不同条件下，始终保持对事物本来面貌的认识，保证了知觉的精确性。

第二节　学前儿童各种感知觉的发展

一、学前儿童各种感觉的发展

（一）学前儿童视觉的发展

视觉是个体辨别物体的明暗、颜色等特性的感觉。我们每天与外界接触，其中大约有 80％的信息来自视觉通道。同样，视觉也是学前儿童获得信息的重要渠道。

正常的新生儿，在呱呱坠地的那一刻就可以察觉可见的光波。不过，新生儿的视觉调节能力还远未完善，难以像成年人一样根据物体的远近自如地调节双眼视线。他们的眼睛，好像定好了焦距的相机，只能够集中在有限的范围之内。其中，他们看得较清晰的理想位置是距离眼睛正前方 20.3 厘米处。在 20.3 厘米处外，无论远近，新生儿都只能够朦朦胧胧地感受物体的存在。在整个婴幼儿期,可以通过视敏度和颜色视觉这两个指标考察婴幼儿视觉的发展状况。

1. 视敏度的发展

视敏度是指精确地辨别细致物体或处于具有一定距离的物体的能力,也就是发觉一定对象在体积和形状上最小差异的能力,即通常所说的视力。随着年龄的增长,婴幼儿的视敏度不断提高。6个月以内是儿童视力发展的敏感期,这个时期如果出现发育异常,会引起视力丧失。我国现有的研究指出:1～2岁的儿童视力为0.5～0.6,3岁儿童的视力可以达到1.0,4～5岁后视力趋于稳定。

2. 颜色视觉的发展

颜色视觉是指区分颜色细微差异的能力,也称辨色力。

3个月的婴儿已经不但能根据明度辨别颜色,而且能够根据色调辨别颜色。到了幼儿期,颜色视觉的发展主要表现在区别颜色细微差别能力的继续发展。与此同时,幼儿期对颜色的辨别往往和掌握颜色名称相结合。3岁幼儿能认清基本颜色,但不能很好地区别各种颜色的色调,如白和乳白、绿和墨绿、红和粉红等。从4岁开始,区别各种色调细微差别的能力才逐渐发展起来,并且幼儿此后逐渐能够认识一些混合色。幼儿辨别颜色能力的发展,主要体现在掌握颜色的名称。如果掌握了颜色的名称,即使是混合色,幼儿同样可以掌握。幼儿期对颜色辨别力的发展,主要依靠生活经验和教育。有充足时间接触大自然的幼儿,他们的颜色视觉往往发展得更好。

3. 儿童视觉发展中的注意事项

首先,要预防视力障碍。儿童的视力障碍,如弱视、斜视、近视等,通常具有异常的用眼行为。无器质性病变的视力障碍,经过及时治疗后,绝大多数可以获得正常视力,治疗视力障碍的最佳时期是3～5岁。光线照明不足或者在强光之下用眼、坐姿不良、近距离视力活动时间过长、缺乏户外活动和身体锻炼等,都会导致视力下降。幼儿园和家庭注重儿童视力保护是很有必要的。预防视力障碍的主要预防策略为:及时关注儿童的异常用眼行为,培养其良好的用眼习惯,适当进行眼睛保健。

其次,要预防后天性色盲。后天性色盲通常由视网膜疾病、视神经障碍、维生素缺乏等因素导致。预防的主要措施为:注意日常观察,经常用颜色视觉考察方式进行检查,注意饮食搭配。若有色盲症状,则及时治疗。

最后,要预防心理失明。为了预防心理失明,一方面要给予婴幼儿正常、合适的用眼机会,不持续绑扎婴幼儿的眼睛,也不要让清醒状态中的婴幼儿长时间待在黑暗的环境中。我们要在确保儿童安全的情况下,多为儿童提供丰富的户外活动和室内游戏,确保他们的各种感官对应的脑区都能够获得适当的刺激,促进相应感知觉的发展。另一方面,则要进行智慧教育,避免苛责儿童而导致"癔症性黑蒙"的心理失明。

(二)学前儿童听觉的发展

听觉是个体对声音的高低、强弱、品质等特性的感觉。听觉也是儿童获取信息的重要渠道。我们与外界接触时，听觉通道大约为我们获得了10%的信息。虽然与视觉通道获取约80%的信息相比，似乎少了不少，但是这10%同样至关重要，对我们的生存和发展都极具价值。比如，在使用交通工具出行时，红绿灯、斑马线等交通视觉信号非常重要，但是耳朵采集到的喇叭、警笛等声音也同样对安全出行具有不可轻视的作用。

1. 听觉的发展

听声反应是考察新生儿是否具有听觉的常用指标。正常的新生儿不仅能听见声音，还能区分声音的高低、强弱、品质和持续时间。考察婴幼儿听觉发展状况的常用指标是其听觉敏感性，即听力。

2. 学前儿童听觉发展中的注意事项

首先，要预防听力障碍。主要措施是注意日常观察，及早发现。若儿童经常侧耳，经常表示听不懂声音，则要注意给予医学检查。

其次，要预防噪声性耳聋。提倡“轻声教育”和充足的户外活动，特别是估计儿童会非常兴奋、喧闹的活动，尽量安排在户外等空旷的场合进行。我们知道，学前儿童容易激动，所以在室内进行教育活动时，为了避免儿童过于兴奋和喧闹，就要减少甚至不用一些不必要的提问，比如“好不好啊”“你们要不要啊”等等。类似这样的提问，没有启发儿童思考的价值，只是教师习惯性的承接话语。经验丰富的教师，通常会以自己的眼神、肢体或者教具，自然地做好承接。这样既能调动幼儿的兴趣，又能避免喧闹。

最后，要预防心理性耳聋。心理失聪，是指在耳朵正常的情况下，个体无法产生听觉的病理现象。预防措施给予婴幼儿正常、合适的听音机会，并且不持续绑扎或堵塞婴幼儿的耳朵。

（三）学前儿童触觉的发展

触觉是肤觉和运动觉的联合。触觉是学前儿童认识世界的重要手段，婴幼儿触觉的发展，体现为口腔探索和手部探索两种形式。新生儿和1岁前的儿童，口腔是主要的触觉器官。之后，手成为人主要的触觉器官。

1. 口腔的触觉

儿童从出生时就有触觉反应，许多种天生的无条件反射，也都有触觉参加，如吮吸反射、防御反射、抓握反射等。孩子出生后，不但有口腔触觉，而且通过口腔触觉认识物体。对物体的触觉探索最早是通过口腔的活动进行的。口腔触觉作为探索手段，早于手的触觉探索。3个月的婴儿在吮吸时，对熟悉的物体，吮吸的速度逐渐降低，出现习惯化的现象。可是更换新的物体后，他又用力吸吮，即出现去习惯化。这种事实表明，婴儿早期已经有了口腔触觉的探索活动，口腔触觉有了辨别力。

在相当长的时间内，婴儿仍然以口腔的触觉探索作为手的触觉探索的补充。比如，6个月以后的婴儿，看见了东西，往往抓住放进嘴里；1～2岁的婴儿，在地上捡起一些物体，也要往嘴里送。

2. 手的触觉

当婴儿的手的触觉探索活动发展起来以后，口腔的触觉探索逐渐退居次要地位。手的触觉是人通过触觉认识世界外界的主要渠道。眼手协调动作的出现，即视觉和手的触觉协调活动的出现，是婴儿认识发展的重要里程碑，也是手的真正触觉探索的开始，大约出现在出生后 5 个月的时候。眼手协调出现的主要标志是伸手能够抓住东西。

积极主动的触觉探索是在 7 个月左右发生的。当婴儿学会了眼手协调之后，他逐渐会用手去摆弄物体，把东西握在手里，挤它或把它转来转去。

3. 学前儿童触觉发展中的注意事项

首先，给予学前儿童充分的触觉练习。适宜的触觉练习有助于儿童统合各种感知觉，有助于儿童形成安全感及顺利成长，如温和的爱抚，鼓励其在适宜的环境中爬行、赤脚行走，或者玩水、玩沙等。正常的婴幼儿不但触觉发达，而且要有与成人亲密的交往，接受父母的触摸。温和的爱抚能使脑垂体分泌足量的生长激素，确保儿童身心健康发展。不仅人类如此，大部分动物的幼崽，也需要温和的爱抚。

【经典实验】

1958 年，美国威斯康星大学著名动物心理学家哈罗设计了别具一格的布母猴实验。实验中，哈罗选取健康正常的幼小的恒河猴作为实验对象，他和同事们制造了两种假的母猴来代替真正的母亲。一位“母亲”是由冰冷的金属丝围绕而成的，“金属母猴”的胸前安置了橡皮奶头，幼猴可以从橡皮奶头上吃到奶。另一位是“布母猴”，周身包有一层柔软的绒布，面部画有比较精致的表情，并且体内安置了一个提供体温的灯泡，不过她的胸前没有奶瓶。哈罗把幼猴与两位“人工母亲”放在同一笼子里，两只“母猴”相隔一段距离，幼猴可以在笼子里自由活动，自由选择接近哪位“母亲”。结果发现，幼猴绝大部分时间是依偎在“布母猴”的身边，只有在饥饿时才跑到“金属母猴”那里。

图 3-7 恒河猴实验

这个研究启发我们：爱是温暖的、软绵绵的感觉。正如彭野的儿歌《爱我你就抱抱我》所描绘的，诸如“陪陪我”“亲亲我”“夸夸我”“抱抱我”等充满温情的具象，才是以直观动作思维和具体形象思维为主的学前儿童所能理解的爱。他们对爱的感受，就是如此的直观和具体。所以，经过儿童身边的时候，多对他们微笑、多摸摸它们的脑袋，他们就会认为老师是爱他们的。相反，如果总是板起面孔训斥他们，哪怕教师的出发点是基于满腔的爱，儿童感受到的依然是老师冰冷的拒绝，毫无爱意可言。

其次，注意儿童触觉探索中的环境安全问题。在成人不在场时，不给儿童过小的、可以放在口中的小物体或者小玩具，不给刚回走路的儿童筷子、长柄汤勺之类的东西玩，不给儿童不卫生的小东西或含有毒素的东西玩。

（四）学前儿童味觉的发展

味觉，是指能够溶于水的物质（如实物、药物等）在个体口腔内刺激味蕾时所产生的感觉。人的基本味觉包括酸、甜、苦、咸。味觉能够与其他感觉如视觉、嗅觉和肤觉相互作用。味觉的适应和对比作用明显，并且当温度为20℃～30℃时，人的味觉最敏感。

1. 味觉的发生和发展

新生儿即有味觉反应，他们偏爱甜食。3个月的婴儿即能通过对各种含有基本味觉的物质溶液进行精确的区分。

2. 味觉发展的注意事项

为了培养儿童良好的饮食习惯和正常食欲，要科学喂养儿童：给儿童提供适合其年龄特征的、具有适宜感官性状和适宜温度的饮食，引导儿童从小适应和喜爱各种天然食品的味道。

儿童天生味蕾就很发达，对于各种味道都很敏感，不需要借助味精、鸡精、酱油等含有谷氨酸钠成分的调味剂刺激味蕾，以免味蕾得不到自然的锻炼，反而形成依赖。同时，谷氨酸钠这种物质在代谢的时候，还会带走人体大量的钙，这会影响儿童的正常发育，因为他们正需要从饮食中获取充足的钙源。与此同时，也要尽可能避免含有色素等添加剂的加工食品和烧烤、油炸类垃圾食品等，避免偏爱厚重口味饮食和避免形成偏食习惯。

（五）学前儿童嗅觉的发展

1. 嗅觉的概念

有气味的物体作用于个体的鼻腔所引起的感觉，称为嗅觉。嗅觉是人类自我保护的一种功能，有助于及早察觉一些危险。

2. 嗅觉的发生、发展及其注意事项

新生儿已经具有嗅觉，并且在婴幼儿期逐渐发展，体现出对母亲气味和一些芳香类气味的偏好。要培养和维护儿童敏锐的嗅觉，就要特别注意保护儿童的嗅觉器官，要科学地护理鼻腔，预防鼻炎等鼻科疾病。

【真题卡片3—1】

单选题（2017下半年保教知识与能力）

△下面几种新生儿的感觉中，发展相对最不成熟的是（　　）。

A. 视觉　　B. 听觉　　C. 嗅觉　　D. 味觉

【答案】A。

二、学前儿童知觉的发展

(一)学前儿童的空间知觉

空间知觉是一种比较复杂的知觉,是视觉、听觉、运动觉等多种分析器联合行动的结果。

1. 方位知觉

方位知觉是物体所处空间位置的知觉,如对上下、前后、左右,以及东西南北中的知觉。婴幼儿方位知觉的发展主要表现在对上下、前后、左右方位的辨别。据研究,2～3 岁的儿童能辨别上下;4 岁儿童开始能辨别前后,5 岁开始能以自身为中心辨别左右;7 岁后才能以他人为中心辨别左右,以及两个物体之间的左右方位。5 岁时,方位知觉有跃进的倾向。6 岁的幼儿虽然能完全辨别上下、前后四个方位,但以左右方位的相对性来辨别仍然比较困难。

幼儿方位知觉发展早于方位词的掌握。当幼儿还不能很好的掌握左右方位的相对性和方位词的时候,幼儿园老师往往把左右方位词与实物结合起来。例如,老师说“举起右手”,小班幼儿不知所措;“举起拿勺子的手”,小班幼儿都能完成任务。由于幼儿辨别方位是从自身为中心辨别过渡到以其他客体为中心辨别,因此幼儿园教师面向幼儿做示范动作时,所做的动作要以幼儿的左右为基准,即“镜面示范”。

2. 形状知觉

形状知觉是对物体几何形体的知觉,它依据运动觉和视觉的协同活动。

很小的婴儿就已经能分辨不同的形状,表现在注视不同形状物体所花的时间不同,也就是出现“视觉偏好”。

幼儿期形状知觉的总体趋势是:幼儿初期能正确掌握圆形、正方形、三角形、长方形;幼儿中期,能掌握圆形、正方形、三角形、长方形、半圆形、梯形;幼儿晚期,能正确掌握圆形、正方形、长方形、半圆形、梯形。在教师的指导下,幼儿有可能辨认菱形、平行四边形和椭圆形。

幼儿形状知觉逐渐和掌握形状的名称结合起来。幼儿在还不能准确称呼图形或物体名称的时候,会在感知图形或物体的过程中,自发地用语词来称呼它们。如 3～4 岁的幼儿把圆形称为太阳、皮球,把环形称为游泳圈形等。

3. 大小知觉

大小知觉是头脑对物体的长度、面积、体积在量方面变化的反映。它是靠视觉、触摸觉和动觉的协同活动实现的,其中视知觉起主导作用。

研究表明,6 个月前的婴儿已经能辨别大小。2.5～3 岁孩子已经能够按语言指示拿出大皮球和小皮球,3 岁以后判断大小的精确度有所提高。需要指出的是,2.5～3 岁是孩子辨别平面图形大小能力急剧发展的阶段。

4. 深度知觉

深度知觉是指人对物体深度的知觉。它的准确性是对于深度线索的敏感程度的综合测定。著名的视崖实验,说明刚会爬的婴儿已经具备相当好的深度知觉。

【经典实验】

视崖实验

吉布森和沃克设计了"视崖"实验。"视觉悬崖"是测查婴儿深度知觉的有效装置。这种装置把婴儿放在厚玻璃版的平台中央，平台一侧下面紧贴着方格图案。

图 3-8　"视觉悬崖"实验

吉布森和沃克选取 36 名 6.5～14 个月婴儿进行"视崖"实验。结果发现大多数婴儿只爬到浅滩，即使母亲在深滩一侧呼喊，婴儿也不过去，或因为想过去又不能过去而哭喊。该实验说明婴儿已有深度知觉。

(二)学前儿童的时间知觉

时间知觉是人们对客观现象的延续性和顺序性的感知。由于时间很抽象，人们在感知时常常要借助中介物，如天体的运行、人体某些器官的节律或专门的计时工具。

小班幼儿已经具有了一些初步的时间概念，但往往与他们具体的生活中的活动相联系，如早晨就是天亮、太阳升起或起床的时间，晚上就是天黑、睡觉的时候等。有时他们也能掌握一些相对的时间概念，如昨天、明天等。不过，他们常常会在使用的过程中出错。

中大班幼儿对昨天、今天、明天等生活中经常使用的时间概念已能分辨清楚，但对大前天、大后天以及更远的时间概念就很难理解和分清。他们对上午、下午的时间概念也能分清，但对小于半天的时间就很难分清了。

只要家长、教师注意利用天体、人体等一些自然现象的变化及专门的计时工具，对幼儿加以引导和判断是可以提高幼儿时间知觉的准确性的。

三、感觉统合训练

感觉统合是指将人体器官各部分感觉信息输入组合起来，经大脑多次组织分析、综合处理做出正确应答，使整个机体和谐有序的运动。不管任何原因使感觉刺激信息不能在中枢神经系统进行有效组合，从而使整个身体不能和谐有效地运作的都被称为感觉统合失调。

（一）感觉统合失调的表现

感觉统合失调会在很大程度上影响学前儿童的健康，主要体现在：严重影响儿童心理素质的提高，对儿童智力开发和综合能力的培养也十分不利。除此之外，它还会导致学前儿童学习能力和性格出现障碍、人际关系敏感或社会交往退缩。总而言之，感觉统合失调会在不同程度上影响学前儿童个性和社会性的发展，这也是造成学前儿童学习困难、行为异常的原因之一。学前儿童学习困难行为异常的具体表现如下：

1. 触觉过分迟钝或过分敏感

触觉过分迟钝或过分敏感表现为：害怕陌生的环境，爱哭，爱玩弄生殖器；讨厌别人的触摸，别人给他们洗头、洗澡或剪指甲都会遭到他们的拒绝和反抗；厌恶摇晃，不敢爬往高处，害怕旋转；味觉迟钝，极端偏食或暴饮暴食；对痛的感觉也比较少，经常吃手或咬指甲。

2. 动作协调不良

动作协调不良表现为：身体平衡困难，经常无缘无故就跌倒，重心不稳；不会翻跟头；动作笨拙不协调，像扣纽扣、系鞋带这样的精细动作对他们而言难度极大；写字时拿捏不好分寸，手势忽轻忽重，字的大小不一，经常出现写字出格或将数字写颠倒。

3. 前庭平衡功能失常

前庭平衡功能失常表现为：情绪不稳定，自控能力差，容易和其他小朋友发生冲突，很难与别人分享食物和玩具，不能考虑其他人的需要；在集体活动中无法专心听讲，小动作较多；害怕尝试新东西，自卑且缺乏耐心。

（二）感觉统合训练

在我国，尤其是大城市，儿童统合失调的发生率不断攀升，感觉统合训练成为改善儿童的身体运动协调性、注意力、情绪不稳定、行为问题及学习困难等诸多问题的有效手段。

感觉统合训练和游戏结合，利用滑板、吊缆等运动工具，让孩子在积极主动、快乐轻松的情景中进行训练。尤其需要加强触觉、本体感觉、平衡觉及手眼协调等能力的训练，使多重感知信息输入大脑，强行逼迫大脑有效地综合分析各种信息，并加强大脑与身体之间的协调反应，帮助幼儿的感觉运动能力向正常方向发展。

训练人员可以根据儿童的疾病程度制订个体化的治疗方案，采用文字、图形、数字等方法进行视、听等特殊训练；采用蒙氏数学教育学具与训练游戏进行儿童记忆力、思维能力、手眼协调能力的训练。

表 3-3　常见的感觉统合训练器材

器材名称	治疗功能
S 型平衡台	在各种翻、爬、走、摇的玩法中发展身体平衡能力
按摩滚球	表面丰富的触点能刺激幼儿身体大面积皮肤对触觉过于敏感或迟钝的幼儿十分有效
大陀螺	高级前庭平衡训练器，可用强力刺激幼儿左右脑均衡发展
奥奇车	训练儿童关节、肌肉信息输入与整合能力，培养他们的协调能力及信心
圆形跳床	在上下蹦跳的过程中促进幼儿前庭平衡能力及手眼协调能力的发展
平衡步道	由塑柄横杆组成的步道，每组 4 串 4 种颜色，可相互串边，让孩子在上面爬、走、跑、跳，刺激孩子脚底神经及全身触觉感应
平衡触觉板	各种不同形状的触点可刺激孩子的脚部神经及全身触觉感。可任意变换，训练平衡能力，体验行走乐趣
摇摆跷跷板	针对身体协调不良、触觉过于敏感或迟钝的孩子进行训练，增加前庭及本体感的刺激
塑料滑板车	调节前庭感觉和触觉，引发丰富的平衡反应(包括运动中大量的视觉信息输入、脊髓和四肢的本体感)，最终使感觉统合运动功能积极发展

【真题卡片 3-2】

单选题(2017 上半年保教知识与能力)

△下列最能体现幼儿平衡能力发展的活动是(　　)。

A. 跳远　　B. 跑步　　C. 投掷　　D. 踩高跷

【答案】D。

第三节　学前儿童观察力的发展与培养

引导案例 3-2

喜欢蚂蚁的睿睿

睿睿(5 岁,男,中班幼儿)这段时间的户外活动几乎都是看蚂蚁,只要看见蚂蚁就会停下来观察,并且蹲着蹲着就趴到了地上,常常弄得满身草屑、泥巴、脏水。睿睿奶奶问明原因以后跟李老师提出:请帮我转移睿睿的注意力,不让他这样玩,免得总这么脏,衣服难洗。

思考:李老师一时没了主意。如果她向您请教,您打算给李老师什么建议呢?

一、学期儿童观察力的发展

观察是有目的、有计划、比较持久的知觉,是人从现实世界中获得感性认识的主动的积极的活动形式,是知觉的高级形式。观察是人们学习知识、认识世界的重要途径,观察的全过程与注意、思维等密切联系。观察力的高低决定着个体观察水平的高低。观察力是分辨事物细节的能力,是在长期的系统训练的基础上形成和发展起来的,是智力结构的重要组成部分。感知觉的发展和培养集中体现在儿童观察力的成长方面。

目前的研究结果认为,3 岁前的儿童缺乏主动观察的能力,他们的知觉主要是被动的,是由于外界刺激而产生的反应,往往和儿童的具体操作联系在一起。儿童观察力的发展在 3 岁后比较明显。幼儿期是观察力初步形成的阶段,观察力的发展主要表现在以下几个方面。

(一)观察方法的发展

幼儿的观察是从依赖于外部动作向以视觉为主的内心活动发展的。幼儿初期,幼儿在观察时常常要边看边用手指点,也就是说视知觉要以手的动作为指导。以后,幼儿有时用点头代替手的指点,有时用出声的自言自语来帮助。幼儿末期,幼儿在观察时可以摆脱外部动作,借助内部言语来控制和调节自己的知觉。

幼儿的观察是从跳跃式的、无序的状态逐渐向有顺序性的观察发展。幼小儿童的观察是跳跃式的,东看一眼,西看一眼,不讲顺序。经过教育,幼儿能够学会有顺序地从左向右、从上到下或从外向里进行观察。

(二)观察目的性的发展

随着年龄的增长,幼儿观察目的性逐渐加强。一般来说,观察的任务越具体,幼儿观察的目的就越明确,观察的效果就越好。例如,让幼儿找出两幅图画的不同之处,如果明确告诉他们有几处不同,观察的效果就会显著提高。

幼儿早期,儿童常常不能自觉地、有目的地去观察不能接受的观察任务,或者很容易离开观察的既定目的。观察中常常受事物突出的外部特征以及个人兴趣、情绪的支配。特别是小班的幼儿,在观察过程中常常会由于各种原因而忘记正在进行中的观察任务。

幼儿中晚期,中、大班幼儿能够按照成人规定的观察任务进行观察,能排除一些干扰,观察的目的性有所提高。

幼儿的观察一般是笼统的,看得不细致是幼儿观察的特点和突出问题。比如,幼儿观察时,只看事物的表面和明显较大的部分,而不去看事物较隐蔽的、细致的特征;只看事物的轮廓,而不看内部的关系。

(三)观察时长的发展

幼儿观察时长的发展与观察目的性的提高是有正相关的。在幼儿初期,观察的目的不清,持续的时间短,这与幼儿观察的目的性不强有关。对于喜欢的东西,观察的时间就长些。比如,观察金鱼,时间可达 5～6 分钟;观察盆景,则只能持续 1～2 分钟。因为前者是活动多变的,幼儿较有兴趣。

随着年龄的增长,观察的时长开始提高。根据阿格诺索娃的实验,三四岁儿童观察图片的时间只有 6 分 8 秒,5 岁增加到 7 分 6 秒,6 岁可达 12 分 3 秒。因而,在学前期,儿童观察持续的时间随着年龄的增长有显著的提高。

(四)观察细致性的发展

幼儿初期,观察的细致性不高,只能观察事物粗略的轮廓,或者是看到事物面积的大小、突出的特征等。到了中期和晚期,幼儿逐渐能通过事物的一些属性来分辨大小、形状、颜色、数量和空间等关系,并且逐渐学会观察的时候抓住事物的主要部分。

(五)观察概括性的发展

幼儿初期,儿童观察到的一般是事物零散的特征、孤立的现象,无法把握事物的本质特征。中期儿童和晚期儿童能有顺序地进行观察,能获得事物比较完整的系统的印象,能概括出事物的本质特征。

二、学前期儿童观察力的培养

儿童的活动中都伴随有大量的感知觉锻炼，因此儿童的活动是促进其感知觉发展的有益因素。儿童的语词和知识经验，都是通过感知觉而获得的，这两者也会反过来促进儿童感知觉的进一步发展。前已述及，观察力是在儿童丰富多彩的活动中，逐渐综合各种感觉和知觉发展起来的。因此，要培养儿童的观察力，可以多引发儿童活动，引发儿童的言语，增长儿童经验，必要时也予以情感和技术支持。具体而言，可以尝试以下主要措施。

（一）维护和培养儿童观察的兴趣

爱因斯坦说过："兴趣是最好的老师。"培养幼儿良好的观察力，应从维护和培养幼儿观察的兴趣入手。若儿童本身已经产生观察的兴趣，这就是有效培养其观察力的良机。

我们来看"引导案例 3－2"，其实睿睿奶奶并不介意睿睿到底是观察蚂蚁还是观察蚯蚓，只要尽量不把衣服弄脏即可。作为李老师，通过查阅资料和同行交流，她明白了：在这个案例中，睿睿喜欢观察蚂蚁是一种很难得的培养睿睿观察力的良机，要充分珍惜和维护。于是便宽心琢磨适应性支持，比如为睿睿准备了容易清洗的"观察蚂蚁专用服装"——罩衣。

若学前儿童尚未自发出现观察兴趣，教师就需要想办法唤起他们的观察欲望，以引发他们的观察行为，培养他们的观察力。

（二）帮助儿童明确观察的目的和任务

在观察中培养儿童的目的性，首先就要使儿童明确从被观察的对象中寻找什么，使观察具有明确的选择性和针对性。同时，要发挥教师的语言指导作用：观察前，提出启发引导性问题；观察中，进行提示，有针对性地讲解，以更好地帮助幼儿明确目的，提高观察的稳定性。

（三）提供丰富的观察材料，引导儿童观察、概括

在观察中培养学前儿童的概括性，就要为他们提供丰富的观察材料，让学前儿童在实际活动中学习概括。当然，教师在为儿童提供多种感知材料时，要注意每次出示的物体的本质属性不变，但要经常变化物体的非本质属性，以利于儿童在观察中学习概括事物的本质属性。例如，让幼儿观察小兔的形象时，不要总是让他们观察白色的兔子，可以是其他颜色的，如灰色或黑色的，让幼儿通过颜色变化来概括兔子的本质属性。

（四）启发儿童用多种感官方式参与观察

在进行观察活动时，要启发学前儿童用多种感觉器官参加活动，多种感觉器官参与的活动不仅可帮助儿童对被观察物体形成立体知觉和印象，也有利于提高他们大脑皮层的分析综合活动的状态和活力。例如，观察兔子，不但可用视、听感官进行，还可以让幼儿用手触

摸，并学一学兔子是怎么跳的，从而帮助幼儿形成有关兔子的完整印象。

（五）教给儿童有顺序的观察方法

在观察活动中，教师要按照事物本身的体系，用提问或提示，引导儿童有顺序地观察，帮助儿童学会自上而下、从左到右、从前到后、从里到外、从近到远的观察方法。例如，观察动物时，可这样提示儿童先看看动物的头是什么样的，再看看动物的身体，最后再看看身体下面有什么……在观察中逐个提出问题，让儿童按问题去观察。每次如此，将会大大提高儿童观察的效果。

知识链接 3-3

保护学前儿童的感官

学前儿童感觉器官的健康发展，是其感知能力发展的必要前提。因此，保护学前儿童的感官（尤其是视觉和听觉器官），防止发生病变，显得十分重要。教师在日常活动中，要重视学前儿童感官卫生教育，做到以下几点：

1. 经常提醒学前儿童注意用眼、用耳的卫生。要求儿童不要用脏手、脏纸巾揉擦眼镜，不要在光线太强（如太阳光直射）或太暗的地方看书、画画，不在车、船上看书，不在走路时看书，不随意挖耳朵等，要防止这些器官病变。

2. 对有感观缺陷的学前儿童给予必要的帮助。对有感官缺陷的学前儿童要及时和家长联系，帮助他们及时治疗。同时，在幼儿园活动和生活中，给这些孩子以必要的帮助。例如，在集体活动时，让近视、弱视、重听的儿童尽量靠前坐。

第四节　学前儿童的注意

一、注意概述

（一）注意的概念

注意是心理活动对一定对象的指向和集中。人的心理活动有各种水平，如感知、记忆、思维等，但不论哪种水平，总是有选择性的。例如，母亲带孩子去公园玩时，并不是什么都关注，而是将注意力放在自己孩子的需求上。注意不是独立的心理过程，而总是在觉醒时伴随着其他心理过程，如感知、记忆、思考等。它与大脑活动的觉醒状态有关，只有在觉醒时注意才能产生。俄国教育家乌申斯基说过：注意是一扇门，一切来自外部世界的刚刚进入人的心灵的东西都要从那里通过。

（二）注意的特征

注意具有指向性和集中性两个显著的特征。

所谓指向性，是指在某一时刻人的心理活动有选择地反映某个对象而离开其他对象。注意的这一特征，有助于被指向的对象能够被反映得更加清晰。比如，当老师在教室内讲故事时，本班幼儿的感知觉指向了正在讲故事的老师，而不是窗外的其他班幼儿的喧闹声，这使得本班幼儿能够听得清楚教师所讲的话语、看得清楚教师的神情。

集中性是指心理活动停留在被选择对象上的强度或紧张度，它使得心理活动离开无关事物，并且抑制多余的活动。心理活动在某一对象上的集中程度越高，对这一对象的反映往往也就越深刻。比如，在听故事的时候听得入神的孩子，不仅能够跟上故事的情节，而且更容易理解、记住这个故事。听得入神的时候，可能还会抑制与听故事无关的多余活动。比如，一些平时坐不住的幼儿、喜欢去打扰同伴的幼儿，在聚精会神听故事的时候，他们的小动作就都不见了。

（三）注意的分类

从是否具有预定目的、是否需要意志努力的角度划分，可以将注意划分为无意注意、有意注意和有意后注意。这三种注意类型和预定目的、意志努力的关系，可以借助表 3－4 来形象地表示。

表 3－4　无意注意、有意注意和有意后注意的特征

项目	目的	意志努力
无意注意（不随意注意）	×	×
有意注意（随意注意）	√	√
有意后注意（随意后注意）	√	×

注：“×”表示不需，“√”表示需要。

无意注意是指无既定的目的、也不需要意志努力的注意，也叫不随意注意。有意注意是指有预定的目的、需要一定意志努力的注意。有意后注意是指有预定的目的、但不需要意志努力的注意。有意后注意是注意的一种特殊形式，它和预定目的、任务联系在一起，类似有意注意，但它不需要意志的努力，这一点又类似无意注意。

值得一提的是，从发生上讲，有意后注意是在有意注意的基础上发展起来的。例如，对于学前教育专业的同学而言，最初要完成观察儿童的作业，是需要意志努力的，这个时候还处于有意注意的水平。后来，随着对专业、对儿童的兴趣越来越高，即便在老师没有布置观察任务，自己也想办法去见习、去观察儿童，甚至走在路上遇到儿童，都要停下来细细观察，而且乐在其中，丝毫不觉得是需要付出意志努力的，这个时候就已经达到了有意后注意的水平了。有意后注意既服从于当前的活动目的与任务，又能节省意志的努力，所以对完成长期、持续的任务特别有利。培养有意后注意的关键是发展对活动本身的直接兴趣。所以，培养自己对学前教育的兴趣，热爱学前教育，有助于我们产生与学前教育有关的有意后注意。

（四）注意的品质

注意的品质包括注意的广度、注意的稳定性、注意的分配和注意的转移。

1. 注意的广度（注意的范围）

注意的广度是指同一时间内，一个人能清楚地察觉到事物的数量。在 1/10 秒内，一个成人一般能注意到 8 个左右的黑色圆点，或 4～6 个没有关联的外文字母，或四五个没有联系的汉字。

一个人的注意广度会受到以下因素的影响：

(1)刺激物的特点。一般来说，注意对象的组合越集中，排列越有规律，相互之间能成为有机联系的整体，注意的范围就越大。形状、大小、数量相同，规则排列的对象要比大小不一、排列无序的对象更容易清晰把握。

(2)活动的目的、任务和个人的知识经验。活动的任务越多，注意的范围就越小；活动任务越少，注意范围就越大。个人的知识经验越丰富，注意到范围就越大；知识经验越贫乏，注意范围就越小。

通过适当的训练，扩大注意的广度，有利于提高学习和工作的效率。打字员、教师、乐队指挥、调度员、驾驶员等都要有较大的注意广度。

2. 注意的稳定性（持久性）

注意的稳定性是指注意保持在某种刺激或某种活动上的时间长短。与注意稳定性相反的状态是注意的分散。注意的分散是指注意离开了当前任务而被无关刺激所吸引，它是由无关刺激的干扰或单调刺激的长期作用而产生的。在知觉过程中，视知觉受无关刺激干扰小，听知觉受无关刺激干扰大。

注意的稳定性有两种不同的理解。狭义上的理解是指注意保持在某一对象的时间长短。例如，在整个课堂上，只对教师讲的课注意。现实生活中，人对同一对象的注意无法长时间地保持固定不变，注意会周期性地加强或减弱，这就是注意的起伏现象。这种现象可以从图形的注视反映出来。当我们注视图 3－9 中左边的几何图形时，我们时而觉得小长方形平面位于前方，时而又觉得小长方形平面位于后方，这种反复的变化是有注意的起伏引起的。在任何一个比较复杂的认知活动中，注意的起伏总是要发生的，它与机体的节律性活动有关。

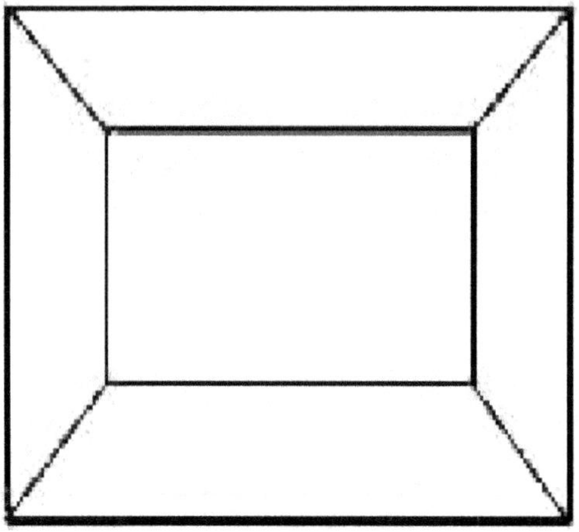

图 3-9 注意的起伏

广义上的理解是指注意不仅仅是保持在某一对象上，而是一种活动上的时间。例如，学生上课既要听讲，又要记笔记，还要思考，注意在不同的对象之间进行转换，但活动的总方向始终不变。

为了保证人们注意的稳定性，要尽量预防和避免无关刺激的出现、引起注意的分散；要明确活动的目的和任务，增强对活动的兴趣和责任心，以积极的态度维持注意；在总的活动方向不变的情况下，要使注意对象多样化；要调节个体主观状态，使个体的身体和精神处于良好状态。

3. 注意的分配

注意的分配是指在同一时间内把注意指向不同的对象。例如，学生在课堂上一边听讲，一边记笔记；驾驶员驾车时，手扶方向盘，脚踏油门，眼睛注意着路标和行人；教师上课时的同时，要注意观察全班同学到活动；等等。

实现注意分配的基本条件是：同时进行的两种或两种以上的活动，必须都很熟练，能达到自动化的程度；或者只能有一种不熟练，其余都很熟练。注意的分配通过实践训练可以得到一定程度的锻炼和提高。

4. 注意的转移

注意的转移是指人根据新的任务，主动把注意从一个对象转移到另一个对象。个体活动任务发生变化，注意也要不断转换。影响注意转换快慢的因素有三个。一是先前活动中注意的紧张程度。如果原来活动中注意是处于高度紧张状态，随后活动中注意的转移就难；反之，则容易。例如，当一个人在重要的考试中有些题目没有做出，考试结束后的活动中，还会情不自禁地继续思考。二是后续活动对象的特点。如果后面引起注意的事物或活动对一个人更重要、更有趣，注意转移就迅速。例如，当前面一节课是比较枯燥的文化课，而紧跟着的是一项学生感兴趣的游泳活动，此时的注意转移就很容易实现；反之，就比较困难。三是一个人的神经活动的灵活性。神经活动灵活性好的人，其注意转移就快；反之，就慢。

【真题卡片 3—3】

单选题(2014 年上半年保教知识与能力)

△小班集体教学活动一般都安排 15 分钟左右，是因为幼儿有意注意时间一般是(　　)。

A. 20～25 分钟　　B. 3～5 分钟

C. 15～18 分钟　　D. 10～12 分钟

【答案】B。

二、学前儿童注意发展的特点

(一)学前儿童注意的有意性水平比较低

在个体发展中，无意注意的发生先于有意注意。随着各种感官感受能力的发展，学前儿童的无意注意已达到了一定的成熟程度。凡能引起成人无意注意的对象也能引起学前儿童的注意。因此，学前儿童的某些认识活动可以依赖于无意注意来完成。

学前儿童的有意注意在成人的要求和教育下开始逐步发展，但他们注意的有意性的总体水平还是比较低的。例如，上课时，教师引导小班儿童观察照片，他们往往关注图片中心鲜明或有趣的部分，对于边缘和背景部分不太在意；中大班儿童为了画好图，他们可以较认真地看范图、听老师讲解要求等，但集中注意时间也只有 10 分钟左右。

知识链接 3-4

“不随意性”是幼儿行为的一个显著特点

幼儿的行为容易受外部环境的影响和支配，注意力、坚持性较弱，这充分表现在幼儿的观察、记忆、想象等活动中。两三岁的幼儿画画，常常预先不知道自己要画什么，而是想也不想就拿起色彩鲜艳的彩笔。画出的东西是方的，就说是手帕、电视机或饼干；画成圆形，就说是太阳、皮球、娃娃。一会儿，他们的注意力就被其他事物所吸引，或转移到新的活动中去。四五岁以后，孩子开始注意行动的目的性，能对自己不感兴趣而又很重要的事物进行较长时间的观察、注意、记忆和想象了。但是，注意力的不随意性仍常有表现，他们对色彩鲜明、能动会变、有新鲜感的事物比较容易产生兴趣和学习愿望。所以，他们的目的性、坚持性、责任感需要家长耐心地培养和指导。

(二)学前儿童注意的品质发展水平总体不高

首先，学前儿童注意的广度比较窄。成人在 1/10 秒的时间内，一般能够注意到 4 到 6

个相互间无关联的对象。而学前儿童至多只能注意到两三个对象。其次，学前儿童注意的稳定性比较差，且在不同年龄阶段，稳定性有一定的差异。一般而言，随着年龄的增长，学前儿童注意的稳定性会增强。3 岁儿童能够集中注意 3～5 分钟；4 岁儿童能够集中注意 10 钟左右；5～6 岁儿童可集中注意 15 分钟左右，甚至可以到 20 分钟。再次，学前儿童的注意分配能力是比较弱的，做事时会顾此失彼，注意力很难在多种任务之间灵活转移。因而，幼儿园教师或家长要充分考虑到学前儿童注意分配能力不强的特点，避免同时给儿童多种任务，应要求儿童专心做事情，如吃饭要专心。最后，学前儿童不善于随着活动任务的变化而灵活地转移自己的注意。

三、注意规律在幼儿教育中的运用

幼儿的注意力在其心理的发展中也是具有重要意义的。幼儿注意力的发展不仅影响幼儿智力的发展，而且影响幼儿对新知识的接受效果。因此，教师和家长要根据幼儿注意发展的特点，有意识地通过各种活动培养幼儿的注意力。

（一）充分利用无意注意的规律开展各种活动

激发幼儿的兴趣。不管是谁，在做自己感兴趣的事情时，总会很投入、很专心，孩子也是如此。幼儿的注意与兴趣有密切的关系，直接兴趣是幼儿无意注意的源泉。幼儿的注意受兴趣左右，他们对于感兴趣的活动和游戏，注意力不但容易集中，而且维持时间比较长。例如，幼儿的猴子感兴趣，他们能长时间集中注意力，观察猴子的一举一动，如走路和吃东西的样子，并能在注意的过程中发现和获得一些真实的知识。相反，如果儿童在入学前接触的书本知识很多，走进课堂后发现老师讲授的都是自己屡见不鲜、耳熟能详的东西，那么大多数儿童都会不由自主的精神不集中、东张西望。因此，我们应该把培养孩子广泛的兴趣和培养注意力结合起来。

培养孩子的兴趣，要采用诱导的方式去激发。比如培养孩子识字的兴趣，你可以利用孩子喜欢故事的特点，给孩子买一些有文字提示的图画故事书，让孩子一边听故事一边看书，并且告诉他们这些好听的故事都是用书中的文字编写的，以引发他们识字的兴趣，然后认一些简单的象形字，从而使孩子的注意力在有趣动识字活动中得到培养。

兴趣是产生和保持注意力的主要条件。孩子对事物的兴趣越浓，稳定、集中的注意力越容易形成。所以，家长和教师应注意培养孩子广泛的兴趣，并以此为媒介来培养孩子的注意力。

（二）在活动中培养幼儿的有意注意

在组织教学和活动时，我们既要考虑利用幼儿注意的无意性，同时也必须重视幼儿有意注意的培养与发展。教育实践和社会实验都表明，幼儿的有意注意是可以培养的。在正确的教育影响下，幼儿的有意注意是逐渐发展着的。培养幼儿的有意注意要做到以下几点。

1. 使幼儿明确活动的目的和任务

为什么要使幼儿明确活动的目的和任务？因为有意注意要求幼儿要善于控制自己的注意，使注意服从于一定的活动目的和任务。这一点是非常重要的，它直接关系到幼儿有意注意的产生与维持。对幼儿所做的有关注意力的观察实验证明了这一点：幼儿对活动的目的越明确，注意越容易维持。例如，要求幼儿背诵一首诗，并告诉他们这是要在儿童节庆祝会上朗读的，幼儿背诵这首诗的注意力就要比平时背诵诗歌时专心、认真得多；要求幼儿画贺年卡，并告诉他们这是准备送给爸爸、妈妈、爷爷或奶奶的，幼儿也会表现出从未有过的细心与专注，而且画了一张还要再画一张。很显然，如果幼儿对活动的目的、任务不是很明确，是不可能有如此集中、稳定的注意表现的。

2. 对幼儿有一定的有意注意的要求

对幼儿有一定的有意注意的要求应该贯穿于日常生活的各个环节中。在每天早晨入园时，应当要求小朋友把注意观察活动室、绒板画的布置，以及室内养种的小蝌蚪、白菜根有什么变化。上课时，应当要求小朋友注意力都集中在老师的讲解和示范上："注意听，这个故事都讲了什么。""用心看，老师是怎么画的，从哪儿起笔、画到哪为止。"如果能经常这样反复地要求，天长日久，就能使得幼儿逐渐形成一种专心做事情的意识和习惯，自觉调节、控制自己的注意力方向的能力，也就会慢慢培养起来。

3. 用语言组织、稳定幼儿的有意注意

在教学与游戏中，教师的语言特别是暗示性、欣赏性的语言，对幼儿的有意注意起着非常重要的指导作用，它常常能帮助幼儿引起和维持有意注意。例如，某班有个幼儿，活动时注意力经常不集中，不是玩牌，就是玩手指头。教师明明发现他在玩东西，却故意说"人家某某小朋友是从来不玩东西的"。每每这时，教师就会发现他把东西偷偷扔掉，自觉地投入到活动中去。过了一段时间，这个小朋友发生了很大的变化，活动时的小动作消失了，注意力非常集中。这种教育能使幼儿处在情绪兴奋的积极状态，这种心理倾向能激发幼儿对具体指向引起注意。

4. 让幼儿在积极的活动中保持有意注意

与幼儿经常接触的老师都会有这样的体会：如果让幼儿单纯坐着静听老师的讲解，他们注意保持的时间就较短；如果让他们边听边动手学着做一做，则注意保持的时间就长些。这是因为让幼儿边听边动手做的做法既符合幼儿好动的天性，又能促使幼儿自觉地控制自己的注意，在内心产生为完成活动任务而专心听讲的强烈愿望。因此，应该在教学过程中让幼儿有动手活动的机会。在上计算课时，不光是让幼儿坐听静看老师讲解、演示，还可以让幼儿每人手里拿一套计算卡片，使幼儿有机会跟随老师动手演算；上音乐课时，小朋友不是呆呆坐着听老师唱，他们也可以随着琴的节奏，模仿老师的嘴型跟着轻轻哼唱；上语言课，讲故事时，老师讲，小朋友也可以轻轻地、断断续续地跟着讲，甚至可以用身体来表演。

5. 丰富幼儿的知识和经验

幼儿的知识和经验，不仅有助于兴趣的形成和发展，而且能促进注意力的广度、稳定性、注意的分配等良好注意品质的发展。在日常生活中，我们应有意识地训练幼儿熟练掌握一些动作和技能，这对幼儿适应环境、培养注意的分配能力十分有益。

（三）无意注意和有意注意的转换

幼儿的无意注意缺乏目的性、计划性，不能持久。教育幼儿的活动不能单纯依赖无意注意，还需要发展幼儿的有意注意，实现两种注意的转换。在组织幼儿的活动时，首先用有趣的活动、生动的语言或形象直观的教具引起幼儿的无意注意。随着活动的深入，教师要善于用语言提出预定的活动要求，以发展其有意注意。例如，有的老师在上常识课《蜗牛和田螺》时，先用形象的直观的动画激发幼儿的学习欲望，引起幼儿的无意注意，使他们有顺序地观察蜗牛和田螺的特征及生活习性，接着教师提出让请小朋友比较一下田螺和蜗牛的相同点和不同点的要求。幼儿完成要求的过程就是实现有意注意的过程。这样，在教师的巧妙安排下，帮助幼儿实现了两种注意的转换。当然，有意注意处于一定的紧张状态，需要意志努力，容易引发疲劳，同样不能持久。因此，在教学活动中要善于把握两种注意的特点，引导幼儿实现两种注意的交替，从而维持注意的持久性。

知识链接 3-5

表 3－5　好动与多动的区别

多动儿童	好动儿童
活动杂乱、无目的	活动有时盲目，有时有序
在各种活动中都表现出多动、注意力不集中	只是在某一个活动或某一个场合下有多动的表现
多动不分场合，一些举动难为人们所理解	即使特别淘气，其举动也不离奇，能为人们所理解
不能专注某一项活动，没有什么活动内容能使他们安静下来、投入进去	对感兴趣的活动，如玩玩具、看儿童动画片则能安静地长时间地进行

考题预测

一、单项选择题

1.“聚精会神”“仔细”主要描绘的是注意的(　　)特点。

A.指向性　　B.集中性

C.清晰性　　D.鲜明性

2.儿童出生后就出现了注意现象,这实质上是一种(　　)。

A.选择性注意　　B.有意注意

C.定向性注意　　D.随意注意

3.当刺激多次重复出现时,婴儿好像已经认识了它,对它的反应强度减弱,这种现象称作是(　　)。

A.记忆的潜伏期　　B.回忆

C.客体永存性　　D.习惯化

4.幼儿自己活动时顾及不到别人,只能自己单独玩,是因为(　　)。

A.游戏水平差　　B.注意分配能力差

C.喜欢自己一个人玩　　D.与教师的教育有关

5.3～6岁儿童的注意还是以(　　)占优势。

A.选择性注意　　B.有意注意

C.无意注意　　D.定向性注意

6.在良好的教育环境下,5～6岁幼儿能集中注意(　　)。

A.5分钟　　B.10分钟

C.15分钟　　D.7分钟

7.5～6岁幼儿能参加复杂的集体游戏和活动,说明幼儿注意的(　　)。

A.稳定性好　　B.分配能力强

C.范围较大　　D.选择性较强

8.关于幼儿注意的发展,正确的说法是(　　)。

A.定向性注意随年龄的增长而占有越来越高的地位

B.有意注意的发展先于无意注意的发展

C.定向性注意实质上是一种不学而成的生理反应

D.选择性注意范围的扩大说明选择性注意的发展

9. 当教室中一片喧哗时，教师突然放低声音或停止说话，会引起幼儿的注意，这是(　　)。

A. 刺激物的物理特性引起幼儿的无意注意。

B. 与幼儿的需要关系密切的刺激物，引起幼儿的无意注意。

C. 在成人的组织和引导下，引起幼儿的有意注意。

D. 利用活动引起幼儿的有意注意。

10. “视觉悬崖”可以测查婴儿的(　　)

A. 距离知觉

B. 方位知觉

C. 大小知觉

D. 形状知觉

11. 漫画家画人物时仅勾勒数笔，别人就能看出画的是谁，这里反映的知觉特征是(　　)

A. 选择性　　B. 恒常性

C. 理解性　　D. 整体性

12. 在嘈杂的环境中人们能够敏感地听见有人喊自己的名字，这是知觉的(　　)

A. 理解性　　B. 整体性

C. 选择性　　D. 恒常性

二、简述题

1. 什么是错觉？请举例说明错觉现象在生活中的应用。

2. 谈谈如何遵循幼儿注意发展的特点开展幼儿教育活动。

第四章　学前儿童的记忆与想象

学习目标

1. 了解学前儿童记忆、想象发展的基本特点。

2. 掌握培养学前儿童记忆、想象能力的方法。

3. 能够在实际工作中分析判断学前儿童记忆的水平和特点，并采取相应的教育措施。

4. 能够结合实际情况分析学前儿童活动中的想象特点及促进学前儿童想象能力发展的策略。

引导案例 4-1

“世界记忆大师”多米尼克·奥布莱恩，出生于英国，是世界上最令人赞叹的记忆天才。1991 年，奥布莱恩初出茅庐，凭借着自己独创的“多米尼克系统”，在当时的首届世界记忆锦标赛上扫尽强敌，成为当年的记忆冠军，并创下新的世界纪录。此后 11 年间，奥布莱恩共 8 次卫冕成功，稳居冠军宝座。他可以用 26.8 秒记住一副扑克牌的顺序，用 30 分钟记住 2385 个随机产生的数字，用 1 个小时记住元素周期表上 110 种元素的原子序数、元素符号、元素类别和精确到 4 位小数的原子量。

记忆训练的鼻祖托尼·博赞称其拥有一颗“人类迄今为止开发得最为深入的大脑”。许多人可能会以为多米尼克从小就是记忆天才，然而事实恰恰相反：多米尼克从小就患有“阅读障碍症”以及“注意缺陷障碍症”，记忆和阅读都有困难。他把自己小时候的这些障碍归结为“右脑的想象思维发达，而左脑的逻辑思维较弱”，在当时只重视左脑逻辑思维的教育环境中，多米尼克右脑的想象能力被大大地压抑了。1987 年，多米尼克偶然在电视上看到一个扑克牌记忆表演的节目。3 分钟之内记住 52 张扑克牌的神奇记忆力让多米尼克羡慕不已。他立即坐下来，拿出一副扑克牌开始了自己摸索的记忆训练。他充分地运用自己右脑想象力的优势，把一张张扑克牌经过想象力的加工之后转变成一个个生动鲜明的图像。当他在想象之中像看电影一样地看完这个故事之后，扑克牌的排列顺序也就深深地印在脑海之中了。很快，多米尼克的记忆力就在这种想象力的训练之下迅速地提高了。此后，多米尼克积极投身于大脑思维与记忆训练的领域之中，帮助越来越多的人开发大脑潜能、提高记忆力、改善他们的学习与生活。

第一节 学前儿童记忆的发生与发展

一、学前儿童记忆概述

（一）记忆的概念

记忆是人脑保持信息和提取信息的心理过程。按照时间维度可以将记忆分为三个阶段：编码（识记）、存储（保持）与提取（再认和回忆）。记忆任何事件就是当事件发生时对重要信息进行编码，然后储存在大脑中，最后在需要时将信息提取出来。例如，要儿童记一首儿歌，教师先示范朗读，然后带领儿童以多种形式反复跟读、诵读。这就是儿童对这首儿歌的识记和保持。以后，儿童只要一听到这首儿歌，就能认出是学过的那首儿歌。只要一提起这首儿歌的名称，就能背诵出来。这就是再认和回忆。这时，可以说儿童记住了这首儿歌。

（二）记忆在儿童心理发展中的重要作用

学前期是个体的各种心理品质形成和发展的关键期，这一时期各种心理过程逐渐联系起来形成系统。家长和社会都希望儿童身心健康发展，并能形成良好的品行习惯。这都需要通过教育来实现，而儿童的记忆发展水平直接影响教育的成果，因此记忆在儿童心理发展中有着重要的地位。具体来说，记忆对学前儿童的知觉、想象、思维、语言、情感和意志品质的发展都有着重要影响。

1. 记忆与儿童知觉的发展

记忆是在知觉的基础上形成的，知觉的发展也离不开记忆，知觉的恒常性和记忆有着密切关系。例如，经常用奶瓶喝奶的婴儿看到奶瓶就会做出吃奶的反应，听到妈妈的声音就会开心，这说明婴儿对奶瓶和妈妈声音的知觉已经和经验发生了联系，这个过程就是靠记忆来完成的。幼儿往往在很远的地方就会伸出手要妈妈抱，这说明幼儿的空间知觉发展不足。空间知觉的发展与幼儿对空间距离的知觉经验有关，掌握这种经验也需要记忆的发展。

2. 记忆与儿童想象、思维的发展

儿童的想象和思维过程都要依靠记忆，记忆把知觉、想象和思维联结起来，使儿童能够把知觉到的材料进行想象和思维。儿童最原始的想象和记忆不容易区分，两岁左右的儿童的想象基本上是记忆的简单加工。

3. 记忆与儿童语言的发展

儿童对语言的学习和掌握也要靠记忆。儿童必须先记住语词所代表的意思，才能理解语词。在听他人讲话时,要暂时记住一句话的前半部分,才能与该句的后半部分联系起来理解。自己说话时,也要把自己说过的词或句子暂时记住,这样才能做到说话逻辑清晰、前后连贯。儿童的言语与记忆联系不足,所以有时会说了后面忘了前面。

4. 记忆与儿童情感、意志的发展

儿童情感和意志的发展也受记忆的影响。由于记忆的作用,儿童积累起所经历事情的情感体验,从而丰富自己的情感,以后再遇到相似事情时会体验到同样的情感。幼儿只表现出一些原始恐惧,而较大的儿童会表现出与经验有关的恐惧。例如,曾经被狗追过的儿童再见到狗会害怕得大哭。这种对狗的恐惧心理的出现,说明了记忆的作用。

意志指决定达到某种目标而产生的心理状态,常以语言或行动表现出来。个体在行动的过程中必须始终记住行动的目标;幼儿和失去记忆能力的病人在行动过程中常常忘记原先激起行动的动机和目的,因而不能坚持完成任务。

(三)记忆的分类

1. 根据大脑的加工方式与保持时间的长短分类

(1)感觉记忆:又称瞬时记忆或感觉登记,是感觉信息到达感官的第一次直觉印象。当引起感知觉的刺激物不再继续呈现时,它的作用仍能继续保持一段极短的时间,这种短暂的保持就是感觉记忆。感觉记忆中的信息是未加工的原始信息,仅能保持 0.25~2 秒。虽然信息在感觉记忆中保存的时间很短,但很有用。在看电影和电视时,由于有感觉记忆,眼动和眨眼的时间并不影响我们知觉的连贯性。在与他人交谈时,由于有感觉记忆,我们才能把别人的话语听成连贯的话语。

感觉记忆中保存的信息如果没有受到注意,就会很快消失;如果受到注意,它就进入了短时记忆系统进行保存。

(2)短时记忆:又称为操作记忆或工作记忆,是指外界刺激在极短的时间一次呈现后,获得的信息在头脑中存储时间在 1 分钟以内的记忆。例如,听到一个电话号码,立刻就能根据记忆去拨号码,但事后就记不得这个号码了;听课时,边听边记也是靠短时记忆。短时记忆中存储信息的容量有限,一般在 7±2 个组块之间,信息组块不是信息的绝对量。短时记忆所加工的信息来源有两个:一是感觉记忆中的信息因受到注意而进入短时记忆,二是为解决当前的问题而从长时记忆中提取出来、暂时存放在短时记忆中的信息。

短时记忆中的信息如果得不到复述就会随时间而自动消退;如果得到复述,不管是机械复述还是运用记忆方法所作的精细复述,都可以进入长时记忆系统。

(3)长时记忆:是指从 1 分钟以上直到许多年甚至保持终生的记忆。它的信息主要是对短时记忆的加工和复述,也有因印象深刻一次形成的。例如,童年时的某次郊游,你可能至今仍记忆犹新,甚或多年前偶然听过的一首歌,至今仍不时回荡在你的脑海中。与短时记忆相比,长时记忆的容量是非常大的,几乎没有容量限制。

感觉记忆、短时记忆和长时记忆这三种记忆不仅在信息保持时间和信息保持量上有区别，而且在记忆系统中有着不同的结构和功能，并处于记忆信息加工的不同阶段。

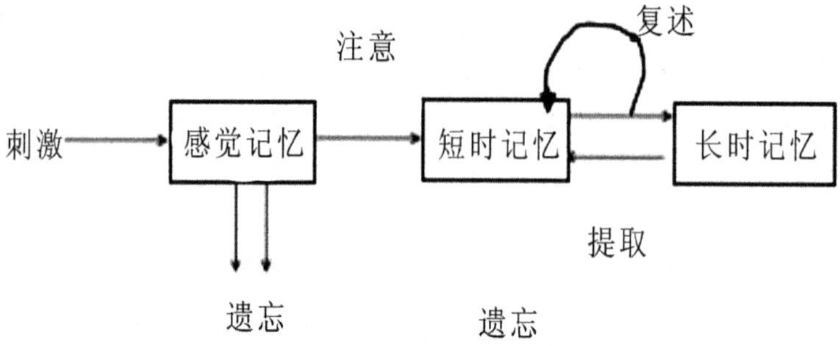

图 4－1　记忆的三级加工系统模型

如图 4—1 所示，信息首先进入感觉记忆，其中只有那些引起个体注意的感觉信息才会进入短时记忆；在短时记忆中存储的信息经过复述，存储到长时记忆中；而保存在长时记忆中的信息在需要时又会被提取出来，进入到短时记忆中。信息在感觉记忆和短时记忆中都会被遗忘。

2. 根据记忆的内容分类

(1)形象记忆：以事物的形象为内容的记忆。这里的形象不仅指事物的视觉形象，也可以是通过各种感官获得的事物的各个方面的属性。形象记忆的发展具有明显的年龄特征。比如，幼儿 1 岁前的形象记忆主要以动作记忆、情绪记忆为主。幼儿记忆中形象记忆占主要地位，其中最主要的是视觉表象。

(2)运动记忆：以做过的动作或运动为内容的记忆。儿童最早出现的记忆就是动作记忆。例如，对喂奶姿势的食物性条件反射即属于动作记忆。婴幼儿各种动作的习得以及掌握各种生活技能和行为习惯适应社会，都依靠动作记忆。

(3)情绪记忆：以体验过的情绪为内容的记忆。情绪记忆在个体成长发展过程中出现也较早，新生儿已经明显地出现了惧怕情绪的记忆，如对打针的恐惧和排斥。

(4)逻辑记忆：以有内在逻辑性的信息为内容的记忆。例如，对“1＋2＝3”、一首儿歌的歌词等的记忆就属于逻辑记忆。逻辑记忆在各种记忆中占有主导地位，也是人类特有的记忆形式。逻辑记忆是在儿童掌握语言的过程中逐渐发展起来的，因此也是发展最晚的记忆。

3. 根据记忆时意识参与程度分类

(1)外显记忆：是指个体在意识的控制下，过去经验对当前活动产生的有意识的影响，也就是说需要意识的参与才能回忆出当前需要的知识或者信息。它对行为的影响是个体能够意识到的，因此也被称为受意识控制的记忆。例如，幼儿园老师在课堂上要求学生背诵昨天学过的儿歌，这就需要外显记忆的参与。

(2)内隐记忆：是指在不需要意识或有意回忆的条件下，由过去经验对当前任务自动产生影响。它对行为的影响是个体意识不到的，所以也称为自动的无意识记忆。

4. 根据信息加工处理的方式分类

(1)陈述性记忆：是指对有关的事实和事件的记忆。它可以通过语言传授而一次性获得，它的提取往往需要意识的参与，如对儿时趣事的回忆。

(2)程序性记忆：是指对如何做事情的记忆，包括对知觉技能、认知技能和运动技能的记忆。这种记忆往往需要通过多次尝试才能逐渐获得，并且在使用时往往不需要意识的参与，如骑自行车。

(四)记忆的过程分析

记忆是一个从记到忆的过程。这一过程可以分为三个环节：识记、保持和回忆。

1. 识记

识记是一种反复认识某种事物并在脑中留下痕迹的过程。识记是记忆的第一步，有效的识记可以提高记忆的效果。

根据识记的目的性与自觉性，识记分为无意识记和有意识记。无意识记是无目的的、不自觉的识记，它常常受刺激物本身所具有的特点影响。一般来说，凡是容易引起人们无意注意的刺激物都容易被选择为无意识记的对象，比如儿童对动画人物滑稽动作或台词的识记等。与无意识记相反，有意识记是有预定目的的、自觉的识记，一般是由活动任务引导，是主动自觉进行的。例如，为了得到成人的表扬，认真听、努力记住一首儿歌的内容。一般情况下，有意识记的效果比无意识记的效果好。

根据识记是否建立在对识记内容的理解的基础上，还可将识记分为机械识记与意义识记。对识记内容没有理解，只是根据前后顺序等外部联系去识记，这种识记就是机械识记。比如，儿童对描写离愁别绪或怀才不遇的唐诗、宋词的识记，由于无法真正理解，只能采用机械识记的方法去记忆。反之，建立在对内容理解基础上的识记，则是意义识记。一般来说，意义识记的效果明显优于机械识记，但是机械识记能力的发展仍是十分必要的。

2. 保持

(1)保持。保持是对识记过的事物进一步在大脑中保存、巩固的过程。它是识记通往再认或再现的必要环节。保持并不是简单机械地重复材料，而是对材料进行加工整理。整理的材料由于受时间及后来经验的影响在，质和量上都会发生一些变化。量的变化是指内容的减少或增加，质的变化是指内容的加工改造。量的减少是一种普遍现象。大家都会有这样的体会：所经历的事情总要忘掉一些。量的增加则不是人人有之，后来回忆的内容比即时回忆的要多，这种现象称为“记忆恢复”现象。一般来说，当识记不太充分、材料难度较大时，容易发生这种现象。学龄初期儿童和幼儿容易发生这种现象。

(2)遗忘。遗忘是指对识记过的材料不能再认或回忆，或者表现为错误的再认或回忆。保持和遗忘是两个相反的过程。遗忘产生的原因是识记时形成的神经联系的痕迹因不能继续巩固而逐渐减弱。例如，教幼儿与生活联系密切的词汇，在生活实践中可以不断得到强化，神经联系痕迹得到加深，幼儿就不易遗忘，否则就容易遗忘。这也就是复习的作用。因此复习是防止遗忘最基本的方法。

遗忘在记忆的不同阶段都会发生。遗忘的进程是不均衡的，有先快后慢的特点。德国心理学家艾宾浩斯最早研究了遗忘的发展进程。他利用无意义音节作为研究材料，以自然科学的方法，对遗忘现象进行了研究，发现了遗忘的规律，并根据研究的结果绘制了"艾宾豪斯遗忘曲线"(见图4－2)。从图4－2中可以看出，遗忘在学习之后立即开始，遗忘最初进展得很快，以后逐渐缓慢，到了相当时间几乎不再遗忘了，即遗忘的速度是先快后慢。这就是人们常说的遗忘规律，也被称为保持曲线。后来的研究者用无意义材料和有意义材料对遗忘的进程进行了研究，结果都证明艾宾浩斯遗忘曲线基本是正确的。

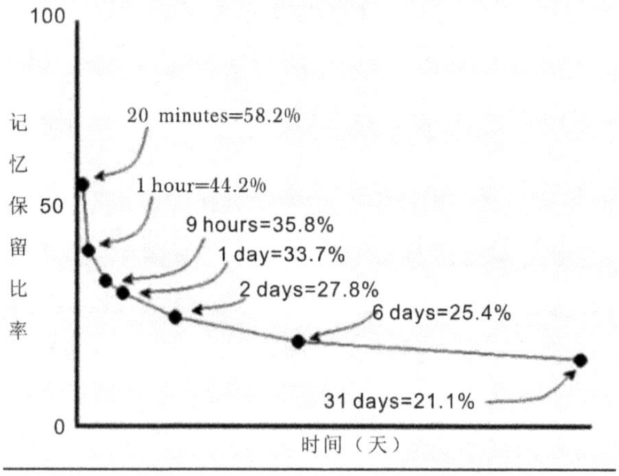

图4－2 艾宾浩斯遗忘曲线

3. 回忆

回忆是人脑对过去经验的提取过程。它是识记、保持的结果，是记忆最终的目的。回忆有两种水平：再认和再现。

再认是指过去经历过的事物再度出现时能够识别辨认，是一种低水平的回忆过程。例如，儿童能够叫出玩过的玩具的名字，听出家长曾教过的歌曲等都是再认的表现。再认的速度和确认的程度受到两个条件的制约：一是识记的精确度和巩固性，二是当前事物或场景与以前识记过的有关事物或场景的相似程度。精确度越高、巩固性越强、事物本身或场景的相似度越高，再认就越容易；反之，则越困难。再认过程中，环境和语言的线索起着重要作用。

再现是指经历过的事物不在眼前，但能在脑中出现，并加以确认的过程。再现是记忆系统的一个非常重要的环节。例如，儿童看见小鸭子，就会想起"数鸭子"这首儿歌。根据再现是否有预定目的，可以分为无意再现和有意再现。无意再现事先没有预定目的，也不需要意志努力。例如，"睹物思人""触景生情"都属于无意再现。而有意再现既有预定目的，又需要意志努力。例如，儿童背诵古诗时回忆教师教过的内容即是有意再现。

再认和再现是过去经验的恢复，是记忆中提取信息的两种不同水平和形式。它们之间没有本质的区别，只有保持程度上的不同。能再现的一定能再认，能再认的不一定能再现。

二、学前儿童记忆的发展

(一)学前儿童记忆研究的方法

记忆是学前儿童心理学研究关注的焦点之一，在判别记忆是否发生的研究过程中，心理学家采用了很多的方法。

知识链接 4-1

孩提记忆哪儿去了?

回想你最早的记忆，一般而言，你所能记起的可能是3岁以后发生的某件事情。实际上，我们都不能回忆起3岁之前的经历，这种现象被称为婴儿期遗忘。对3～6岁发生在自己身上的事件的记忆则相对清晰和详细。为什么我们要经历神秘的婴儿期遗忘呢？这些记忆信息都到哪儿去了呢？大多数人觉得成人之所以回想不起来，是因为它们太遥远了，才难以重现。不过事情却并非如此。其实，3岁之前的学前儿童还不具有有关个人事件的记忆能力，所以才会出现记忆缺失现象。

1. 习惯化和去习惯化

随着刺激物出现频率的增加，个体对它的注意时间逐渐减少甚至消失的现象，被称为"习惯化"。新生儿对刺激物的习惯化，常被作为他对事物是否能够再认的指标。当新异刺激出现后，对新异刺激表现为更加注意或注视时间加长，被称为"去习惯化"。习惯化、去习惯化可以作为一种方法和指标来看新生儿能否发现刺激物的差别，也即了解新生儿的感知能力；也可以用来测查新生儿能否辨别刺激物的熟悉程度，看其记忆能力是否出现。记忆是习惯化—去习惯化程序的内在成分之一。一个婴儿只有能够存储关于某一刺激的信息，并在再次遇到时再认出它是熟悉的，他才可能对该刺激产生习惯化。如果没有关于过去事件的记忆，就不可能有习惯化。与此类似，只有婴儿记住了原来的刺激，并认识到新刺激有点不同时，他才可能表现出对某一新刺激的去习惯化。

2. 条件反射

经典条件反射的建立和新生儿对条件刺激物做出条件反应，可以作为记忆发生的指标。一般认为，在出生后10天左右的新生儿对喂奶姿势的再认是第一个自然条件反射出现的标志。在实验中，将脚踝与风铃连在一起的带子使婴儿具备某种潜在的能力：如果婴儿踢脚，则风铃将转动。年仅两个月的婴儿就能够学会这种关系(一种操作条件反射)，一旦建立了这种反应，则可以以各种不同方式改变这一情境，以探测婴儿的记忆。当然也可以经一段时间的延迟之后再引入风铃，并看看这种踢脚反应是否仍会发生，以此检查记忆的持续时间。

也可以通过呈现各种与训练风铃的相似程度不同的新风铃，考察记忆的特异性。

3. 再学法

当婴儿学习一种知识或技能，经过一段时间后遗忘了，重新学习这种知识和技能所需的时间或次数比第一次要少些，这种方法就叫再学法。

4. 延迟模仿法

延迟模仿是在延时一定时间后对先前观察学习的经验的模仿。皮亚杰最早在关于表征发展的观点中提到：要想完成延迟模仿，个体必须形成对动作的心理表征并把它储存起来，以便在一段时间后可以提取出来并将其再现。皮亚杰还发现，延迟模仿第一次出现的时间在婴儿大约一岁半的时候。

以后的研究者接受了这一理论观点，但对他的发展时间表有不同看法，普遍认为延迟模仿出现的时间要比皮亚杰认为得早。梅尔佐夫和摩尔的研究（1994 年）表明，6 个星期大的婴儿就能模仿成人吐舌头的动作，即使这个动作是他们几天前看到的。虽然没有系统地纵向研究，但是通过对多种结果的比较可以看出，这种能力以相当快的速度随着年龄发展。例如，卡弗和鲍威尔观察到 9 个月的婴儿就能对 5 个星期前的动作进行模仿（1999 年）。婴儿从很小开始就能对以前某个时间感知到的东西进行记忆表征的存储，并在随后的某一时间内进行提取。

【经典实验】

皮亚杰关于儿童“客体永久性”的研究

当代著名的认知心理学家皮亚杰认为，客体概念是指婴儿把外在的物体看为独立存在的实体的理解，通俗地讲，客体永久性就是物体在被隐藏的状态下儿童仍旧相信该物体是持续存在的意识。他设计了一个有关智力发展状况的权威测试，来检测婴儿对“客体永久性”的认知能力。

皮亚杰认为，婴儿在出生后的头几个月里不存在客体永久性的观念，具体表现在：当一个原先存在于婴儿视野中的物体从他们视野中消失后，婴儿就不会再去寻找或抓握，这表明他们以为物体已经没有了，这个时期婴儿还没有建立起客体永久性。如图 4—3 所示，一个七八个月的婴儿正伸手去拿一个物体的瞬间，突然在他与物体之间放上一层幕布，儿童的手便立即缩回，仿佛这个物体已经不存在了似的，儿童并不想推开幕布去寻找刚才想抓的物体。

图 4－3　客体永久性观念还未建立的实验示意

客体永久性的观念在婴儿接近 1 岁时才出现。如图 4—4 所示，当处于类似的实验情境时，儿童会拉动幕布，爬过遮挡用的帷幕，继续去拿刚才那个物体，他甚至能留意许多连续的位置变动。也就是说，当客体在眼前消失，儿童依然认为它是存在的，这就是皮亚杰所说的儿童建立了客体永久性。

图 4－4　客体永久性观念建立的实验示意

儿童客体永久性观念的获得，从记忆的角度看，证明婴儿确有记忆能力的出现。

(二)学前儿童记忆发展的特点

1.0～3 岁儿童记忆发展的特点

有研究发现，如果把录下来的母亲的心跳声放给婴儿听，婴儿会停止哭泣。这是因为婴儿感觉到他们又回到了熟悉的有安全感的胎内环境。由此可以认为，胎儿已经具有听觉记忆。

2～3 个月的婴儿，当注视的物体从视野中消失时，能用眼睛去寻找，这表明他们已经有了短时记忆。3 个月的婴儿在相隔 192 小时以后重新学习，出现了省时反应。

3～6 个月的婴儿的长时记忆有了很大的发展。研究发现，用再学法，5～6 个月的婴儿有 48 小时的记忆。

6 个月的儿童，能辨认自己的妈妈、平日自己用的奶瓶等，能把熟悉的人和陌生人区别开，表现出明显的“怕生”，这就是再认。

6～12 个月的儿童再现的潜伏期明显延长。他们对社会性刺激和社会性交往的记忆在这个阶段迅速发展，表现为“认生”越来越明显。这一时期开始出现大量的模仿动作，模仿也包含着记忆。

大约 1 岁半以后，言语的发展使儿童的记忆具有了新的特点：一是儿童重现的能力开始发展起来。约在两岁的时候，儿童能回忆自己去过哪里、自己的小玩具丢在哪儿、等等。但这时重现的只是几天内感知过的事物。3 岁的时候，则可以保持到几个星期以后还能回忆。

所有这些，儿童是凭借词、言语的发展来恢复过去的印象的。二是出生后的三年中，儿童的记忆基本是无意记忆。但由于词、言语的发展，成人就向孩子提出“要记住”的任务，于是有意识记开始萌芽。

3岁前儿童的记忆富有情绪色彩，特别容易记住那些引起他们情绪反应的事物或情景。比如，第一次去动物园的情景，会让他记住很久，至到了青春期还记得。3岁前儿童记忆内容在头脑中保持的时间较短，而且有较大的随意性。

2.3～6岁幼儿记忆发展的特点

学前儿童的记忆和其他心理过程一样，是随着年龄的增长而逐渐发展的。幼儿期儿童的记忆能力和水平有了显著提高。学前儿童记忆发展的特点主要表现在识记方式、记忆内容、记忆保持、记忆容量和记忆策略等方面。

(1) 识记方式

无意识记占优势，有意识记逐渐发展，这是识记方式的第一个特点。心理活动的有意性是从幼儿期开始发展的，但水平较差，记忆也是如此：幼儿有意识记虽已有发展，但仍以无意识记为主。3岁前的儿童基本上只有无意识记，幼儿经常自然而然地记住一些简单的生活经验、诗歌、童话故事等，一般还不会向自己提出记住客观事物的任务；被记忆的东西常常是一些直观的、形象鲜明的、能激起兴趣和情感的事物。在整个学前期，无意识记的效果都优于有意识记，并随年龄增长而提高。例如，给小、中、大三个班的幼儿讲同一个故事，事先不要求识记，过了一段时间以后进行检查，结果发现，年龄越大的幼儿无意识记的成绩越好。幼儿的认知活动越是积极，其无意识记效果越好。

在有目的的教育活动的影响下，5～6岁儿童的有意识记和追忆能力才逐步发展起来。有意识记最初是被动的，记忆的目标通常是成人提出的，而后儿童才能主动确定目标，进行记忆。有意识记的出现标志着儿童记忆的发展达到了一个新的水平，幼儿的有意识记是在成人的教育下逐渐产生的。成人在日常生活和组织幼儿进行各种活动时，经常向他们提出记忆的任务。比如，在家里父母会对孩子说：“记住，明天去问问老师……”在幼儿园，老师也会嘱咐孩子：“回家记得告诉爸爸妈妈……”在学习儿歌的时候，要求他们尽快记住，孩子就会记得牢固。

幼儿有意识记的效果主要依赖于对记忆任务的意识和活动动机。幼儿意识到识记的具体任务，就会影响幼儿有意识记的效果。比如，幼儿在玩“开商店”游戏时，担任“顾客”角色的幼儿就必须记住应购物品的各种名称、数量等。角色本身使幼儿意识到这种识记任务，因而也就努力去识记，记忆效果会有提高。活动的动机对幼儿有意识记的积极性和效果都有很大的影响。例如，在一些实验中，让幼儿在实验室中完成记忆任务，记忆效果比较差；在游戏中，有意识记的效果就比较好。在实际生活中，如果父母提出的要求恰当，使幼儿明确识记的目的和任务，识记的效果比游戏还要好。

机械识记占优势，意义识记逐渐发展，这是别记方式的第二个特点。根据对识记材料理解程度和组织程度的不同，可将识记分为机械识记和意义识记。机械识记主要是依靠机械重复而进行的识记，意义识记主要是通过对材料的理解而进行的识记。幼儿缺乏生活经验，无法像成人那样在理解的基础上强化记忆，只能根据事物的外部特征机械识记。对于幼儿而言，机械识记用得多，特别是小班的幼儿，表现尤为突出。他们学习儿歌、识记歌词时，往往是凭借儿歌和歌词的音调进行机械地模仿来识记的。

虽然幼儿的机械识记占优势，但幼儿意义识记的效果优于机械识记。实验研究表明，幼儿，尤其是 4 岁以后的幼儿，在记忆过程中能对识记材料进行理解性的改造。例如，给幼儿一些随机呈现的单词，他们能按类别顺序进行再现。在复述故事时，往往不是逐句照背，而是按自己的理解和感受进行了取舍和增补；在词语的运用上，有时用熟悉的词来代替较为生疏的词等。这些都说明幼儿期已经有了有意识记，并随着他们生活经验的增加和思维能力的提高，意义识记在记忆中所占比例逐渐提高。研究发现，幼儿对可理解的材料要比无意义的或不理解的材料识记效果好得多。

(2) 记忆内容

根据记忆的内容，可以把记忆分为形象记忆、情绪记忆、运动记忆和逻辑记忆。形象记忆是以感知过的事物形象为内容的记忆。逻辑记忆是以概念、公式和规律等的逻辑思维过程为内容的记忆。学前儿童记忆内容随着年龄的增长而变化。

从学前儿童这四种记忆发生发展的顺序来看，依次是运动记忆、情绪记忆、形象记忆、逻辑记忆。在幼儿记忆中，形象记忆占主要地位。学前儿童这几种记忆的发展并不是用一种记忆简单代替另一种记忆，而是个相当复杂的相互作用的过程。例如，1 岁前的形象记忆和运动记忆、情绪记忆密切联系。

幼儿形象记忆占优势，语词逻辑记忆逐渐发展。在儿童言语发生之前，其记忆内容只有事物的形象，即形象记忆。在两岁以后，儿童语言发生后到整个幼儿期，形象记忆仍然占主要地位。语词逻辑记忆是通过语言的形式来识记材料，随着语言的发展，语词逻辑记忆也逐渐发展。实验材料证明，幼儿对于形象记忆的效果要高于语词逻辑记忆。

幼儿的形象记忆和语词逻辑记忆都随着年龄的增长而发展，并且差别逐步缩小。研究表明，3～4 岁幼儿无论是形象记忆还是语词记忆，水平还相对较低。其后，两种记忆的效果都随着年龄的增长而增长。随着年龄的增长，形象和词都不是单独在儿童头脑中起作用，而是越来越密切：一方面，幼儿对熟悉的物体能够叫出名称，那么物体的形象和相应的词就紧密地联系在一起了；另一方面，幼儿所熟悉的词也必然建立在具体形象的基础上，词和物体的形象是不可分割的。具体情况见表 4－1。

表 4－1　幼儿形象记忆和语词记忆效果比较

年龄(岁)	熟悉的物体(个)	熟悉的词(个)	两者的比率
3～4	3.9	1.8	2.1 ∶ 1
4～5	4.4	3.6	1.2 ∶ 1
5～6	5.1	4.6	1.1 ∶ 1
6～7	5.6	4.8	1.1 ∶ 1

注：“熟悉的物体”和“熟悉的词”两列数据是对 10 个物或词能回忆出的数量。

【真题卡片 4—1】

论述题(2012 下半年保教知识与能力)

△分析下表所反映的幼儿记忆特点。

幼儿形象记忆与语词记忆效果的比较表(对 10 个物或词能回忆出的数量)

年龄(岁)	熟悉的物体(个)	熟悉的词(个)	生疏的词(个)
3～4	3.9	1.8	0
4～5	4.4	3.6	0.3
5～6	5.1	4.6	0.4

【参考答案】

形象记忆占优势,语词记忆逐渐发展。

(1)幼儿形象记忆的效果优于语词记忆。形象记忆是根据具体的形象来识记各种材料。在儿童语言发生之前,其记忆内容只有事物的形象,即只有形象记忆。整个幼儿期,形象记忆占主要地位。幼儿形象记忆的效果高于词语记忆的效果。幼儿对熟悉的物体的记忆效果优于熟悉的词,而对生疏的词的记忆效果显著低于熟悉的物体和熟悉的词。对熟悉物体的记忆依靠的是形象记忆。形象记忆所借助的形象带有直观性、鲜明性,所以效果最好。熟悉的词在儿童头脑中与具体的形象相结合,因而效果也较好。至于生疏的词,在幼儿头脑中完全没有形象,因此效果最差。

(2)形象记忆和语词记忆都随着年龄的增长而发展。幼儿期形象记忆和语词记忆都在发展。研究表明,3～4 岁幼儿无论是形象记忆还是语词记忆,其水平都相对较低。其后,两种记忆的效果都随年龄的增长而提高。

(3)形象记忆和语词记忆的差别逐渐缩小。各种研究显示,形象记忆和语词记忆的差距日益缩小。两种记忆效果的差距之所以逐渐缩小,是因为随着年龄的增长,形象和语词都不是单独在儿童头脑中起作用,而是有越来越密切的联系:一方面,幼儿对熟悉的物体能够叫出名称,那么物体的形象和相应的词就紧密联系在一起。另一方面,幼儿熟悉的词,也必然建立在具体形象的基础上,词和物体的形象是不可分割的。

形象记忆和语词记忆的区别只是相对的。在形象记忆中,物体或图形起主要作用,语词在其中也起着标志和组织记忆形象的作用。在语词记忆中,主要记忆内容是语言材料,但是记忆过程要求以语词所代表的事物的形象为支柱。随着儿童语言的发展,形象和词的相互联系越来越密切,两种记忆的差别也相对缩小。

(3)记忆策略

幼儿有意识记、意义识记以及逻辑记忆的发展,反映了幼儿记忆的自觉意识逐渐增强和记忆策略的发展。但是，在大多数情况下，幼儿对于记忆策略并不是有意使用的，而是基于无意识记。

先来看记忆意识性的发展。随着年龄的增长，儿童记忆意识性开始逐渐萌芽、发展。有意识的出现意味着记忆意识性的萌芽，而元记忆的发展则意味着记忆意识性发展到了一个新的阶段。元记忆的发展是指儿童对自己记忆过程的认识或意识的发展，它包括以下几个方面：

第一，明确记忆任务，包括认识到记忆的必要性和了解需要记忆的内容；

第二，估计到完成任务过程中的困难，努力去完成任务，并选择记忆方法；

第三，能够检查自己的记忆过程，评价自己的记忆水平。

再来看记忆策略的形成。记忆策略是儿童采用的接受信息、提取信息的方式，它直接影响着记忆的效果。儿童常见的记忆策略有以下几点：

第一，反复背诵或自我复述。年龄较大的幼儿，在识记过程中反复背诵以避免遗忘。有时，他们也边识记边自言自语地说出记忆材料的名称或内容。例如，为了记住图片，每当看到一张图片时，就随即说出图片的名称。

第二，使记忆材料系统化。幼儿中期以后，能够在记忆过程中，自动对记忆材料加以整理分类。例如，边识记边把图片分类，并自言自语："苹果是水果，梨也是水果，萝卜是蔬菜……"幼儿也会把新词和某种事物或情绪联系起来。

第三，间接的意义识记。年龄较大的幼儿能对材料进行精心思考，找出材料组成的规律以帮助记忆。例如，有一个6岁儿童，在1分钟之内正确记住了17位数字：81 726 354 453 627 189 。他是如何记住的呢？原来经过思考，他发现了规律每两个数字之和都是9；去掉最后一个9字，其余的数字排列都是对称的。他也就是根据这些数字之间的规律性联系进行记忆的。

知识链接 4-2

常见的记忆策略

精细加工策略是指通过把所学的新信息和已有的知识联系起来，寻求字面背后的深层次意义，或者以此来增加新信息的意义，从而帮助学习者将信息储存到长时记忆中去的学习策略。也就是说，我们应用已有的图式和已有的知识使信息合理化，以达到长期保持的目的。

复述策略是指在工作记忆中为了保持信息而对信息进行多次重复的过程。它是信息由短时记忆进入长时记忆的关键。

编码与组织策略是指发现部分之间的层次关系或其他关系，使之形成某种结构以达到有效保持之目的的一种记忆策略。

【真题卡片 4－2】

单选题(2017 上半年保教知识与能力)

△按顺序呈现“护士、兔子、月亮、救护车、胡萝卜、太阳”的图片让幼儿记忆，有些幼儿回忆时说：“刚才看到了救护车和护士、兔子和胡萝卜，还有太阳和月亮。”这些幼儿运用的记忆策略是(　　)。

A. 复述　　B. 精细加工　　C. 组织　　D. 习惯性

【答案】C。

(三)学前儿童记忆的发展

通过对学前儿童记忆发展特点的分析，得出学前儿童记忆发展的趋势如下。

1. 识记方式的发展

从识记方式来看，学前儿童无意识记的效果随着年龄的增长而不断提高，有意识记逐渐发展；机械识记和意义识记作为识记的基本方法，在整个学前期，其效果都随着年龄的增长而有所提高。

2. 记忆保持的变化

(1)记忆保持时间的延长

记忆保持时间是指从识记材料开始到能对材料再认或再现之间的间隔时间，也称为记忆的潜伏期。儿童记忆保持的时间长度可以从再认和再现的潜伏期来看。研究表明，再认和再现的潜伏期都随着年龄的增长而增长，具体见表 4－2。

表 4－2　学前儿童记忆保持时间的变化

年龄	1 岁左右	2 岁左右	3 岁左右	4 岁左右	7 岁左右
再认	几天	几个星期	几个月	1 年	3 年
回忆	—	几天	几个星期	几个月	1～2 年

学前儿童的识记内容在头脑中保存时间的长短主要受以下几种因素的影响：①受识记对象的感知程度的影响，感知得越清楚、越仔细、越完整，在头脑中保持的时间就越长；②受识记对象的特点的影响，引起学前儿童兴趣的、形象生动鲜明的事物在头脑中保存的时间相对会长；③受情绪状态的影响，积极的情绪状态或能引起学前儿童积极情绪体验的事物识记保持的时间越长；④受知识经验和对事物的理解程度的影响，知识经验越丰富，学前儿童对事物的理解就越深入，记忆的时间就越长。

在幼儿记忆保持时间的发展中，存在两种独特的现象：

①幼年健忘。幼年健忘是指 3 岁前的儿童的记忆一般不能永久保持的现象，直到 3～4 岁后才出现可以保持终生的记忆。

②记忆恢复(回涨)现象。记忆恢复是指识记某种材料,经过一段时间后测得的保持量大于识记后即时测得的保持量。这种现象一般发生在儿童身上和不完全的学习(没有达到透彻理解、牢固记忆的学习)上,并且有一定的时间限制。这一现象最早由英国心理学家巴拉德发现。巴拉德通过实验得出结论:儿童最好的回忆成绩不在当时,而在识记后1～2天的保持量比识记后即时的保持量要高6%～9%。这种现象在学习较困难的材料时(与学习容易材料相比)、学习程度较低时(与学习纯熟相比)较明显。

(2)记忆容量的增加

儿童记忆中所保留的信息容量,起初是很小的。随着年龄的增长,记忆容量逐渐增加。短时记忆是记忆的一个重要成分,所以关于记忆容量发展的研究主要集中在短时记忆容量的发展上。信息在短时记忆中保存的时间不长,而且短时记忆的容量相当有限,一般为7±2个组块。短时记忆的容量取决于组块的大小,组块是短时记忆信息加工的单位,它可以是字母、单词、句子、成语、图示甚至更大的单位。随着学前儿童信息加工能力的增强和知识经验的积累,每一个信息单位包含的内容越来越多,记忆的容量就会逐渐增加。

(3)记忆内容的变化

学前儿童记忆内容随着年龄的增长而变化。从记忆发展的顺序来看,儿童最早的记忆是运动记忆,在出生后两周左右出现。学前儿童身体动作的发展和运动记忆密切相关。在出生后6个月左右情绪记忆出现。年幼的儿童很容易记住那些富有情绪色彩的事情,大多数成年人能回忆的四五岁的往事往往是那些带有情绪色彩的事情,儿童听儿歌和童话故事时,往往容易记住最有感情的那些句子,而且保持的特别长久。形象记忆出现在6个月到12个月。比如婴儿能分辨出母亲和其他人,认识熟悉的玩具等,这些都是形象记忆的表现。最晚的是逻辑记忆,在1岁左右出现,这与学前儿童语言中枢的发展关系密切。

3.记忆提取方式的发展

胎儿及新生儿的记忆,从其在线形式上看都属于再认。婴儿期的记忆主要是再认形式,明显的再认出现在6个月左右。这时儿童开始"认生",只愿意亲近妈妈及经常接触的人,当陌生人走近时反而会感到不安。婴儿末期,回忆的形式开始萌芽,1～2岁时逐渐出现。再认先于回忆发生,是因为二者的活动机制不同:再认依靠的是感知,回忆依靠的是表象。感知是儿童自出生以后就已经具有或开始发展的。感觉刺激可以立即引起记忆痕迹的恢复;而表象则在1.5～2岁时才开始形成,并且需要儿童在头脑中进行搜索。随着语言能力的发展与表象的形成,1～2岁学前儿童记忆的发展主要表现为回忆的发展,即具备了有意识地回忆以往事件的能力。

第二节　学前儿童记忆的培养

引导案例 4-2

童童两岁 3 个月了，始终记不住蓝色，他可以分辨黄色，甚至知道英文怎么说。绿色、红色、白色、黑色、紫色（他管那个叫茄子色）都能记住。就是蓝色，看到了不知道怎么叫，黄色、绿色一通乱猜。

童童妈妈认为：黄色是因为他有一件黄色的滑雪衫，他很喜欢，所以他对黄色记得特别牢；红色是因为他喜欢家乐福的班车，那是红色的；紫色是因为他把这种颜色和茄子联系在一起了。

思考：学前儿童记忆有什么样的特点？有哪些途径可以训练提高幼儿的记忆力？

记忆力是智力发展水平的一个重要指标。如何根据学前儿童的特点来提高记忆效率，是家长和教师普遍关注的问题，同时这对于提高学前教育教学的质量和促进儿童的发展都具有重要的意义。针对学前儿童的身心发展特点，培养学前儿童记忆时应遵循客观性原则、发展性原则和教育性原则等。在幼儿园教育实践中，我们可以从以下几个方面来培养学前儿童的记忆力。

一、培养幼儿对识记的兴趣和主动性

幼儿的记忆效果与其情绪有很大的关系：幼儿情绪越积极、兴趣越强烈、自信心越足，记忆效果就越好；反之，无兴趣的、缺乏主动性的、被迫的学习，识记效果就差。家长和教师要注重创设良好的教育环境，激发幼儿对识记材料的兴趣，让幼儿在愉快的学习环境中提高记忆效果。同时要注意的是，正是由于幼儿记忆具有强烈的情绪性，打骂、恫吓孩子带来的惊恐和痛苦会给孩子留下极深的印象，甚至会使儿童形成胆小、撒谎等不良行为习惯，因此在对幼儿进行教育时尽可能不要引起幼儿的负面情绪体验。

游戏是幼儿的主要活动与学习形式，因此我们应以游戏为主，用生动活泼的操作性活动来开展教育，同时，要尽量调动幼儿各种感官的参与。要运用生动直观、形象具体的事物吸引幼儿的注意力，并能使幼儿参与其中，让孩子在无意识中识记需要掌握的知识。这是因为眼、耳、鼻、舌、手等多种感官共同参与活动可以使大脑神经联系广泛，有助于记忆。

二、培养幼儿的有意识记

是否具有明确的识记目的和任务对于识记的效果具有重要的影响。因为有了明确的识记任务，就能把全部精力集中到识记任务上，并采取各种措施去实现它。有意记忆的形成和发展是儿童记忆发展中最重要的质变，所以除了充分利用儿童的无意记忆外，还要注意培养他们的有意记忆。老师或家长在日常生活和各种活动中，要经常向孩子提出明确具体的任务，提出具体的要求。例如，儿童春游时，老师跟孩子说："小朋友在公园里都看到了什么，我们回到幼儿园后把它画下来！"故事教学中还可就故事的具体内容向孩子提问。讲故事前，教师可事先跟儿童说好，讲完这个故事，要告诉大家，故事里有哪些角色、你喜欢谁、为什么等等。这样做的目的就是培养儿童不但要注意听，而且要让其带着目的、任务去记忆故事的内容。事实证明，学前期，尤其是幼儿初期，如果成人不提出具体的目的、任务，儿童是不会主动记忆什么的。而向儿童提出具体的要求，有利于调动他们记忆的积极性，从而提高记忆效果。需要注意的是，在向儿童提出明确、恰当的记忆要求的同时，对孩子们完成记忆任务的情况要给予及时的肯定和赞扬。这样会使儿童更好地进行主动记忆，还能发展他们的言语表达能力。

三、帮助幼儿理解识记内容

幼儿对记忆材料理解得越深，记得就越快，保持的时间就越长，知识经验就越丰富，就越有助于学前儿童对事物的理解，形成良性循环。在日常生活及教学活动中，家长及教师应采取多种方法帮助幼儿理解识记任务，引导幼儿从事物的内部联系上去识记事物，以提高幼儿的记忆效果。例如，背诵古诗《春晓》，若让幼儿简单重复跟读，幼儿需要很长时间才能记住，而且容易出错；如果先结合相应图画将诗的内容以故事的形式讲给幼儿听，再仔细给幼儿讲解"眠""晓""啼鸟"等难理解的词，幼儿很快就会准确背诵，而且记忆保持的时间更长，这样记忆从识记开始就是准确的，并且新的材料与已有知识经验联系紧密，识记内容更加有条理、系统。

四、教给幼儿运用记忆的方法或策略

记忆策略是在个体有意识的控制下，用来提高记忆水平的认知或行为活动。记忆策略的运用是提高记忆能力的关键之一，运用得当将有效提高幼儿的记忆水平与效果。此外，有效记忆还可以大大增强幼儿对记忆的自信心与成就感，从而进一步促进记忆水平与效果的提高。

归类记忆法是把许多同类的事物归为一类，将记忆材料整理成有适当次序的材料系统，这样就可以扩大儿童记忆的容量，使材料更容易别记、记得更牢固。例如，可以把猫、狗、兔子、牛等归为动物类，把苹果、香蕉、橘子、梨归为水果类，让幼儿进行记忆和回忆。实验证明，教幼儿进行归类记忆效果明显。在同样条件下，不会归类识记的 4 岁幼儿只能记住四五个物体，而采用归类记忆法的幼儿则能记住 10 个物体；5 岁幼儿不会用归类法主动识记的，只能记住五六个物体，而采用归类法的幼儿能记住 14 个物体；6 岁幼儿不会用归类法主动识记的，只能记住 7～9 个物体，而采用归类法平均能记住 18 个物体。

整体记忆和部分记忆相结合。整体记忆是将材料整体性地一遍遍地进行记忆，直到完全记住为止；部分记忆是将材料分成几个部分，一部分一部分记，最后合成整体记忆。如果材料的数量不多，一般用整体记忆的方法；当材料较长或者儿童已有的知识经验难以理解材料时，应用部分记忆效果好。通常最好的效果是两种方法同时使用，先把材料从整体上读几遍，对特别困难的部分多读几遍，再全部诵读，如此反复，直到记熟为止。

联想记忆是借助某些中介建立多种联想，进行间接记忆，这样把一些无意义的记忆材料赋予一定的意义，增加记忆效果。联想是由当前感知或思考的事物想起有关的另一事物，或者由头脑中想起的一件事物，又引起想到另一件事物。由于客观事物是相互联系的，各种知识也是相互联系的，因而在思维中，联想是一种基本的思维形式，是记忆的一种方法。联想，就是当人脑接受某一刺激时，浮现出与该刺激有关的事物形象的心理过程。一般来说，互相接近的事物、相反的事物、相似的事物之间容易产生联想。在教幼儿认识数字时，引导幼儿利用某些形象的事物作为中介来记忆有利于提高记忆效果，如“1”像铅笔，“2”像鸭子，“3”像耳朵，“4”像旗子等。

第三节　学前儿童想象的发生与发展

引导案例 4-3

某天，童童父母开车带 5 岁半的童童到郊外去玩耍。车到高速公路上，突然慢慢地停下来了。爸爸下车查看后，发现是没有汽油了。当童童知道后，高兴地对爸爸说：“不要着急，奥特曼会给我们送过来汽油的！”

思考：为什么小朋友会有这样的举动？我们该如何看待幼儿期出现的这种现象呢？在进行学前教育时应采取哪些措施来引导学前儿童的这些行为？

想象与感知觉、记忆一样都属于心理过程中的认识过程，是我们认识这个世界、掌握事物发生发展规律，进而改造这个世界的重要环节。想象力也是儿童重要的认识能力之一，更是智力的重要组成部分。

一、学前儿童想象概述

（一）想象的概念

想象是以表象为素材的。表象就是通过感知觉获得并保存在大脑中的事物的形象。表象一方面具有形象性，一方面又具有概括性。它是我们认识这个世界的一个重要环节，是从对事物的感性认识上升到理性认识的桥梁与纽带。表象可以分为记忆表象与想象表象，两者是不同的。记忆表象是过去感知过的事物形象的重现，而想象表象是对过去直接感知过的事物形象经过加工改造而创造的新的形象。

想象是人脑对已有的表象进行加工改造，形成新形象的心理过程，即从已有的表象中，把所需要的部分从整体中分解出来，并按一定的关系，把它们综合成新的形象。由此可见，想象的过程是心理主客观相互作用的过程。无论想象所创造出的新形象有多么古怪神奇，都有其客观的来源。但对于客观现实素材所进行的加工和改造则是一个主观的过程。

我们每一个人在日常生活中都需要想象，也有想象的能力。幼儿也一样。有时幼儿是最富有想象和幻想的，幼儿在解数学题、讲故事、唱儿歌、绘画、听音乐、做游戏时都需要想象的参与。比如，他们在玩“扮家家”游戏时，将各种小棍、木片或玩具当作现实家庭中的各种用具，正是想象使他们玩得津津有味。

（二）想象在学前儿童心理发展中的地位和作用

幼儿期是想象最为活跃的时期。想象贯穿于幼儿的各种活动中，对儿童的学习、情绪、游戏、创造性思维起着十分重要的作用。

1.想象在学前儿童学习中的作用

人们在认识客观事物的过程中，有时可以通过直接感知获得对事物的认识，但更多时候则是通过他人的描述间接获得对客观事物的认识。人们在获取间接认识的过程中，没有想象则无法构建新形象、新知识。想象能够在幼儿学习活动中帮助幼儿掌握抽象的概念，理解较为复杂的知识，创造性地完成学习任务。例如，教师讲出故事的前半部分，让幼儿通过想象编出不同的结尾。在学习中，幼儿是离不开想象这一心理过程的，缺乏想象的儿童是无法取得良好的学习效果的。

2.想象与学前儿童的情绪活动有密切的关系

第一，想象能引发情绪活动。孩子的情绪情感活动常常是由想象而引发的。第二，情绪影响想象。幼儿的想象容易受自己的情绪和兴趣的影响。幼儿的情绪常常能够引起某种想象过程或改变想象的方向，幼儿常常满足于想象的过程。游戏中的想象，更多表现了幼儿情绪和愿望。

3. 想象在学前儿童游戏中的作用

游戏是学前儿童的主要活动。在游戏中，儿童的想象起着极为重要的作用。比如，幼儿会将凳子当作火车，边“开车”，嘴里还“呜呜……”地说个不停，非常投入地扮演司机的角色。如果没有想象，这种“虚构的”活动便无法开展。另外，在结构游戏中，幼儿必须对结构材料、结构物体进行想象，通过一定的建构技能才能“创造”出一定的结构活动。因此，想象在幼儿游戏活动中起着关键的作用。通过各种方法发展幼儿的想象力，可以促进幼儿游戏水平的提高。

4. 想象的发展是学前儿童创造性思维发展的核心

想象是创造性思维的主要方面。对于幼儿来说，创造性思维的核心就是想象。我们评价幼儿创造性思维的水平也主要是从想象的水平出发的。丰富的想象是幼儿创造性思维的表现，如幼儿想象“在月亮上荡秋千”“摘下彩虹给妈妈做围巾”等。

（三）想象的分类

1. 无意想象和有意想象

根据想象时有无目的性和自觉性，可以把想象分为无意想象和有意想象。

（1）无意想象。没有预定的目的和意图，在一定的刺激影响下，不由自主地创造新形象的过程叫无意想象。例如，学前儿童看到天上的云朵，自然而然地想到这是一只羊、那是一只熊等。又如，听教师讲某一有趣的故事，或观看有趣的戏剧时，儿童头脑里不由自主地出现一系列熟悉的形象或创造出新形象。这些都是无意想象。无意想象是最简单和最初级形式的想象。

知识链接 4-3

梦是一种典型的无意想象，精神分析学派十分重视梦的研究。精神分析学派的创始人弗洛伊德认为，梦是一种愿望的满足，是潜藏愿望的表现。他认为：“小孩子由于心灵活动比成人单纯，所以做的梦多单纯一点。而且根据我的经验，就像我们研究低等动物的构造发育，以了解高等动物的构造一样，我们应该多探讨儿童心理学以了解成人的心理。”儿童的梦一部分来自生理刺激，例如饥饿、冷热、大小便等，但更主要的来源则是心理刺激。儿童往往通过梦来满足自己在生活中未能得到满足的欲望。因此，弗洛伊德认为儿童的梦往往是简单愿望的达成。5 岁幼儿的梦就具有了成人的梦的一切特征。

（2）有意想象。按照一定的目的，自觉地创造出新形象的过程叫有意想象。凡对实践活动有作用的想象都属于有意想象。也可以说，有意想象就是以观念为形式的新东西的创造。

2. 再造想象和创造想象

按照想象的创造性、独立性的不同，即想象内容的新颖性、独立性和创造性的不同，可以把想象分为再造想象和创造想象。

(1)再造想象。再造想象是根据语言文字的描述或图样、图纸、符号的描绘，在头脑中形成相应的新形象的过程。例如，小朋友听老师讲《龟兔赛跑》的故事，仿佛看见了沉稳而踏实的乌龟和灵活而骄傲的小兔子赛跑的情景，这就是再造想象。学生在学习过程中的想象活动，大部分都是再造想象。

(2)创造想象。根据已有形象，在头脑中独立地创造新形象的过程叫创造想象。创造想象所形成的新形象是现实生活中没有的或者从来没有见过的，所以它比再造想象要复杂和困难。比如，儿童画出的自己想象中未来的城市、学生写作文、作家创作小说等，都属于创造想象。

二、学前儿童想象的发展

学前儿童最喜欢想象，所以有人把学前时期看作想象最发达的时期。但学前儿童毕竟生活经验较少，记忆表象不够丰富，又受到思维水平的限制，因而想象内容简单贫乏，他们的想象常常是过去经验的复制品，想象过程也缺乏有意性和独创性。学前儿童想象的发展有以下几个主要特点。

(一)无意想象占主导地位，有意想象逐步发展

1. 幼儿无意想象的特点

无意想象是最简单、最初级的想象，幼儿的想象活动主要属于无意想象。幼儿的无意想象主要有以下特点：

(1)想象无预定目的，由外界刺激直接引起。幼儿的想象常常没有自己预定的目的。在游戏中，想象往往随玩具的出现而产生。比如，看见小汽车，就要玩开汽车。如果没有玩具，幼儿可能呆呆地坐着或者站着，头脑中不进行想象活动。幼儿画画也是如此，看见糖果就要画糖果，其他小朋友也跟着画。

(2)想象的主题不稳定，内容零散。由于生理和心理发展的不成熟，幼儿想象的方向常常随着外界刺激的变化而变化，想象的主题容易改变。比如，在游戏中，幼儿正在当“医生”，忽然看到别的小朋友在玩气球，他就跑过去和小朋友一起玩气球。由于想象的主题不稳定，幼儿想象的内容是零散的，所想象的形象之间不存在有机的联系。在绘画活动中表现得更明显，在同一幅画面上，一会儿画树，一会儿画太阳、小花，一会儿画三角形等。当说他画得不像树时，他立刻说“这是火箭”，显现出一串串无系统的自由联想。

(3)以想象过程为满足。幼儿的想象往往不追求达到一定目的，只满足于想象进行的过程。如小朋友讲故事时，乍看起来有声有色，既有动作又有表情，听故事的小朋友也相当投入，听得津津有味，但成人却不知道他在讲什么，完全没有来龙去脉和情节。孩子们就这样在讲和听的过程中进行想象，感到满足。

(4)想象受情绪和兴趣的影响。幼儿的想象不仅容易受外界刺激所左右，也容易受自己

的情绪和兴趣影响。幼儿的情绪常常能够引起某种想象过程，或者改变想象的方向。比如，在一次“老鹰捉小鸡”的游戏中，幼儿由于同情被捉去的小鸡，产生了这样的想象：“最后又把小鸡救回来了。”总之，无意想象实际上是一种自由联想，不要求意志努力。意识水平低，是幼儿想象的典型形式。

2. 有意想象的发展

幼儿想象虽然以无意想象为主要特征，但有意想象在幼儿期开始萌芽。在教育的影响下，幼儿的有意想象开始发展。

(1)有意想象是在无意想象的基础上发展起来的。比如，有一个四岁多的女孩想要画小汽车，画好后又画小红旗，小红旗画好后又要画手绢。画着画着，她发现直线画弯了，就自言自语地说：“不像，成了气球了。我就画气球吧！”“圆气球！我画个大圆脑袋，画爸爸。”然后在圆脑袋下画个梯形，是身子。“这是爸爸的长胳膊。”于是，在梯形旁边又添上两条横线。从这个孩子的绘画过程我们不难看出，她的想象基本上还是自由联想，无意性的成分很大。但是她毕竟能够先想后画，而且按照想的去画了，说明她的想象已经开始具有一定的目的性。

(2)想象进一步发展，可以围绕一定的主题进行。例如，一个五岁多的小男孩非常喜欢吃汉堡包。有一天男孩说：“我想画一个鸡腿汉堡。”于是，他先画了一个汉堡，在汉堡中间画了一个鸡腿。然后说：“光吃汉堡会渴的，我还要画一杯可乐。”接着就画了一杯可乐，在可乐里画了许多小圆圈，说：“可乐里有许多气泡泡。”这个孩子的想象基本上围绕主题进行的，具有明显的有意性和目的性。有意想象在幼儿期开始萌芽，幼儿晚期(大班)表现得更加明显：想象活动展开之前，已能确定主题，并且围绕主题进行想象。但这种有意想象的水平还很低，并且受条件的左右。

(二)再造想象占主导地位，创造想象开始发展

幼儿期主要以再造想象为主，但创造想象在再造想象的基础上逐渐发展起来。幼儿再造想象的特点是：想象依赖于成人语言的描述，想象常常根据外界情境的变化而变化，实际行动是幼儿想象的必要条件。

2～3岁是想象发展的最初阶段，这时期幼儿想象的过程进行缓慢，依赖于成人的语言提示和感知动作的辅助。想象在3～4岁时迅速发展，这时以再造想象为线索，在幼儿的绘画、音乐、游戏等活动中都出现了再造想象的成分；4～5岁的幼儿在再造想象过程中，逐渐开始独立地而不是根据成人的语言描述去进行想象，想象的内容已有独立创造的萌芽。5～6岁幼儿的创造想象已经有相当明显的表现，想象内容开始有了较多的新颖性。例如，幼儿开始想象“摘下月亮挂在屋里照亮”等。

幼儿期是创造想象开始发生的时期，这个时期的创造想象主要有以下特点：(1)最初的创造想象是无意的自由联想，这种最初级的创造严格说还只是创造想象的萌芽或雏形。(2)幼儿创造想象的形象与原型只是稍微不同，是一种典型的不完全模仿，如原型是3个圆圈，

幼儿“创造”出 5 个圆圈。(3)想象情节逐渐丰富，从原型发散出来的数量和种类增加。

幼儿创造想象的发展大致经历三个阶段：(1)3 岁左右，幼儿想象的创造性还很低，基本上是以重现生活中某些经验的再造想象为主。(2)4 岁左右，随着知识经验的丰富及语言和抽象概括能力的提高，幼儿的想象便有了一些创造性成分。如在看图说话时，加入本来没有的人物、情节，使整个故事更加生动、丰满。能用图形组合出许多别人意想不到的物品。比如，用一个椭圆形及两个小长三角形组成企鹅等。(3)5 岁时，想象内容丰富，新颖性增加，独立性发展到较高水平，且力求符合客观现实，能更多运用创造想象进行一些创造性的游戏和活动。

(三)想象的内容由贫乏、零碎逐渐向丰富、完整发展

进入幼儿期的孩子的想象内容较之婴儿期更为丰富，但从发展上来说，还是很贫乏。他们用以想象的形象基本就是日常生活中和他最接近的事物，如爸爸、妈妈、汽车、洋娃娃、小猫、小狗等。这些事物数目很少，而且形象比较零碎，不完整，彼此之间缺乏联系。

5～6 岁时，随着知识经验的积累，幼儿想象内容逐渐丰富。这表现为幼儿不仅更细致、具体地反映他最接近的事物，而且展开了幻想的翅膀。在游戏、画画时，他们也能逐渐考虑角色、形象的完整性及各形象之间的相互关系，能把各有关形象及形象的各主要特征联系起来。想象内容逐渐变得丰富、完整和系统。总体而言，幼儿的想象水平仍然是比较低的。

(四)容易把现实与想象混淆，有夸大与虚构的现象

幼儿时期，常将想象的东西和现实进行混淆，这是幼儿的一个典型心理现象。幼儿在言谈中常常有虚构的成分，对事物的某些特征和情节往往加以夸大。

(1)把渴望得到的东西说成已经得到。如有的幼儿看到别人有漂亮的娃娃或“冲锋枪”，他会说：“我们家也有。”可事实没有。这并非说谎，而是幼儿将想象与现实混淆，是幼儿心理水平低，发展还不成熟的表现。一旦有这种情况发生，成人要耐心了解，弄清真相。如果真是由于想象与现实的混淆，成人应耐心指导，帮他们分清想象与现实。

(2)把希望发生的事情当成已发生的事情来描述。例如，一位中班小朋友听邻居津津有味地讲述自己去游乐场玩得特别高兴时，他既羡慕又想象着游乐场有多好玩，把玩的“过程”想象了一下(根据别人的描述而想象)，然后到幼儿园对同伴说他自己去游乐场玩的“经历”。

(3)在参加游戏或欣赏文艺作品时，往往身临其境，与角色产生同样的情绪反应。例如，幼儿园小班幼儿在玩“狡猾的狐狸，你在哪里”的游戏，当老师扮演的狐狸逮着小朋友扮演的小鸡，装着要吃她的时候，这个孩子大哭起来说：“你是老师，怎么可以吃人呢!”并拼命挣扎。

随着知识经验的增加以及认识能力的逐渐提高，到了幼儿中后期，儿童已经能够分清真的和假的、向往的和真实的，逐步开始合乎现实的逻辑。例如，大班幼儿听到一些事情后常常问：“这是真的吗?”有些大班幼儿甚至不喜欢听童话故事，希望老师“讲个真的”。

【真题卡片 4—3】

单选题(2012 下半年保教知识与能力)

△幼儿常把没有发生或期望的事情当作真实的事情，这说明幼儿(　　)。

A. 好奇心强　　B. 说谎　　C. 移情　　D. 想象与现实混淆

【答案】D。

【真题卡片 4—4】

材料分析题(2012 下半年保教知识与能力)

△材料：

离园时，三岁的小凯对妈妈兴奋地说："妈妈，今天我得了一个'小笑脸'，老师还贴在我脑门儿上了。"妈妈听了很高兴，连续两天小凯都这样告诉妈妈。后来妈妈和老师沟通后才得知，小凯并没有得到"小笑脸"。妈妈生气地责怪小凯："你这么小，怎么就说谎呢。"

问题：小凯妈妈的说法是否正确？试结合幼儿想象的特点，分析上述现象。

【参考答案】

(1)小凯妈妈说法错误。

(2)幼儿想象存在容易把现实与想象混淆、有夸大与虚构的现象的特点。这是幼儿期儿童的一个典型的心理现象。幼儿的言谈中常常有虚构的成分，对事物的某些特征和情节往往加以夸大。例如，幼儿画画时，常常把衣服扣子或他喜欢的东西画得很大。再如当幼儿听到小伙伴津津有味地讲述自己去游乐场玩得特别高兴时，他既羡慕又想象着游乐场有多好玩，就会说："我妈妈也带我去了。"这并非说谎，而是幼儿将想象与现实混淆，是幼儿心理水平低、发展还不成熟的表现。

第四节　学前儿童想象力的培养

引导案例 4-4

拉尔夫今年已经 6 岁了，但是，他的想象力却显得有些匮乏，这一点让史密斯太太十分担忧。

有一天，史密斯太太听了学校家长会上的一次讲座。下面这些话给她留下了深刻的印象："想象力是什么？"演讲者铿锵有力地说，"对于女孩子来说，想象力是她们在选择布料时，就能想到这匹布料做成衣服之后穿在身上是什么样子，让她们在决定买这块布之前就会想到大概会用多少布料，让她们在拿起剪刀开始剪裁的时候就已经知道应该用什么样的扣子、选什么样的装饰品来搭配，如此等等。”“但是，一个缺乏想象力的女孩会热衷于各式各样的服装图片，然后她们按图索骥地根据图片中的样式购买服装。可是，等到她们真的把这些衣服买回来穿在身上的时候，她们才发现这些款式和颜色根本不适合自己，于是这些衣服就会被束之高阁、无人问津。”“一个成功的建筑家也必须要有丰富的想象力，因为所有的设计细节都是在建筑物完工之前就已经设计好的。同样，一位出色的室内装修设计师必须在油漆工开始粉刷之前就把整件房子的配色方案设计好。”

史密斯太太很受启发。于是，她决定开始着手对拉尔夫进行训练，以发掘他个性里所具备的想象力。

第二天一早，史密斯太太就开始了自己的计划。她对拉尔夫说：“拉尔夫，我们来玩个游戏吧。假定你是杂货铺的伙计，有一天，你到我们家来订货。桌上有个便条本，还有一支铅笔。”然后，她让拉尔夫假装走出门去。不一会儿，史密斯太太就听到后门传来阵阵敲门声。

“请进。”史密斯太太故作严肃地说，“哦，早上好，布朗先生。”

“早上好，太太。”拉尔夫也尽量模仿着订货员的声音说，“今年你想要点什么？”他一边用本子抵住门框，一边从耳朵上取下铅笔，开始在纸上写些什么。这时，史密斯太太拿出了一个长长的购物清单，一本正经地递给“布朗先生”，而“布朗先生”也开始不紧不慢地以 2 美分到 100 美元不等的价格向史密斯太太报价。

就这样，史密斯太太不断鼓励拉尔夫扮演各种角色，有时候是卖冰激凌的小贩，有时候是心灵手巧的管道工人。

很快，史密斯太太就惊喜地发现，这些小游戏不仅激发了拉尔夫的想象力，还让他变得更加细心了。随着时间的推移，拉尔夫和妈妈之间变得更加相互信任，拉尔夫越来越听妈妈的话，妈妈也对拉尔夫越来越富有耐心。

幼儿的想象力十分丰富，学前期也是培养他们想象力的关键时期。那么，我们应该如何激活和培养孩子的想象力呢？

一、丰富幼儿的感性知识，积累想象的素材

婴幼儿想象的特点是由再造想象到创造想象，以再造想象为主导。特别是婴幼儿初期，想象没有预先的目的，只是在某种刺激物的影响下，自然而然地想象出某种事物的形象。所以，孩子生活内容越丰富，头脑中存储的各类事物的形象越多，想象的素材就越多，从而有助于想象力的发展。要有计划地经常带幼儿到社区、公园、动物园、博物馆、科技馆、乡村进行参观、旅游等活动，启发他们认识各种事物。还可以充分利用绘本图书与互联网，进一步丰富幼儿的视野。孩子在见多识广的情况下，就容易把各种事物的某些特点联系起来进行想象，而想象力就在这一过程中得到较全面的发展，这是未来进行创造想象的基础。

二、保护幼儿的好奇心，培养想象的主动性

心理学研究表明，幼儿的好奇心和创造力发展是成正比的。因此，为使幼儿想象更富有创造性，老师必须特别珍视幼儿的好奇心，并能够进一步激发他们的好奇心，培养幼儿进行主动想象的意愿与能力。无论孩子的想象有多离奇，老师和父母都要保护他们想象的欲望，鼓励孩子大胆想象，并适时进行引导。

3～4 岁的幼儿已经具有了强烈的好奇心。他们喜欢向大人询问“为什么”，这实际上是发展想象的起点。成人一定要抓住这样的机会，不仅要耐心完整地给予合理的解释，还要学会反问幼儿：“你是怎么想的呢？你为什么要这么问？”尤其是要提出幼儿感兴趣的问题，促使他们去进行主动的想象。孩子的回答可能会充满童趣，甚至显得有些荒谬，这时候我们一定要真诚地给予鼓励，任何不予重视的表示都会打击幼儿的积极性，影响他们自信心的养成。

三、开展各种游戏活动，创设想象的情境

游戏是幼儿的基本活动。在各种游戏中，角色游戏与构造游戏最能激发幼儿的想象，玩具和游戏材料是引起幼儿想象的物质基础。我们应该根据孩子不同的年龄特征和兴趣、爱好提供合适的玩具。玩具不必太复杂，否则会限制幼儿的想象。也可以为儿童提供半成品的材料，让幼儿在制作的过程中加工、创造、想象。

游戏是幼儿对现实生活进行创造性的反映。在角色游戏中，也可以启发孩子积极主动、生动活泼地去想象。随着扮演的角色和游戏情节的发展，幼儿的思维会变得异常活跃。比如，幼儿拿起玩具电话，对着话筒说：“喂！你是谁呀？”并进行一番煞有介事的对话，最后说：“再见”，并挂断电话。他们甚至还会告诉妈妈：“刚才圣诞爷爷打电话给我了，他要我乖乖听妈妈的话，做个好宝宝，说圣诞夜要给我送礼物！”通过这些游戏，幼儿发展了想象力。

因此，我们要多为幼儿提供玩具与游戏材料，让他们在游戏中加工、制造、想象，从而激发想象力的发展。

四、充分利用文学、艺术等形式，激发幼儿想象力

充满想象的童话和神话故事最能引起幼儿的遐想。所以，要有目的地去选择能够激活幼儿想象的文学作品，选择的读物要合适，以帮助幼儿培养阅读兴趣、激活想象。对于稍大一些的幼儿，可以采用续编故事、排图讲述等形式来激发孩子，以提高幼儿的想象力。

另外，音乐和美术活动也是发展孩子想象力的有效途径。可让孩子根据音乐自编动作或情节，通过语言表现对音乐的理解；让孩子画意愿画、填充画、主题画，鼓励孩子自己想、自

己画、大胆想象、大胆去试，别出心裁。让孩子在体验艺术美感的同时，培养丰富的想象力。值得注意的是，在幼儿按照自己的想象进行音乐或美术活动时，老师不要干涉，更不要替代，要让孩子按照自己的意愿自由发挥，让幼儿充分享受独立创造的快乐。

五、鼓励大胆想象，营造宽松的心理氛围

要给幼儿以想象的充分自由，培养他们敢想、多想的创新精神。幼儿时期，孩子们有成人想象不到的好奇心和想象力，出人意料的异想天开。对此，我们要因势利导，要鼓励孩子的自由想象，肯定他们动脑的成果，使之成为孩子获取知识，开发智力的动力。当孩子对某项学习产生兴趣，试着做时，不管他做得如何，老师都要给孩子自由，宽容地对待他们，不要忙于纠正“错误”，而应尊重孩子的劳动，肯定孩子的表现，听取孩子的解释。否则，就会打击孩子学习求知的积极性，甚至会扼杀他们的创造性。观察和实验都表明：只有那些敢想、多想、敢别出心裁、敢与人不同的孩子，长大后才能有所创造、有所成就。因此，我们在日常生活、各科教学和各项活动中，都必须注意给幼儿以想象的充分自由，鼓励幼儿积极动脑，自由畅想，并且当幼儿的想象一旦表现出了新颖性、独创性时，就给予鼓励、表扬。

【真题卡片 4—5】

单选题(2017 下半年保教知识与能力)

△小彤画了一个长了翅膀的妈妈，教师合理的应对方式是(　　)。

A. 让小彤重新画，以使其作品更符合实际

B. 画一个妈妈的形象，让小彤照着画

C. 询问小彤长翅膀的妈妈的原因，接纳她的想法

D. 对小彤的作品不予评价

【答案】C。

六、教给幼儿表达想象形象的技能技巧

幼儿有了丰富的想象，但如果不具有相应的表达想象的技能技巧，新形象只能停留在头脑中，而不能转化为实实在在的东西。这势必会影响到幼儿的自由想象，妨碍幼儿想象力、创造力的发展。因此，让幼儿掌握一定的技能技巧，也是发展幼儿想象力所不可缺少的。幼儿表达想象的技能技巧是多方面的，包括绘画技能、音乐表演技能、建筑结构技能、进行创造性游戏的技能等等。这些都应该教给幼儿，并让幼儿掌握，使幼儿的想象不至于因缺乏表现技能而受到抑制。

知识链接 4-4

在美国内华达州，一位母亲认为自己的女儿上幼儿园后认识了字母“O”，失去了以前对“O”说成苹果、太阳、足球、鸟蛋之类的圆形东西的想象力。于是，他把劳拉三世幼儿园告上法庭，并且胜诉了。因为，陪审团被这位母亲在辩护时讲的一个故事感动了。

这位母亲曾到某个国家旅行，在一家公园里见到了两只天鹅，一只被剪去了左边的翅膀，一只天鹅的翅膀完好无损。被剪去翅膀的天鹅被放在较大的一片水塘里，翅膀完好的天鹅被放养在较小的水塘里。她非常不解。管理员告诉她，这样能防止它们逃跑。因为，剪去一边翅膀的天鹅无法保持平衡，飞起来后会掉下来；在小池塘的天鹅虽没有被剪去翅膀，但起飞时因为没有必需的滑翔路程，而老实待在水里。她听完后既震惊又感到悲哀，为天鹅悲哀。她为女儿打官司，就是因为她感到女儿变成了劳拉三世幼儿园里的一只天鹅：他们剪掉了女儿的一只翅膀，一只幻想的翅膀，早早地把她投进了那片小池塘，那片只有ABC的小水塘。

考题预测

一、选择题

1. 记忆产生于(　　)时期。

A. 幼儿　　B. 婴儿　　C. 新生儿　　D. 胎儿

2. 在不理解的情况下，幼儿也能熟练地背诵古诗，这是(　　)。

A. 意义记忆　　B. 理解记忆

C. 机械记忆　　D. 逻辑记忆

3. 幼儿记忆发展中最重要的质的飞跃是(　　)。

A. 无意识记的发展　　B. 有意识记的发展

C. 活动动机的变化　　D. 语词记忆的出现

4. 在整个学前期，回忆和再认的差距(　　)。

A. 与年龄的增长无关　　B. 随着年龄的增长而缩小

C. 随着年龄的增长而增大　　D. 是不存在的

5. 在幼儿的记忆中，占主要地位的是(　　)。

A. 形象记忆　　B. 运动记忆　　C. 情绪记忆　　D. 语言记忆

6. 幼儿看见天上的云彩，说是“有个小孩在骑旋转木马”，这是一种(　　)。

A. 注意　　B. 感觉　　C. 想象　　D. 知觉

7. 儿童出现想象萌芽的时期是(　　)。

A. 1.5～2 岁　　B. 2～2.5 岁　　C. 2.5～3 岁　　D. 3～3.5 岁

8. 小朋友们听老师讲《猴子捞月》的故事,头脑中就会形成各种猴子的形象:老猴子沉稳持重,小猴子调皮灵活……这是(　　)。

A. 符号表象　　B. 创造想象　　C. 再造想象　　D. 直觉思维

9. 关于幼儿想象的说法,不正确的是(　　)。

A. 想象容易受自身情绪的影响,也容易受别人情绪的影响

B. 想象容易受自身情绪的影响,不受别人情绪的影响

C. 无意想象占主要地位,实质上是自由联想

D. 不要求意志努力,意识水平低,是幼儿想象的典型形式

10. 看见小坦克,就要开小坦克;拿到雪花积木片,就会想到冬天的漫天风雪。如果没有玩具,幼儿可能呆呆地坐着。这反映了幼儿(　　)。

A. 想象的无意性　　B. 相似联想较强

C. 想象的有意性　　D. 直觉思维较强

二、简答题

1. 简要说明记忆在学前儿童发展中的作用。

2. 简述学前儿童记忆发展的趋势。

3. 有许多幼儿的家长为了"不让孩子输在起跑线上",常常要求幼儿背诵唐诗、三字经等古文经典,以及英文单词与句型等。对此你有何看法? 为什么?

4. 根据 5～6 岁儿童想象的特点,简答在教学中应如何对其引导与培养。

三、论述题

1. 结合实例论述幼儿记忆能力的培养。

2. 论述想象在幼儿心理发展中的地位和作用。

四、材料分析题

这是一节涂鸦活动课。小朋友在画,刘老师很耐心,不停地指导。"童童,天空怎么是绿色的呢? 你抬头看看,天多么蓝!""芳芳,太阳再小一点就好了,一幅画就一个太阳。""你的小鸟怎么像飞机,要……"关于刘老师的做法,有两种说法,一种认为老师干涉过度,绿天空又如何? 重要的是孩子的想象力。第二种认为画就要画出个样子,哪来的绿色天空? 小朋友一旦形成绿色天空这种理解,以后就很难改了。

问题:请分析两种认识观点的不同。

第五章 学前儿童思维与言语发展

学习目标

1. 了解学前儿童思维发展、语言发展的特点。

2. 掌握培养学前儿童思维能力、语言能力的方法。

3. 能够结合实际情况，分析学前儿童活动中语言的特点及促进学前儿童语言能力发展的策略。

4. 能够结合实际情况，分析学前儿童活动中思维的特点及促进学前儿童思维能力发展的策略。

第一节 学前儿童思维的发展

引导案例 5-1

童童是个3岁3个月的孩子，十分活泼可爱，父母很喜欢他。可令父母不理解的是：童童无论做什么事情之前从不爱多思考。比如，玩插塑时，让他想好了再去插，而他却是拿起插塑就开始随便地插，插出什么样，就说插的是什么。在绘画或要解决别的问题时也是这样。童童的爸爸妈妈认为这样不好，便总是要求孩子想好了再去行动，可童童常常做不到。童童父母时常为此而烦恼。

什么是思维？学前儿童思维的主要特征及表现有哪些？幼儿的思维是如何发展的？父母应该如何对待这个阶段的幼儿？幼儿这种思维特征对幼儿园教师的保教活动有什么启示？

一、学前儿童思维概述

(一)思维的概念

思维是借助动作、表象或语言实现的对客观事物概括性和间接性的认识，是认识的高级形式。思维的发展是分阶段和层次的。其中，借助语言实现对客观事物的间接而概括反映的思维称为抽象逻辑思维，这种思维在个体身上很晚才能完全获得。幼儿的思维与成人思维一样，都是对客观事物概括而间接的反映。但概括和间接程度不同，思维水平也不同。

(二)思维与感知觉

思维与感知觉一样都是人脑对客观事物的反映，但感知觉是客观事物直接作用于感觉器官所产生的反映。它反映的是事物外部特征和事物之间的外部联系而不是事物本质属性和内在规律性，较为粗浅和片面，是认识的低级阶段。

思维与感知觉有密切的联系，幼儿时期这种联系尤为密切。人的思维是在对事物感知的基础上产生的，是认识的高级阶段。如果没有大量的感知材料，思维就无从产生，而幼儿正处于思维发展的初级阶段，离不开感知觉的发展。

(三)思维与语言

思维和语言密不可分。语词是思维活动必不可少的材料，语词是对客观事物一般属性和联系的概括。此外，思维的表达和交流要借助于语言活动来实现。因此，发展幼儿语言对发展幼儿的思维也具有重要意义。

(四)思维的特征

思维具有概括性、间接性和对经验的重组这三个特征。

1. 思维的概括性

思维是对事物概括的反映，即在大量感性材料的基础上，把一类事物共同的特征和规律抽取出来，加以概括。概括在人们的思维活动中有重要作用，它使人们的认识活动摆脱了个别具体事物的局限和对事物直接关系的依赖，而可以把握一类事物的特点及推理到事物间的间接关系。

2. 思维的间接性

思维的间接性是指人们借助于一定的媒介和知识经验对客观事物进行间接的认识。由于思维的间接性，人们才可能超越感知觉提供的表面信息，认识那些没有直接作用于人感官的事物的特性，从而更深刻地揭示事物的本质和规律。

3. 思维是对经验的重组

思维是一种探索和发现新事物的心理过程，它常常指向事物的新特征和新关系，这就需要人们对头脑中已有的知识经验进行不断更新和改组。思维活动常常是由一些问题情境引起的，并试图解决这些问题。在解决问题过程中思维活动不是简单地再现经验，而是对已有的知识经验进行改组、建构的过程。

（五）思维的种类

1. 直觉行动思维、形象思维和逻辑思维

直觉行动思维又称直观动作思维，它面临的思维任务具有直观的形式，解决的问题依赖于实际的动作，思维活动不在头脑中进行而表现为动作。3 岁前的婴儿只能在动作中"思考"，思维（严格来说不能称为思维）基本属于直观动作思维。例如，幼儿将玩具拆开，又重新组合在一起，动作停止了，思维也就停止了。

形象思维是指人们利用头脑中的表象来解决问题的思维活动。例如，到城市的某个地方参观，我们事先会在头脑中想出可能到达的道路，经过分析与比较，最后选择一条短而方便的路，这样的思维就是形象思维。导演、设计师等更多地运用了形象思维。

逻辑思维是指人们运用抽象的概念和理论知识来解决问题的思维活动。它解决问题的方式是运用概念进行判断和推理。例如，学生学习各种科学知识，科学工作者进行某种推理、判断都要运用这种思维。逻辑思维是人类思维的典型形式。

2. 直觉思维和分析思维

直觉思维是人们面临新问题、新事物和现象时，凭直觉能迅速理解并作出判断的思维活动。这是一种直接的领悟性的思维活动。直觉思维具有快速性、跳跃性等特点。

分析思维即逻辑思维，它是遵循严密的逻辑规律、逐步推导、最后得出合乎逻辑的正确答案或做出合理结论的思维活动过程。

3. 集中思维和发散思维

集中思维是指人们根据已知的信息，利用熟悉的规则去解决问题，或者从给予的信息中，推理出新的结论。它是一种有方向、有范围、有条理的思维方式。例如，甲＞丙，甲＞乙，乙＞丙，乙＜丁，其结果是丙＜丁。

发散思维是指人们沿着不同的方向思考，重新组织当前的信息和基于记忆系统中存储的信息，产生大量、独特的新思想。这种思维方式在解决问题时，可以产生许多答案和结论，但哪种答案最好，则需要检验。

4. 常规思维和创造思维

常规思维是指人们运用已获得的知识经验，按现成的方案和程序直接解决问题的思维活动。例如，学生运用已经学会的公式解决同一类型的问题。这种思维的创造性水平低，对原有的知识不需要进行明显的改组，也没有创造出新的思维成果。

创造性思维是重新组织已有的知识经验、提出新的方案或程序、创造出新的思维成果的思维活动。例如，新的大型工具软件的开发、新的科学理论的提出都需要创造性的思维。

二、学前儿童思维发展的趋势

学前儿童思维发展呈现出三种不同的形态，即直觉行动思维、具体形象思维和抽象逻辑思维。学前早期的思维以直觉行动思维为主；学前中期的思维以具体形象思维为主；学前晚期，抽象逻辑思维开始萌芽。

（一）直觉行动思维

直觉行动思维是最低水平的思维。这种思维的概括水平低，更多依赖于感知觉和动作来进行，因此皮亚杰称之为“感知运动思维”。这种思维方式在2～3岁学前儿童身上表现得最为明显，在3～4岁儿童身上也常有表现。它的主要特点如下：

1.思维在直接的感知中进行，它离不开直观的事物和情境，要紧紧依赖于对事物的直接感知。例如，儿童只有抱着玩具娃娃时才会玩“娃娃家”，玩具娃娃不见了，游戏也随之停止。

2.思维是在实际行动中产生的，它不能离开儿童自己的动作。换句话说，此年龄段的儿童只能在动作中思考，边做边想，离开了动作，儿童的思考立即停止。直觉思维活动的典型方式是尝试错误，其活动过程依靠具体动作展开，而且有许多无效的多余动作。这种思维虽然能够揭示出事物的一些内部属性以及事物间的一些关系，但那只是婴儿行动的结果。在行动之前，他们主观上并没有预定目的和行动计划，也不能预见自己行动的后果。例如，一个儿童说：“我要画一个梨。”，于是她用黄色画了一个小圈……画了一条线代表梨柄，看了看，又在圈的外面多加了几条线。她又说：“这是一只小蜜蜂。”于是，她所画的梨就变成小蜜蜂。之后，整幅画变成了蜜蜂的故事。

3.出现了初步的间接性和概括性。直觉行动思维的概括性表现在动作之中，也表现在感知的概括上。儿童常常以事物的外部相似点为依据进行知觉判断。例如，要求2～3岁的儿童对香蕉、苹果、皮球、口琴等进行分类，他们常把苹果与皮球归为一类，把香蕉与口琴归为一类。一些年龄更大的儿童，在遇到障碍或困难时，也经常依靠直觉行动思维来排除障碍。例如，儿童的玩具车不能跑了，他可能会翻来覆去地检查车身，甚至动手去拆卸玩具车来检查故障，这个过程就是直觉行动思维的体现。

【真题卡片5－1】

单选题（2015下半年保教知识与能力）

△小班幼儿玩橡皮泥时，往往没有计划性。把橡皮泥搓成团就说是“包子”，搓成条就说是“面条”，把长条橡皮泥卷起来就说是“麻花”。这反映了小班幼儿（　　）。

A.具体形象思维特点　　B.直觉行动思维特点

C.象征性思维特点　　D.抽象逻辑思维特点

【答案】B。

（二）具体形象思维

在幼儿阶段，具体形象思维是3～7岁儿童最典型的思维方式，这个年龄阶段的儿童主要依靠具体事物的表象以及对具体形象的联想进行思维。具体形象思维是一种过渡性思维方式，它介于直觉行动思维和抽象逻辑思维之间，一般认为，2.5～3岁是儿童从直觉行动思维到具体形象思维转化的关键时期。具体形象思维具有如下特点：

1.具体形象性。儿童思维的具体性表现在儿童思维的内容是具体的。他们能够掌握具体物体的概念，但不易掌握抽象概念。例如，幼儿容易掌握"小鸡""小鸭"和"小鸟"等概念，但难以掌握比较抽象的"动物"概念。儿童思维的形象性表现在儿童依靠头脑中的形象来思维。例如，在幼儿教师给孩子进行数学领域教学时，经常借助具体的形象来进行加减运算等，他们用3只兔子代表3，用4只兔子代表4，幼儿依靠具体的兔子表象才能得出"3＋4＝7"。

【真题卡片5－2】

单选题（2011下半年保教知识与能力）

△幼儿典型的思维方式是（　　）

A.直观动作思维　　B.抽象逻辑思维　　C.直观感知思维　　D.具体形象思维

【答案】D。

【真题卡片5－3】

材料分析题（2014上半年保教知识与能力）

△材料：

茵茵已经上了中班，她知道把2个苹果和3个苹果加起来就有5个苹果。但是问她"2＋3"等于几？她直摇头。根据上述案例简述中班幼儿学习的思维特点以及对教育的启示。

【参考答案】

（1）案例中的内容体现了学前儿童思维从具体到抽象的特点。学前儿童的思维主要是以形象思维为主，对物体的认识往往需要借助具体直观的材料，但数学知识是一种高度抽象的知识，需要摆脱具体事物的其他无关特征才能获得。这与儿童对数学知识的理解恰恰需要借助于具体的事物，并且容易受到具体事物的影响的特点正是一对矛盾。这种矛盾在学前早期儿童身上体现得更突出。幼儿还不能从事物的具体特征中摆脱出来，从而抽象出数量特征。这种由事物的具体特征而带来的干扰，将随着他们对数学知识的抽象性质的理解而逐渐减少。

（2）对教育的启示：幼儿学习数学必须借助于具体事物的影响，因此教师应该为幼儿提供多种学具、玩具，引发幼儿积极、主动地进行探索，注意采用多种教学方法，鼓励幼儿动手操作，及时对幼儿进行点拨。

2. 自我中心化。儿童完全以自己的身体和角度为中心，从自己的立场和观点来看问题，同时认为其他人与自己用相同的方式方法去观察、思考和感觉。此年龄阶段的儿童还不会站在其他人的角度去思考问题，也没有意识到别人和自己的观点不同。

【经典实验】

皮亚杰的三座山实验

图 5－1　皮亚杰设计的三座山模型

图 5—1 为皮亚杰设计的三座山模型，用来验证 2～7 岁儿童的思维的基本特征是否为自我中心(自我中心，即从自我的角度去解释世界，很难想象从别人的观点看待是怎样的)。

实验设计：(1)三座山用不同的颜色来区别，一座山上有一间房屋，另一座山顶上有一个红色的十字架，还有一座山上覆盖着白雪。让儿童坐在桌子的一边，桌子上放着这个模型。实验者把一个娃娃放在桌子上的不同位置，问被试“娃娃看到了什么?”幼儿很难回答。(2)向儿童出示从不同角度拍摄的三座山的照片，让儿童挑出娃娃所看到的那张照片。(3)给儿童三张硬纸板，要儿童按娃娃所见把三座山排好。

实验结果：8 岁以下儿童一般不能成功。大多数 6 岁以下儿童选择的照片或搭建的模型，与他们自己的观察角度一致，而不是娃娃的。

实验结论：幼儿在对事物进行判断时是以自我为中心的，不能采纳别人的观点。

3. 拟人性。儿童往往把动物或一些物体当作人来对待，把自己的思想感情和生活经验加到小动物或一些物品身上，和它们交谈，把它们当作好朋友。例如，一个 4 岁的幼儿在入睡前问妈妈一个问题：“是不是你把开关按掉，电灯就死了呢?”再如，一个幼儿在和妈妈分享过儿童情绪管理丛书中的小兔子的故事后，开心地对妈妈说：“我也要做人见人爱的小兔子呢!”

4. 表面性。幼儿只根据具体接触到的表面现象思考问题。幼儿的思维常常只能反映事物的表面联系，而不能反映出事物的本质联系。例如，一个 5 岁的男孩看到一只长着黑白花色的小狗，便指着小狗叫“奶牛狗”，因为他看到过奶牛是黑白花色的。针对孩子思维表面性的特点，成人在回答他的问题时，首先要明白他到底想了解什么，不必将问题复杂化。

【真题卡片 5—4】

单选题(2016 下半年保教知识与能力)

△青青的妈妈说:“那孩子小嘴真甜!”青青问:“妈妈,您舔过她的嘴唇吗?”这主要反映了青青(　　)。

A. 思维的片面性　　B. 思维的拟人性　　C. 思维的生动性　　D. 思维的表面性

【答案】D。

【真题卡片 5—5】

单选题(2014 上半年保教知识与能力)

△幼儿难以理解反话的含义,是因为幼儿理解事物具有(　　)。

A. 双关性　　B. 表面性　　C. 形象性　　D. 绝对性

【答案】B。

5. 缺乏可逆性。缺乏可逆性是指幼儿不能从事物发展的历程再返回原点进行逆向思考,即幼儿的思维只能沿着单一的方向进行。例如,问一个 4 岁儿童:“你有妹妹吗?”他回答“有”。但反过来问他:“你妹妹有哥哥吗?”他回答:“没有”。皮亚杰认为,由于缺乏可逆性,这一阶段的幼儿很难获得物质守恒的概念。例如,给儿童呈现两排数目相同的珠子,每排放置的距离也一样,他会认为两排珠子数量一样。然后当着儿童的面将其中一排珠子摆放得更长一些,他会认为距离长的这排珠子数量更多。这说明儿童还未形成数量守恒的概念。

除了上述 5 个特点,具体形象思维还有经验性、片面性、固定性和近视性等特点。经验性是指幼儿的思维常常根据自己的生活经验来进行。片面性是指幼儿的思维常常是片面的,不善于全面地看问题。固定性是指幼儿对世界和事物的认识缺乏相对性和灵活性。在日常生活中,幼儿常常认死理就是他们形象思维固定性特点的表现。近视性是指幼儿只能考虑到事物眼前的关系,却不会考虑到事情的后果。

知识链接 5-1

皮亚杰将 2～7 岁这一阶段幼儿的思维称为前运算阶段。皮亚杰又进一步将这一阶段分为两个阶段:前概念阶段和直观阶段。前概念阶段幼儿思维的特点表现为幼儿普遍存在的泛灵论和自我中心主义。幼儿的泛灵论是指幼儿将一切物体都赋予生命的色彩。例如,幼儿认为在采摘植物时植物会受到伤害,植物也会感到疼痛。在整个前运算阶段,幼儿思维的一个重要特点是不可逆性,幼儿不理解逻辑运算的可逆性。

【真题卡片 5－6】

单选题(2017 上半年保教知识与能力)

△午餐时餐盘不小心掉到地上,看到这一幕的亮亮对老师说:“盘子受伤了,它难过得哭了。”这说明亮亮的思维特点是( )。

A. 自我中心　　B. 泛灵论　　C. 不可逆　　D. 不守恒

【参考答案】B。

【真题卡片 5－7】

单选题(2014 下半年保教知识与能力)

△按照皮亚杰的观点,2～7 岁幼儿的思维处于( )。

A. 具体运算阶段　　B. 形式运算阶段　　C. 感知运动阶段　　D. 前运算阶段

【参考答案】D。

(三)抽象逻辑思维

从严格意义上讲,学前儿童还没有出现抽象逻辑思维,只是 4～5 岁,尤其是 5 岁之后的幼儿明显出现了抽象逻辑思维的萌芽。例如,幼儿遇到自己不懂的事情总喜欢问“为什么”,这表明他们正在努力探索事物之间的因果关系和内在规律。随着抽象逻辑思维的萌芽,儿童开始学会从他人的角度考虑问题,脱离自我中心化的思维倾向,开始理解事物的相对性,获得守恒的概念。六七岁之后,儿童的思维开始进入初步的逻辑思维阶段。

学前儿童思维的发展顺序是固定的、不可逆的,前一种是后一种的基础和条件,后一种可以突破前一种的局限。三种思维相互联系、相互配合、相互补充,又是同时并存的。幼儿期占优势地位的是具体形象思维。当幼儿遇到简单而熟悉的问题时,他们较多运用抽象思维;当遇到比较复杂的问题时,又不得不求助于直觉行动思维。

【真题卡片 5－8】

简答题(2012 上半年保教知识与能力)

△简述幼儿思维发展的一般特点。

【参考答案】

幼儿期思维发展的一般特点是:以具体形象思维为主,仍具有一定的直观行动性,抽象思维开始萌芽;幼儿的具体形象思维具有具体性、形象性、经验性、拟人性、表面性、片面性和固定性等特点。

【真题卡片 5－8】

简答题(2012 上半年保教知识与能力)

△简述幼儿思维发展的一般特点。

【参考答案】

幼儿期思维发展的一般特点是：以具体形象思维为主，仍具有一定的直观行动性，抽象思维开始萌芽；幼儿的具体形象思维具有具体性、形象性、经验性、拟人性、表面性、片面性和固定性等特点。

知识链接 5-2

学前儿童大脑两半球功能的发展

在学前期，儿童的大脑两半球开始显示不同的作用——左半球和右半球开始执行不同的功能。一般说来，左半球处理的信息是关于每一个条目本身的内容，右半球处理的信息是关于各个条目之间的关系或联系，这种功能之间的区别是相当明显的。

1. 视觉方面

让儿童观察一张很简单的画。如果你要求他们把画一点一点地描下来(强调条目)，则把画放在右侧视觉区，以利于更快、更正确地完成；但如果你要求他们把此画同另一幅画比较(强调模型)，就把两幅画都放在左侧视觉区以利于他们做得更好。

2. 听觉方面

让儿童把一个听筒放在耳朵上，然后播放不同的声音。如果播放的是一列数字(强调条目)，右耳的功能更好些；但如果播放的是一首乐曲(强调模型)，则左耳的功能更好些。

3. 触觉方面

给学前儿童一个简单的三面体，如木制积木，把它放在一个袋子里，不让他们看，而让他们摸。一般说来，儿童感觉出它的完全的形状(强调模型)，通过左手更容易些；但如果数这个积木有多少个角(强调条目)，则通过右手更容易。

以上实验说明大脑两半球分工在学前期已经很明显，而且说明了对侧支配的问题。

三、幼儿概念、判断、推理的发展

概念、判断和推理是人类思维活动的基本形式，这种基本形式在幼儿思维发展过程中表现出具体形象性。

(一)幼儿概括的三种不同水平

幼儿掌握概念水平的高低取决于他们思维水平的高低，而概括水平是幼儿掌握概念的直接前提。

1. 动作概括水平

动作概括水平与直观行动思维水平相适应。这种概括不能用词语来表示，因而严格来说不能称之为掌握真正概念的概括。不过，当婴儿开始有目的地用自己的动作影响物体并简化了这些动作时，我们就称婴儿出现了动作概括化的倾向。

2. 具体形象的概括水平

当幼儿开始掌握语言、运用语词时，便出现了真正的概括水平。但因为幼儿掌握语词需要一个发展过程，而且最初掌握的语词仅仅代表着个别物体或物体的个别外部而非本质的属性，所以此时幼儿的语词只是对物体外部特征的概括化，还不是形式逻辑严格定义的概念。因此，此时形成的概念是具体形象的概念。

3. 本质抽象的概括水平

当幼儿所掌握的语词由表示外部特征进而发展到对一类物体比较稳定的主要特征进行分析综合时，便进入了本质抽象概括的水平。这种水平出现的标志是幼儿对抽象概念的掌握。但由于受到幼儿具体形象思维水平的限制，所以幼儿仅有初步的抽象概括能力。

（二）幼儿具体形象概念的形成

幼儿掌握的概念主要是日常的、具体的、有关熟悉的物体和动作概念，如鞋子、帽子、电视、汽车、走、跑、拿、举起等。在环境和教育的影响下，幼儿晚期还可掌握一些较为抽象的道德概念，如团结、勇敢、礼貌等。幼儿所掌握的概念还不太稳定，容易受周围环境的影响。

总的来说，幼儿掌握的概念往往是具体形象概念，而不是反映事物本质特征的抽象概念，而且幼儿概念的建立过程也不是先记忆抽象的概念（语言文字）之后再同化其他概念。幼儿概念的形成是将所认识的事物或现象逐步归纳、概括，抽出共同特征的过程，但这个特征通常不是事物的本质特征。一些研究者通过下定义的方式研究幼儿掌握“实物概念”的特点后发现幼儿在不同时期所掌握的概念特征并不相同。

1. 幼儿初期（3～4 岁）：幼儿所掌握的实物概念主要是他们熟悉的事物，给物体下定义多属于“直指型”的，所掌握的概念属于“原型概念”。例如，问：“什么是狗？”幼儿会指着画上的狗说：“这是狗！”或者说：“我们家有狗。”

2. 幼儿中期（4～5 岁）：幼儿已经能掌握物体某些比较突出的特征，但这些特征通常是非本质的特征。而且，他们给物体下定义多属于列举特征型的。这时对上面的问题，他们就会回答：“狗有四条腿，还长着毛哪！”“看见小花猫就汪汪叫。”

3. 幼儿晚期（5～7 岁）：幼儿开始初步掌握物体较为本质的特征，如公用的特征，或者若干特征的总和。此时他们给物体下定义多为功用型的，但仍有对事物的描述。对上面的问题，他们会回答：“狗是看门的。”“狗能帮人打猎。”“狗是动物。”“狼狗最厉害。”等等。

（三）幼儿数概念的发展

数概念是关于反映事物数量和事物间序列的概念。幼儿的数概念的发展大致经历了三个阶段：

1. 第一个阶段(2～3 岁):对数量的感知动作阶段

这个阶段的特点如下：

(1)对大小、多少的笼统感知。对明显的大小、多少的差别能区分;对不明显的差别,只说“这个大,那个小”“两个都不多,合起来才多”。

(2)会唱数,但范围一般为 1～5。

(3)逐步学会手口协调的小范围(不超过 5)的点数(数实物),但点数后说不出物体的总数。个别儿童能做到伸出同样多的手指来比画。

2. 第二阶段(3～5 岁):建立数词和物体数量间联系的阶段

这个阶段特点如下：

(1)点数后能说出物体的总数,即有了最初的数群概念。

(2)这个阶段的前期,幼儿能分辨大小、多少、一样多;中期能认识第几、前后顺序。

(3)能按数取物。

(4)逐步认识数与数之间的关系。如有了数序的概念,能比较数目大小,能应用实物进行数的组成和分解。

(5)开始做简单的实物运算。

3. 第三阶段(5～7 岁):数运算的初期阶段

这个阶段的特点如下：

(1)大多数幼儿能对 10 以内的数保持守恒。

(2)计算能力发展较快,大多数幼儿从逐个计数向按群计数过渡,从表象运算向抽象数字运算过渡。

(3)序数概念、基数概念、运算能力等方面均有不同程度的扩展和加深。通过教学,一般到了幼儿晚期时,幼儿可以数到 100 或 100 以上,并学会 20 以内的加减运算。个别幼儿可以做到百以内的加减运算。

总之,幼儿数概念的掌握遵循着下列顺序:最初凭借对实物的感知来认识数,之后凭借实物的表象来认识数,最后在抽象概念的水平上真正掌握数的概念。

【真题卡片 5—9】

单选题(2017 上半年保教知识与能力)

△桌面上一边摆了三块积木,另一边摆了四块积木。教师问:“一共几块积木?”从幼儿的下列表现来看,数学能力发展水平最高的是(　　)。

A. 把三块积木和四块积木放在一起,然后一个一个点数

B. 看了一眼三块积木,说出“3”,暂停一下,接着数“4、5、6、7”

C. 左手伸出三根手指，右手伸出四根手指，然后掰手指数出总数

D. 幼儿先看了 3 块积木，后看了 4 块积木，暂停一下，说 7 块

【答案】D。

（四）幼儿判断、推理的特点

幼儿思维的具体形象性表现为在判断事物时从事物外在或表面的特点出发。因此，幼儿对事物的判断、推理往往不符合逻辑。

第一，幼儿把直接观察到的事物之间的表面现象或事物之间偶然的外部联系作为判断事物的依据。例如，让幼儿比较三支铅笔，问幼儿："为什么第一支和第三支比第二支长？"不少幼儿会回答说："因为它是黄的，我妈妈那天还给我削铅笔呢。"

第二，幼儿会把自身的生活经验作为判断和推理的依据。幼儿在对事物进行判断、推理时，常常以自己的感受和经历过的事情为依据。例如，问一个中班幼儿："为什么皮球会滚下来呢？"幼儿根据自己的经验回答说："因为它不愿待在椅子上。"5 岁左右的幼儿在回答"大红旗多还是小红旗多"的问题时，说"小红旗多"，因为在他们看来小红旗可以剪好多，大红旗是废纸，就剪得少。

第三，幼儿的判断、推理有时不能服从于一定的目的和任务。例如，问幼儿："你有 4 块糖，给奶奶 2 块，还剩几块？"幼儿答："奶奶说她怕粘牙，糖都留给我吃。"

第四，幼儿判断推理的依据逐渐明确化，并开始趋于合理。例如，幼儿会用别人的话作为判断的依据，"这是老师说的" "是我爸爸说的"常被用来作为判断依据。

【真题卡片 5—10】

单选题（2016 上半年保教知识与能力）

△下雨天走在被车轮碾过的泥泞路上，晓雪问："爸爸，地上一道一道的是什么呀？"爸爸说："是车轮压过的泥地儿，叫车道沟。"晓雪说："爸爸脑门儿上也有车道沟（指皱纹）。"晓雪的说法体现幼儿的思维特点是（　　）。

A. 转导推理　　B. 演绎推理　　C. 类比推理　　D. 归纳推理

【答案】C。

第二节　学前儿童思维能力的培养

引导案例 5-2

大班幼儿学会认识人民币后，孩子们提议创设“中国银行”游戏区。“中国银行”游戏区创设之后，每个孩子拥有了一个“存折”，并存入本金 10 元。有钱了，孩子们就出去消费，先在银行取钱，然后去买蛋糕、美发等。

“我要取 3 元钱。”“你卡上有 10 元，取出 3 元，还剩 7 元。”银行工作人员认真计算着存折剩余钱数，并在存折上做好记录，而户主自然要监督银行工作人员计算是否正确。有些孩子在游戏区内从事面点师、售货员、设计师等工作，通过劳动获取收入，把挣到的钱存入银行，银行工作人员就用加减的办法进行记录，“加号”表示存钱，“减号”表示取钱。孩子们在办理存取款业务的快乐游戏中，了解数与数的关系，熟练掌握了 10 以内的加减运算。

随着孩子们挣钱越来越多，存折上的数字逐渐上升，再加上 10 以上的加减运算对孩子来说颇有难度，扮演银行职员的小朋友不得不向我求助：“老师，23 元取走 7 元，还剩多少元?”我鼓励孩子们一起想办法。“用计算器计算。”“找 23 个豆子，拿走 7 个，看看还剩多少个。”孩子们七嘴八舌地议论着。最后，他们觉得数豆子的方法不错。于是，我们在银行里放一些小豆子，让他们借助实物操作拿取的方法，理解“加”和“减”的实际意义。

点评：幼儿不喜欢也不易理解抽象的数学概念，而银行游戏大大提高了孩子们的计算能力和解决问题的能力，同时也激发了他们对数学的兴趣。

美国心理学家捷明·罗姆的一项研究结果表明，若将 17 岁个体的思维水平作为标准，定义为 100 分，那么，从胚胎到 4 岁，个体思维水平发展为 50 分；从 4～8 岁，思维水平发展增加了 30 分；剩余的 20 分是在 8～17 岁得到的。由此可见，学前期是个体思维发展最迅速、最快捷的时期。因此，抓住这一关键期，培养儿童良好的思维能力，使其思维更加活跃，且更富想象力和创造力。

一、为幼儿创设直接感知和动手操作的机会

我们知道，直觉行动思维虽然是 3 岁前婴幼儿思维的主要方式和典型特点，但它可以一直延续到幼儿期乃至后幼儿期。而在整个幼儿期，幼儿的思维仍保留了相当程度的直观行动成分。所以，在幼儿园教学实践中，教师要积极地向幼儿提供各种各样的直接感知与动手

的机会，让幼儿在积极的活动中进行思维，“智慧源于指尖”，这样才能使幼儿更好地感知事物的变化和发展。否则，脱离了儿童自身的直接感知和操作，对于这个年龄的幼儿来说，他们思维活动的进行就要受到阻碍，幼儿便不能真正认识到有关自然和社会的知识经验他们——往往仅是通过机械记忆和模仿学习了某些语言符号而已。

教师在帮助幼儿掌握某些实物概念时，应注意向幼儿提供直接感知和观察的机会。例如，让幼儿亲自去看、闻、摸、尝不同的苹果，甚至比较不同种类的水果。比较过苹果与其他水果的相似和区别后，幼儿就会对“苹果”这一概念掌握得更全面和深刻。又如，在提高幼儿数概念、运算能力时，同样要提供让幼儿动手操作的机会，如点数物体的个数，比较物体的大小、长短、粗细，进行分类和排序；在泥塑、玩沙活动中领会物体质与量的守恒；借助实物进行加减运算等。

二、教学活动中突出具体性、形象性

具体形象思维是幼儿期思维最主要的方式和典型特点。在幼儿园的教育活动中，我们常常可以看到幼儿对一些抽象的事物较难认识，必须借助具体形象来支持。因此，在幼儿园教育活动中，教师要注意教育内容的具体形象性，要适合幼儿的理解水平，并且注意采用直观、形象的方法，尽量避免空洞、抽象的讲授。例如，在向幼儿解释“雨的形成”这种比较抽象的自然现象时，可以通过讲童话故事或看动画片《小水滴旅行记》，再配以演示水受热后蒸发、遇冷凝结成水珠的实验，这样会使幼儿比较容易理解。在幼儿掌握各种概念的过程中，教师都要注意化抽象为形象。例如，理解“风”这个概念，可以拿气球对着纸片，挤压其中的空气，让幼儿看到气球中射出的气流吹动纸片的情景；了解“声”的概念，可以把小纸人放在鼓面上，让幼儿敲打鼓面，听到鼓声，还可以看到声波震荡后引起小纸人在鼓面上跳舞的情景。这样幼儿就能顺利地掌握这些知识。

另外，幼儿思维是具体形象和表面的，他们还不善于分析事物的内在含义，难以理解语言的寓意和转义。因此，在教育幼儿时，教师一定要坚持正面引导的原则，切忌讲反话，或嘲笑、讽刺幼儿。例如，幼儿户外运动后往往很兴奋，不能很快安静下来。这时，老师会生气地说：“你们再吵，我要给你们点颜色看看了。”幼儿很快安静下来，可不久又吵着要看“颜色”，因为他们不理解此处的“颜色”的意义。

三、创设问题情景，促进幼儿思维的发展

思维活动总是由问题而产生，幼儿常常对许多事物表示好奇，提出各式各样的问题。幼儿能否对事物进行思考，是否有思考的积极性，依赖于一定的问题情景。比如，在沉浮小试验中，幼儿首次操作很容易发现“重沉轻浮”的现象，初步认识到质量和沉浮的关系，获得了“金属沉，纸和木头浮”的经验。接着教师便可提供相反的例子，来设置冲突情境，以激发幼儿的深入探

究。教师在材料中增加了锡箔，先揉成小团，让幼儿发现它下沉，然后把锡箔展开折成小船，结果漂浮在水上。幼儿很疑惑：金属怎么会漂浮在水上？这样教师就创设了一个认知冲突情境，激发幼儿产生了对影响物体沉浮的其他因素——体积的探究活动。可见，假如不断对场合稍加变动从而阻止幼儿下一步立即获得成功，幼儿就会奇怪为什么他第一次能够成功而第二次却不能。这就产生了不平衡状态。幼儿就会开始寻求原因和解释，以消除不平衡。他觉察到原来稳定的认知结构用于理解新的事物和关系似乎出现某种障碍，便会继续凭借动作来思考。幼儿一旦跨越了理解障碍就产生了新的认知结构，这样认知便发展了。

教师还应注意到，在此过程中，幼儿会出现暂时的理解错误，但在活动中受到很大冲突的幼儿或犯错误的幼儿常常能达到更高的理解水平。

四、发展幼儿的抽象逻辑思维

在正确的教育下，随着幼儿语言的发展、知识经验的丰富，从幼儿中期开始，幼儿逐步出现了抽象逻辑思维的萌芽。到幼儿末期，幼儿的抽象逻辑思维已经比较明显了。

因此，在幼儿园教学活动中，一方面幼儿教师要注意教材、教法的具体形象性。另一方面也要注意发展幼儿运用概念、判断、推理等进行抽象思维的能力。例如，对于已经掌握了10以内加减运算的幼儿，在教学活动中可进一步尝试着提高他们借助数概念进行运算的数量和速度，而不是再倒退到借助实物或表象来进行运算。对于已经掌握了鸡、鸭、牛、羊、老虎、狮子等概念的幼儿，教师不妨进而让他们掌握“家畜”“野兽”以及“动物”等概括程度更高的概念。

五、重视培养幼儿的创造性思维

培养幼儿的创造性思维能力也是发展幼儿思维的重要任务之一。幼儿具有与其发展水平相适应的创造性思维萌芽，一种不受习惯约束的想象力和创造性。它是一种潜在的才能，因此，幼儿期是幼儿创造性思维开发的萌芽期。同时教学认知又是幼儿认识世界中必不可少的技能，教学活动又是幼儿园进行创造教育的重要途径。在教学活动中所培养的创造精神和创造思维能力，会深深地铭刻在他们的头脑中，为今后长期的生活、学习和工作发挥作用。创造性取决于创造性想象力，所以可以通过培养幼儿创造性想象力来发展幼儿的创造性思维。比如，成人可以向幼儿提出一些有启发性的问题，让幼儿通过自己的想象和思考来解决。例如，用“室内已经挂好的画怎样摆最合适”这样的问题让幼儿想象一下室内不同布置的结果，让幼儿建立“任何事物都不是一成不变的”创造性意识。成人还可用不寻常的方法训练幼儿的思维能力，提出一些假设性的问题，例如：“假如你会飞，你会怎么样？”还可以提出一些发散性思维的问题，例如：“水有什么用处？”“木头做的东西有哪些？”，鼓励幼儿做出多样性、独创性的回答。在向幼儿提出问题后，要允许幼儿思考一段时间，等待幼儿发言和活动。

知识链接 5-3

听话是优点 太听话是缺点

在教育孩子听话问题上，家长总是很纠结，既不能不听话，又不能太听话，这个度该如何把握？北京教育学院教育管理室主任关鸿羽的观点是“听话是优点，太听话是缺点”。对不听话要具体分析，采取不同的态度。

(1)属于道德问题的不听话——坚决反对。该批评的要批评，该惩罚的要惩罚。家长对孩子的道德问题必须严肃处理。

(2)属于天真活泼的淘气——宽松一点。孩子淘气不全是道德问题，淘气有生理基础，家长可“睁一只眼，闭一只眼”。

(3)属于思维上的不听话，有独到见解——支持鼓励。

“听话是优点，太听话是缺点。”这句话该如何理解？

首先，行为上严，思维上宽。我们要求孩子行为上要基本听话，但思维上可以不太听话，可以有自己的想法；其次，小时候严，大了宽。孩子小时候，以听话为主，要培养良好的行为习惯；孩子大了，应给一点“不听话”度，如果限制太死，反而产生逆反心理，形成“代沟”，因此要宽松点；最后，管而不死，活而不乱。创造需要一定的时间和空间。家长应给孩子更多的时间和空间，让他们自由自在地去遐想、去活动、去创造。当然不能混乱，尤其是道德上的混乱。

有一个孩子，不听家长的话，家长让他画红太阳，可他偏偏画了一个蓝太阳，家长并未生气，而是问他原因，孩子说：“我画的是海里的太阳。”家长说：“好极了，你太有想象力了。”家长这样容忍孩子“不听话”是很有道理的。因为它可以保护孩子的想象力，激发孩子的创造力。

允许孩子“不听话”指的主要是思维上的“不听话”。给孩子一点“不听话”度就是对他们创造性思维、创造欲望的保护。经验证明，“淘气”的孩子更有创造力。其原因就是淘气的孩子接触面广，大脑受的刺激多，激活了孩子的智能。因此，给孩子一点“不听话度”对提高孩子的创造力是有好处的。

第三节 学前儿童言语的发展

引导案例 5-3

童童是个 4 岁学前儿童，喜欢自言自语。搭积木时，他边搭边说：“这块放在哪里呢……

不对，应该这样……这是什么……就把它放在这里做门吧……”搭完一个机器人后，他会兴奋地对着它说：“你不要乱动，等我下命令后，你就去打仗！”

学前儿童的言语发展和其他年龄阶段是有明显差异的，甚至有着我们成人所不能理解的表现，但这也正是个体言语发展的真实所在。为此，我们有必要了解学前儿童言语的发展。

一、学前儿童言语发展的概述

（一）语言与言语

语言是人类在社会实践中逐渐形成和发展起来的交际工具，是一种社会约定成俗的符号系统。语言是一种社会现象。人们在改造客观世界的活动中，产生了交际的需要，伴随着交际语言就产生了。每个民族都有自己通用的语言，如汉语、英语、日语等，语言也是社会历史的产物，儿童要学习社会上通用的语言。

言语则是个人使用语言进行实际交流的过程。不管哪个民族的语言均是为交流沟通而服务的。使用一定语言的人，他说话、听话、写作、阅读等活动，就是言语活动，言语活动是一种心理现象。比如，教师讲课中使用的汉语是一种语言，运用汉语传道解惑的过程则是言语活动。

语言和言语的概念不同，但是语言和言语又是不可分的。一方面，语言是在人们的言语交流活动中形成和发展的，任何语言都必须通过人们的言语活动，才能发挥其交流工具的作用。如果一种语言不再被人们使用，它就会在社会上消失。另一方面，言语活动是借助语言这个工具进行的。人们只有借助语言中的词汇和语法知识，才能很好地与他人进行言语沟通、互相传递思想。儿童言语的发展，首先表现在他们掌握语言（包括语音、词汇和语法等知识）的能力不断提高，其次才能够越来越完善地使用语言与别人交流。

（二）言语的种类

言语活动的表现形式各有不同，可分为外部言语和内部言语。

1. 外部言语

外部言语指人们进行交际的语言活动，又分为口头言语和书面言语。在日常生活中，有的人擅长口头表达，有的人擅长书面写作。

（1）口头言语。通过人的发音器官所发出来的语言声音来表达思想和情感的言语称为口头言语。如两人或两人以上的聊天、老师讲课、报告、演讲、辩论等。

（2）书面言语。借助文字来表达思想感情、传授知识经验的言语，也就是写出的文字、看到的文字。书面言语的出现晚于口头言语。儿童书面言语的发展，与其对文字的识别和书写是分不开的，因此幼儿阶段书面言语发展的重点是文字。书面言语具有随意性、开展性和计划性的特点。

知识链接 5-4

在外部言语向内部言语的发展中，有一种介乎外部言语和内部言语之间的言语形式，这就是过渡言语，即出声的自言自语，它体现了幼儿言语的发展所经历的由外到内的过程。

皮亚杰称过渡言语为“自我中心语言”。幼儿的自我中心语言是其自我中心思维的表现。维果斯基则认为，幼儿的自言自语是朝向自己的言语，应该称为“私人言语”，而不是“自我中心语言”。

这种言语是形式上的外部言语和功能上的内部言语的结合，是从社会化言语向个人的内部言语过渡的必要阶段和中心环节。

【真题卡片 5—11】

△单选题(2013 上半年保教知识与能力)

冬冬边玩魔方边自己小声嘀咕：“转一下这面试试，再转这面呢？”这种语言被称为(　　)

A. 角色语言　　B. 对话语言　　C. 内部语言　　D. 自我中心语言

【答案】D。

2. 内部言语

内部言语是在外部言语的基础上产生的一种自问自答或不出声的言语活动，具有隐蔽性和简略性。内部言语的存在也是抽象思维存在的一个标志，是言语的高级形式。一般认为，6 岁左右是内部言语的形成时期。成人应将幼儿出声的自言自语发展为真正的内部言语。人们平常说的“打腹稿”就是内部言语的典型表现。内部言语虽然不直接用来与他人交际，但它的参与是人们顺利进行言语交流的保障。

二、学前儿童言语发展的阶段和特征

(一)语言准备阶段(0～1 岁)

语言准备阶段也叫前言语阶段，是儿童在正式说话之前的准备阶段，是围绕语音进行的语音感知、语音发音和语音交际行为。在这个阶段，儿童虽然还没有掌握语言，但已不同程度地在为言语的发生做准备。言语发生的准备主要表现在两个方面：说出词的准备(包括发出语音和说出最初的词)和理解词的准备(包括语音知觉和对词语的理解)。吴天敏等认为 0～1 岁是婴儿的语言准备阶段，并进一步将此阶段划分为 3 个小阶段。

1. 简单发音阶段(0～3 个月)

啼哭是婴儿第一次发出的声音，也是他们最初的发声准备。在这个阶段，婴儿学会使用不同的哭声表达不同的需求，以吸引照料者的关注。婴儿对语音较为敏感。研究表明，出生12 天的婴儿能够区分出人类的语音和其他声音，刚出生的婴儿还能很好地区分母语语言和非母语语言，出生 24 天之后的婴儿能够对男人和女人的声音、照料者和陌生人的声音产生明显不同的反应。婴儿最初发出的声音多为简单的单音节，如“o”“m”和“a”等。两个月之后，婴儿在与成人的互动中开始模仿更多的语音发声。两个月的婴儿会与成人进行“交流”，在成人跟他逗笑时通过微笑、摇晃胳膊和蹬腿来与成人互动，这种随着身体动作的交流行为是婴儿进行语言交流的重要方式。

2. 连续音节阶段(4～8 个月)

连续音节阶段的婴儿的语言感知能力进一多提高，能够辨别不同说话者的语气，能够区分熟悉的人和陌生人的声音，尤其对母亲的声音特别敏感，并能够根据说话者的语气、语调辨别他人的情绪态度。例如，6 个月的婴儿听到愤怒的语调时，他们会感觉紧张害怕，立马躲进母亲的怀抱或放声大哭；在发音方面，4 个月后的婴儿明显增加了很多重复的连续的音节，且多为元音和辅音的结合。他们不断练习着接近有具体意义的言语的声音，如 ba－ba－ma－ma，开始从语音的发展逐渐走向词的发展。婴儿在与成人交际互动中初步懂得语言交际的“规则”，已具有明显的“社会性”成分。婴儿会用“嗯啊”等语音回应成人的逗弄，好像在与成人进行对话，还能用不同的语调表达自己的态度和愿望。

3. 学话萌芽阶段(9～12 个月)

学话萌芽阶段的婴儿开始真正理解成人的言语，能按照成人简单的指令做出反应。例如，当妈妈跟孩子说“跟阿姨再见”或者“给阿姨一个飞吻”时，孩子会做出挥手或飞吻的动作；当问到“妈妈在哪里”时，孩子会用手指向妈妈或目光转向妈妈。这说明孩子已经充分理解了成人的言语。虽然婴儿还不太能说话，但他们已经具备强大的理解能力了。这个阶段的婴儿发音音调更加丰富多样，他们有意识地模仿成人的语词，开始发出不同的连续音节，而且发出的语音更长了，有时听起来像是一个句子。10 个月左右的婴儿会说出第一个有实际意义的词。这是个体言语发展过程中最有标志意义的事情，代表这个婴儿终于会说话了。他们可能最早会喊“妈妈”或“爸爸”等，这会让爸爸、妈妈兴奋不已。

(二)言语发生阶段(1～2 岁)

从婴儿开口说出第一个有具体意义的词开始，他就进入了言语发生的阶段。在这一阶段，婴儿主要以掌握词汇为主，并且词汇的数量急剧增加。可将言语发生阶段进一步分为以下两个阶段。

1. 理解语言迅速发展阶段(1～1.5 岁)

在理解语言迅速发展阶段，婴儿能够理解更多的言语，但是说出的词语很少，最早能掌握的是自己身边的人和物的名字，如妈妈、爸爸、爷爷、奶奶、车车等。婴儿不太愿意开口说话，出现一个短暂的相对沉默期，只用手势或者行动来表达自己的想法，甚至停止了独处时自发的发音活动。孩子在这个阶段不太愿意讲话时，家长大可不必操之过急，硬逼着孩子学话，应当学会尊重孩子言语发展的规律，倾听和理解也是必不可少的积累。

2. 积极说话发展阶段(1.5～2 岁)

在此阶段，婴儿说话的积极性很高，具有强烈的说话愿望。这一阶段婴儿言语发展最明显的特征是词语数量猛增，出现词语爆炸现象，而且电报句的使用非常频繁。电报句也叫双词句，指由两个单词组成的句子，听起来像发电报时的省略句一样。例如，"妈妈抱抱""狗狗汪汪"等。在词汇掌握方面，有研究者发现，儿童在 1～1.5 岁，每月大概能学 8 个新词；而在 1.5～2 岁，突然出现词汇量的爆发性增长，每天能学会 9 个新词。这些都为婴儿进入下一个口语萌芽阶段做好了充足的准备。

【真题卡片 5—12】

单选题(2016 上半年保教知识与能力)

△1 岁半的儿童想给妈妈吃饼干时，会说："妈妈，饼—吃。"并把饼干递过去。这表明该阶段儿童语言发展的一个主要特点是(　　)。

A. 电报句　　B. 完整句　　C. 单词句　　D. 简单句

【真题卡片 5—13】

单选题(2014 下半年保教知识与能力)

△1.5～2 岁左右的儿童使用的句子主要是(　　)。

A. 单词句　　B. 电报句　　C. 完整句　　D. 复合句

【答案】B。

(三)口语萌芽阶段(2～3 岁)

2～3 岁是婴儿口语发展的早期阶段。与上一阶段比较，他们在掌握语音和词汇方面有了明显的进步，而且能够逐步正确地运用语法，说出的句子越来越长，开始逐步用语言来表达自己的想法和情感。儿童学习简单口语的最佳时期是 2～4 岁。儿童从两岁开始，逐渐出现比较完整的句子，完整句的数量和比例随着年龄的增长而增长。完整句可分为简单句和复合句。我们可将口语萌芽阶段进一步分为以下两个阶段。

1. 简单句发展阶段(2～2.5 岁)

随着婴儿在上一阶段词语的大量积累和电报句的熟练应用，他们逐渐开始出现完整的简单句，并且能够使用简单句与成人进行交流。简单句是指句法结构完整的句子，主要有以下几种语法类型：主谓结构，如"宝宝睡觉"；谓宾结构，如"找妈妈"；主谓宾结构，如"宝宝坐车"；主谓双宾结构，如"妈妈给我糖"。从两岁开始，婴儿的简单句逐渐增加和发展，但是成人在理解婴儿的语言时还需要借助具体的情境和婴儿的表情、动作。

2. 复合句发生阶段(2.5～3 岁)

复合句是指由两个或两个以上的有意义关联的简单句组成的句子。婴儿在此阶段开始出现复合句,句子明显变长,大部分句子已有 6～10 个字。但婴儿使用的复合句的结构松散,不会使用连词,只是简单句意义上的结合,如“外面下雨了,不出去玩”。复合句发展需要具备两个条件:第一,掌握足够的词语,特别是连接词;第二,逻辑思维发展到相当水平。因此,在这个阶段,婴儿还是以简单句为主,只是出现了复合句的萌芽。

(四)基本掌握口语阶段(3～6 岁)

随着儿童言语器官和神经系统的不断成熟,加上成人有意识的言语教育,儿童的言语水平不断发展,到 6 岁时基本可以掌握本民族的口头语言,能够与他人自由交流。在这一阶段,幼儿言语的发展主要是口头言语的发展,主要表现在语音、词汇、语法和口语表达等方面。

1. 语音的发展

3～4 岁是幼儿语言发展的飞跃时期,也是培养儿童正确发音的关键期。在此时期,幼儿很容易学会世界各民族语言的发音。3 岁左右的儿童已经掌握本民族或本地区语言中最基本的语音;4 岁的儿童能够掌握本民族或本地区语言的全部语音,并达到基本正确。在幼儿的发音中,发韵母的正确率高于声母。韵母中只有“o”和“e”容易混淆,幼儿容易将声母中的“g”发成“d”,将“zh” “ch”和“sh”分别发成“z” “c”和“s”。一般来说,随着年龄的增加,幼儿的发音正确率会随之逐步提高。但是,幼儿的发音正确率还会受到其所处环境的影响,主要表现为:在不同的方言地区,幼儿的发音正确率明显不同;同一方言地区,城市和农村的幼儿发音正确率也存在较大差异。一般在 4 岁左右,幼儿的语音意识明显地发展起来,他们能够意识并自觉调节自己的发音,指出别人的发音错误,意识到同音字的不同意义等。

2. 词汇的发展

词汇的发展是儿童言语发展的重要标志之一,词语数量也是儿童智力发展的标志之一。我国许多学者对此做过大量研究,主要从词语数量、词类和词义三个方面来阐述幼儿词汇的发展特征。

(1)词语数量的增加

3～6 岁是人的一生中词语量增长最快的阶段,词语量随着年龄的增长而增加,6 岁时大约增长到 3 岁时的 4 倍。词是语言的基本单位,词语数量的增加有助于儿童更加有效地表达思想和进行交流。

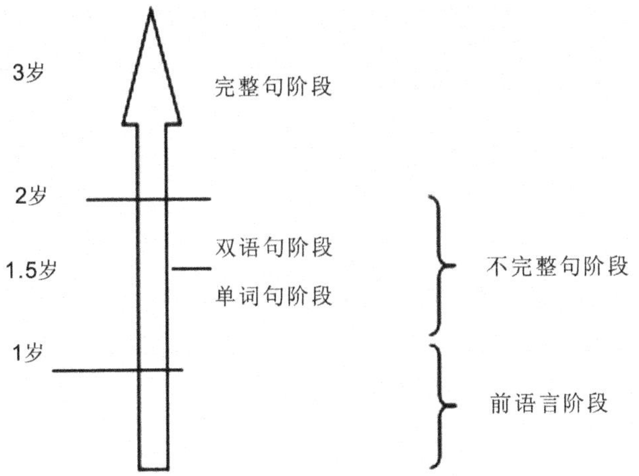

图 5－2　学前儿童词汇掌握阶段水平

(2) 词类范围的扩大

词语数量只能从数量上说明儿童掌握词汇的水平，而词汇范围则可以从某种程度上说明儿童词汇的质量。实词代表比较具体的事物，包括名词、动词和形容词等；虚词的意义比较抽象，包括介词、连词和助词等。在幼儿的词汇中，实词的数量比虚词的数量大得多，虚词只占很小的比例。

首先，幼儿掌握词的类型不断增加。幼儿一般先掌握实词，沿着“名词—动词—形容词—数量词”的顺序发展，然后再掌握一些虚词。各类词语在幼儿词汇中的比例随着儿童年龄的发展而产生变化。幼儿词汇中各类词使用频率有以下特点：词频率最高的是代词，使用动词的频率多于名词，幼儿使用名词的频率较高。

其次，各类词汇的内容不断扩大。随着幼儿年龄的增长，生活范围不断扩大，他们掌握同一类型词语的内容也在不断地扩展。其发展的趋势是从掌握与日常生活有关的词逐步发展到与日常生活距离较远的词，从具体的词到抽象性和概括性较高的词。

【真题卡片 5—14】

单选题(2016 下半年保教知识与能力)

△2～6 岁儿童掌握的词语数量迅速增加，词类范围不断扩大，该时期儿童掌握词语的顺序是(　　)。

A. 动词、名词、形容词　　B. 动词、形容词、名词

C. 名词、动词、形容词　　D. 形容词、动词、名词

【答案】C。

(3) 对词义的理解逐渐准确和深化

在词语数量不断增加、词类范围不断扩大的同时，幼儿所掌握的每一个词的含义也逐渐准确和深化。儿童最初掌握一个单词时，对这个单词的理解往往不确切，主要表现在两个方

面。第一，词义的过度泛化。词义的过度泛化是指儿童用相对特殊的单词指代范围更广的事物的倾向。例如，将“猫”过度泛化，理解为一切有毛、4条腿的小动物，不仅用于指猫，而且用于指狗和老虎等。第二，词义的过度窄化。词义的过度窄化是指儿童用一般化的单词指代较小范围的事物的趋势。例如，对于“妈妈”这个词，有的幼儿认为只有自己的妈妈才是“妈妈”，或者“妈妈”必须是年轻的，如果头发白了就不是“妈妈”而是“奶奶”了。

幼儿对词的理解水平，随着自身的心理发展水平尤其是思维发展水平的提高而不断提高。他们逐渐克服词义的过度泛化和过度窄化，对词的理解更加准确。除此之外，幼儿不仅能够掌握词的一种意义，还能掌握词的多种意义；不仅能理解词的表面意义，还能理解词的转义；不仅能理解具体意义的词，还能理解一些抽象的词。

【真题卡片 5—15】

单选题(2016 上半年保教知识与能力)

△一名4岁幼儿听到教师说“一滴水，不起眼”，结果他理解成了“一滴水，肚脐眼”。这一现象主要说明幼儿(　　)

A. 听觉辨别力弱　　B. 想象力非常丰富

C. 语言理解凭借自己的具体经验　　D. 理解语言具有随意性

【答案】C。

3. 语法的发展

语法是由一系列语法单位和有限的语法规则构成的，是语言最为抽象的基础性系统。儿童对语言的掌握，在很大程度上是指掌握了一种语言的语法。虽然由于儿童学习语言的主客观条件不同，他们语法系统的发展会表现出不同程度的差异，但是从大体上来看，儿童对语法结构的掌握呈现出基本相同的发展趋势和特点。

(1)句子结构从松散到逐步严谨

儿童最初使用的单双词句只是一种简单的词语的堆砌，并没有体现出一定的语法规则。最初说出的句子不仅简单，而且结构松散，常常漏掉句子成分或成分排列不当。例如，当幼儿想吃蛋糕时指着蛋糕跟妈妈说：“妈妈，蛋糕。”以此来表达自己想吃蛋糕的意图，这个句子中缺乏“吃”这样的动词。当然，随着幼儿年龄的增长，他们说出的句子会越来越严谨和完整。

(2)从不完整到逐步完整

儿童最初使用的句子是不完整的。两岁之前，儿童主要使用不完整句，包括单词句和电报句。6岁左右，儿童使用的句子绝大多数是完整句，完整句占所有句子的98%以上。儿童的句子从不完整到逐步完整的发展趋势具体体现如下：

①从简单句到复合句。3岁的幼儿虽然出现了一些复合句，但绝大部分还是简单句。随着年龄的增长，复合句所占的比例逐渐增加。但总体看来，幼儿主要还是使用简单句。

②从陈述句到非陈述句。儿童最初掌握的是陈述句，如“爸爸去上班了”。在学前期，陈述句一直是使用最多的句型，占全部语句的2/3左右。但是，随着年龄的增长，幼儿的疑问句、否定句和祈使句等其他句型也逐渐发展起来。

③从无修饰句到修饰句。儿童最初使用的句子是无修饰语的，如“姐姐走了”“宝宝吃饭”等。朱曼殊等人的研究发现，2.5岁的儿童开始使用简单的数量修饰语，8如“1个苹果”；3岁的儿童开始出现复杂的修饰语，如“我的爸爸”；3～3.5岁是复杂修饰语句的数量增长最快的时期；从4岁起，修饰句开始占优势；6岁时，修饰句比例已经达到90%以上。

(3)句子的长度不断增加

随着年龄的增长，儿童使用的句子长度不断增加，也就是说句子的含词量逐渐增加。儿童经历了从单词句到双词句、简单句，再到复合句的过程，期间使用的句子长度逐渐增加。有研究表明，3～4岁的幼儿使用的句子多数含4～6个词，4～6岁幼儿的句子多数含7～10个词，其中5～6岁的幼儿同时出现不少于11～16个词的句子。

(4)语法意识的出现

幼儿掌握语法结构，主要通过在日常交流中对成人言语行为的模仿进行。从4岁开始，幼儿的语法意识开始明显出现，主要表现为幼儿对于语法结构产生疑问，逐渐能够发现他人言语中的语法错误等。他们不是根据语法知识来发现错误的，而是感觉有些话听起来不顺耳。

4. 口头言语表达能力的发展

幼儿在掌握了一定的语音、词汇和语法知识之后，还需要学习如何在具体的生活情境中加以运用，这就体现在幼儿的口头言语（简称口语）表达能力上。这一能力在学前期逐渐发展，具体表现在以下几个方面。

(1) 对话言语的发展和独白言语的发生

对话言语是在两人及两人以上之间进行的谈话，而独白则是一个人独自的讲述。儿童的语言最初是对话形式的，只有在和成人一起交往互动中才能进行，往往用于表达简单的要求或回答成人的问题等。3岁之后，幼儿的对话言语进一步发展，不仅能够提出简单的问题和要求，而且能与成人商量和讨论一件事情，或者提出指示等。随着幼儿独立性的发展，幼儿需要独立地表达自己的思想和情感。独白言语发生在幼儿初期，此时的发展水平很低。3～4岁的幼儿能主动讲述自己看到的事情，但羞于在集体面前讲话。4～5岁的幼儿能独立地讲故事。5～6岁的幼儿不仅能系统地、清晰地讲述发生的事情，有些甚至能讲述得自然流畅、有声有色。

(2)情境性言语的发展和连贯性言语的发生

情境性言语是指说话者言语表达不够完整、连贯，往往需要借助手势、表情来辅助自己的表达，而倾听者也只有结合具体的情境才能理解说话者所表达的内容的一种言语形式。连贯性言语是指说话者说出的句子完整、前后连贯、能够反映完整而详细的内容，倾听者仅从言语本身就能理解说话者所表达的思想的一种言语形式。3岁之前儿童的言语主要是情境性言语，对儿童单词句和电报句的理解都不能离开具体情境。3～4 岁的幼儿说话时仍带有情境性。6～7 岁的幼儿已经能够完整连贯地叙述。随着年龄增长，情境性言语的比重逐渐下降，连贯性言语的比重逐渐上升。

【真题卡片 5－16】

单选题(2017 下半年保教知识与能力)

△一般条件下，哪个年龄段的幼儿能结合情境理解一些表示因果、假设等关系的相对复杂的句子？(　　)。

A. 托班　　B. 小班　　C. 中班　　D. 大班

【答案】D。

(3)讲述逻辑性逐渐提高

史慧中等人的研究发现，3～4 岁的幼儿常常讲述不清楚，言语往往是现象的简单罗列，表现为主题思想不够明确、层次不清。随着年龄的增长，幼儿口头表达的逻辑性不断提高，主要表现为讲述的内容与主题紧密相关，而且层次比较清晰。

(4) 逐渐掌握言语表达技巧

随着儿童的成长，他们不仅能够清晰且有条理地表达自己的思想，而且学会使用一些言语表达的技巧。例如，通过适时地运用声音的高低起伏和快慢变化等语气和声调的变化，使自己的言语形式更加生动、形象，使自己思想的传递更加有效。再如，儿童在讲述时，结合面部和身体表情的变化，使表情成为无声的言语，以便能够极好地吸引和感染听者。

5. 出现内部言语的过渡形式——出声的自言自语

幼儿前期没有内部言语，到了幼儿中期，内部言语才产生。幼儿时期的内部言语在发展过程中，常出现一种介乎外部言语和内部言语的过渡形式，即出声的自言自语。这种自言自语有两种形式：一种是游戏言语，一种是问题言语。

(1)游戏言语

游戏言语是一种在游戏、绘画活动中出现的言语。其特点是一边做动作，一边说话，用言语补充和丰富自己的行动。这种言语通常比较完整、详细，有丰富的情感和表现力。例如，幼儿一边搭积木——长江大桥，一边发出声音“这里面可以走人，桥洞里可以过船”。

(2)问题言语

问题言语是在活动中遇到困难或问题时产生的言语，用以表示困惑、怀疑、惊奇等。这种言语一般比较简单、零碎，由一些压缩的词句组成。

幼儿中期以后，内部言语逐渐在自言自语的基础上形成。原来由自言自语所负担的自我调节功能，也随着年龄的增长逐渐由内部言语来实现。

6. 书面言语掌握的可能性

书面言语产生的基础是口头言语。严格来说，幼儿期已为书面言语的学习做了准备。具体表现为幼儿已具备以下条件。

(1)掌握口语词汇

我们知道,书面言语的掌握,必须懂得字词的实际意义。如果不懂字词的含义,只会将字形和字音联系起来,这只是简单的形声词间的联系。而掌握了口语词汇后,只要把语词和它的字形相结合,就懂得了字词的实际意义。据研究,幼儿期儿童可掌握3000个左右的词语。

(2)掌握语音

汉语拼音是儿童识字和阅读的重要辅助手段,而学习汉语拼音的重要前提条件是正确发出语音,4岁幼儿已具备这一能力。

(3)掌握基本语法和口语表达能力

口头言语和书面言语的表达方式虽有不同,但是二者都需要遵循基本的语法规则。幼儿期已掌握了基本的语法和初步的口语表达能力,这为进入小学后的阅读和写作打下了良好的基础。

(4)幼儿图形知觉的发展

字母、数字、字词,特别是方块汉字,犹如图形。汉字,只不过是一种特殊的图形知觉。当儿童能辨别图形时,就能分辨字形。人们发现4岁左右的幼儿是图形知觉发展的敏感期。因此,他们可以认识一些字。

三、早期阅读能力的发展

早期阅读指儿童凭借色彩、图像和成人的言语以及文字来理解以图画为主的读物的活动。事实上,儿童在识字之前已经可以阅读,这种阅读不同于成人真正意义上的阅读。幼儿阅读的材料主要是图画而非文字,他们可以自己翻阅图画书,也可以在成人的陪伴和帮助下阅读。以图画书作为主要的阅读材料,儿童早期阅读能力的发展大体经历了以下3个阶段。

1. 分析阶段

由于生活经验的不足和理解能力的限制,儿童对图画书的理解往往是单个的、局部的。他们对图画书内容的表达往往处在“给事物命名阶段”,即说出“这个是什么,那个是什么”。

2. 综合阶段

综合阶段的儿童,开始能够把图画上的内容用自己的语言组织后表达出来。他们表达的内容不再是给事物命名,而是能够表达图画中事物之间的联系,并且表达开始带有情境性。但他们的表达还不连贯,还不足以把图画中的内容准确迅速地表达出来。

3. 分析综合阶段

儿童阅读图画书时,开始能够完整地理解图画的内容,能够把看到的图画和说出的内容统一起来,即能够准确而迅速地将所理解的图画内容用言语表达出来。此时的表达不仅具有情境性,而且具有连贯性。

知识链接 5-5

什么是儿童绘本

绘本源起的西方，它的概念至今也未有统一的定论。绘本是源自日文的习惯，绘本在英文中是 Picture Book（图画书）。在我国台湾地区，图画书与绘本常常被混用。绘本用于较为严格意义的图画故事书，而图画书的界定有时相当宽泛，甚至包括非虚构的知识类图画书、玩具书、歌谣等。

绘本不等于“有画的书”，它是一种独立的图书形式，特别强调文与图的内在关系：文字与图画共同担当讲故事的重要角色，图画不再仅仅起辅助和诠释文字的作用。一些相当著名的绘本甚至只有图，而完全没有文字。不过也有许多绘本在图、文之间取得一种平衡的关系，相互衬托，营造出整个绘本的感觉出来。绘本实际上包括儿童绘本和成人绘本两种类型，但二者之间的界限不是很明确。

一般认为，现代意义上的绘本诞生于 19 世纪后半叶的欧美，凯迪克、格林纳威、波特都是早期的杰出代表。在亚洲，日本的绘本从 20 世纪 50 年代开始起步，至 70 年代崛起，目前已成为绘本的泱泱大国。我国台湾地区绘本大致从 20 世纪 60 年代后期开始起步，至 80 年代后渐入佳境。绘本不仅是讲故事、学知识，而且可以全面帮助孩子建构精神、培养多元智能。21 世纪，绘本图书更是出现了类似《多纳爱学习》之类的电子绘本图书，绘本阅读已经成了全世界儿童阅读的时尚。

绘本最值得强调的就是它的文学性和艺术性。它出现于 19 世纪晚期，到 20 世纪中期开始充分发展，是新时代出现的、由传统的高品位的文学和艺术交织出的一种新样式。

绘本中的文字非常少，一般都是用简短的文字构筑出一个跌宕起伏的故事；而且风趣活泼，符合孩子们的语言习惯。更值得一说的是图，绘本利用图讲故事的方式，进而欣赏绘画。绘本中高质量的图与文，对培养孩子的认知能力、观察能力、沟通能力、想象力、创造力，还有情感发育等都有着难以估量的潜移默化的影响。

专家一致认为绘本是最适合孩子阅读的图书形式。儿童心理学的研究认为，孩子认知图形的能力从很小就开始慢慢养成。虽然那时的孩子不识字，但已经具备了一定的读图能力。如果这时候家长能有意识地和孩子们一起阅读绘本、营造温馨的环境、给他们读文字、和他们一起看图讲故事，那么孩子们从刚开始接触到的就是高水准的图与文，他们将在听故事中品味绘画艺术，将在欣赏图画中认识文字、理解文学。比起那些一闪而过、只带来一时快感的快餐文化，欣赏绘本无疑是一种让眼睛享受、让心灵愉悦、让精神提升的美妙体验。

第四节　学前儿童言语能力的培养

引导案例 5-4

伟伟是在中班第二学期才入园的一个虎头虎脑的小男孩儿。他爸爸介绍说,“我儿子就是说话有点问题,有点自闭的倾向,希望老师多关注他”。幼儿园老师开始也没怎么在意,心想多和他玩语言游戏,多训练他发音,多引导他与孩子们交流应该会没问题的。开学的第一天,他姐姐陪他一起进教室,他自个儿就直冲玩具区玩玩具去了,也不跟老师和同伴打招呼。老师主动去和他亲近,他却只是看看老师,根本没有理老师的意思。经过一个星期的观察,老师发现:在班里伟伟不说话,不与同伴交往,不愿做操,拒绝参加班里组织的任何活动,就一人默默地坐在小椅子上也不让小朋友接近他。有时候,老师同他讲话时,他会露出很害怕的眼神,有时还会把头扭到一边装没听见、不理你。小朋友想和他接近、同他交往时,他要么不理会,要么推开,偶尔还用双手捂着脸哭。因此,在随后几周的时间里老师有意地和他多接触,鼓励他与老师聊天,主动带他和小朋友一起玩,跟他交朋友。没想到,他依然是一句话也不说,只是在高兴或不满时呜里哇啦地喊那么几句,要么就是大哭。就这样过了三周左右,老师无意中发现,虽然他不与同伴交往,但他会用眼睛注视老师和同伴的活动。当有的小朋友做出滑稽的动作时,他也会发出怪怪的“哈哈大笑”声,这种声音很尖锐,班里的孩子和老师都被他的这种笑声吓了一跳。因为,入园这么长时间他都没有发出过任何声音,有的只是大哭的声音,班里的许多孩子都觉得他是聋哑人。而当他一旦发现有人看着他时,他会立即收起笑容,像什么也没发生一样。

思考:伟伟为什么会有这样的反应?当学前儿童言语发展出现问题时,作为教师和家长应该如何纠正和引导?

一、学前儿童言语发展中易出现的问题

(一)音准差

1. 不能正确掌握发音部位和发音方法

3～4 岁的幼儿由于生理上不够成熟,不能恰当地支配发音器官,所以他们发出的元音虽然错误少,但辅音错误较多。这是因为辅音要依靠唇、齿、舌等运动的细微变化。小班幼儿由于唇和舌的运动不够有力,下颚不灵活,因而发出辅音时往往分化不明显。他们的发音

往往不够清楚，说出来的常常是两个语音之间的音，而不是用一个语音代替另一个语音。吐字不够有力，也会造成发音不准确。例如，3～4岁幼儿中有1/3的人不能发出“f”音。因为“f”是唇音，这些幼儿不会有牙齿咬住下唇，移动下颚。3～4岁幼儿发音错误集中在zh、ch、sh、z、c、s和n、l、f，常表现为互相混淆。例如，将吃(chi)饭念成“ci”饭，将牛念成“liu”等。

由于受生理不成熟的影响，幼儿初期不能正确掌握发音部位和发音方法，出现发音困难。正确的教学，可以帮助幼儿更好地掌握发音部位和发音方法。特别是对3～4岁幼儿，可以用说儿歌、绕口令等方法，引导他们多做发音练习。在日常生活中，应要求幼儿努力做到发音清楚。

2. 方言影响

发音除受生理不成熟的影响以外，更受环境和教育影响。方言，是幼儿发音不准的又一因素。如河南信阳地区的人，“f”和“h”发音较易混淆。于是，孩子们在发这两个音时也极易出现错误。环境中的方言，对幼儿发音影响极大。因此，在日常教育活动中，教师要坚持以普通话教学。家庭也应配合教育，为幼儿创设良好的语音环境，以促进其语音的良好发展。

(二)不会掌握言语表情技巧

要完整、连贯、清晰、准确地表述，除了要正确运用语言的基本成分外，还要掌握有表情的说话技巧。而幼儿则掌握得不好，主要表现在以下两点。

1. 语气把握不准

语气表示说话时情感和态度的区别，表现出说话人的状态，如兴奋、有无信心、疲劳等。语气的变化常表现在语音的高低、强弱、长短等方面。由于生理和经验等方面因素，幼儿不会正确用语言表情技巧。如说话容易把声音拖长，或说得过急。有的孩子还养成了撒娇说话声调或粗暴的说话习惯。教师可以通过语音教学，让幼儿朗诵诗歌、复述故事，来帮助幼儿掌握这些技巧。对有些不良习惯，要及时取得家长的配合，给予坚决地纠正。

2. 幼儿口吃

口吃是语言的节律障碍，说话中不正确的停顿、重复的表现。幼儿的口吃，部分是生理原因，更多是心理原因所致。口吃出现的年龄以2～4岁为多。2～3岁一般是口吃开始发生的年龄，3～4岁是口吃的常见期。

口吃的心理原因之一是说话时过于急躁、激动、紧张。另一种原因，可能是来自模仿。幼儿的好奇心和好模仿的心理特点，使他们觉得口吃“好玩”，加以模仿，不自觉形成习惯。在幼儿园，口吃有时候像一种“传染病”迅速蔓延，原因就在于此。

解除紧张是矫正口吃的重要方法。特别是4岁以后，幼儿已经出现对自己语言的意识，如果对他的口吃现象加以斥责或过急要求改正，将会加剧其紧张情绪，造成口吃现象恶性循环，甚至导致幼儿避免说话，或回避说出某些词，难以纠正口吃。这种情况发展下去，还将对幼儿的性格形成产生不良的影响，导致孤僻等性格特征。

老师、家长要为孩子创设宽松愉快的说话氛围，解除孩子的紧张情绪；提醒孩子不要模仿别人的口吃;引导孩子说话时不要急躁,想好后再慢慢说出;鼓励和强化孩子的每一点进步。

二、学前儿童口语的培养

(一)0～3 岁婴幼儿口语的培养

1. 用各种声音刺激婴儿,为婴儿提供良好的言语示范和榜样

罗斯等人和威斯伯格的研究表明,成人对 3 个月以内的婴儿给予频繁的语言刺激,可以增加婴儿的发音率。婴儿的许多非自控性发音,特别是长时间的连续发音,往往都是在成人的逗弄下发生的。成人要用各种语音和声音来刺激婴儿,培养婴儿有意倾听的习惯,让婴儿进行模仿发音练习。同时用强化、鼓励方法进行相互模仿,诱导婴儿发音。这里应注意:提供给婴儿的声音应该是多种多样的,但是应该避免噪声。

2. 创设丰富的语言环境,帮助婴儿掌握新词,扩大词汇量

(1)用动作、实物配合法,建立语词和实体之间的联系。要使婴儿有良好的语言表达能力和理解能力,能够描述自己的想法,能够从别人说话中获得更多的知识,就要用动作、实物配合法,建立语词和实体之间的联系。比如,说到"苹果"这个词语时,家长就应该把苹果的实物呈现在婴儿的面前。说到"跳舞"这个词语时,家长就应该马上表演出跳舞的动作,并不断重复说:"宝宝快看,妈妈是在跳舞了,这是跳舞。宝宝要不要跳舞呀?"可以随即让婴儿挥舞一段。通过这样的方式,婴儿会逐渐理解什么是跳舞,会把"跳舞"这个词语同动作联系起来。

(2)经常与孩子"交流",提供丰富的语言环境。婴儿不到 3 个月就开始有了简单的发音,家长要经常多跟婴儿交流,慢慢地跟婴儿聊天。家长就是婴儿言语交流的榜样,婴儿会重复家长的话,家长应该积极地关注婴儿对语言的反应。在与婴儿交流时,应用心倾听他的表达,不时给婴儿鼓励和赞许的目光。

(3)运用强调和重复的方法,帮助婴儿掌握新词。此年龄段宝宝理解语言的能力增强了,教婴儿新词时,父母可结合婴儿已有的经验,用简单的语言解释新词所代表的概念。例如,用"好看"解释"美丽""漂亮"等,用"不好看"解释"丑陋"。在解释的时候语气应加重,并且不断重复。比如:"我们刚才说了,美丽是什么意思呀?""好看!""对了,宝宝记忆力真好!"

3. 开展早期阅读,培养良好的阅读习惯

研究表明,婴儿在出生后不久,即满月以后,就可以开展阅读教育,并出现早期阅读的兴趣和行为。家长可以在跟婴儿说话时,选择一些适合婴儿年龄阶段的图片,边看图片边告诉婴儿图片上的事物。对于一些具有简单故事情节的图画书,家长应该耐心地边指导婴儿观看边用简洁的语言为婴儿讲解,指到哪里就讲到哪里。在这个过程中,不应贪图为婴儿读得越多越好，应该关注婴儿的兴趣。如果婴儿注意力已经转移，家长就没必要继续了。

此外，还可以在婴儿刚起床时或睡前每天固定时间为婴儿播放故事录音带。这些录音会引起婴儿的无意注意，慢慢地婴儿会跟着录音不由自主地模仿起来。同时，这样的方式也锻炼了婴儿有意识倾听的能力。

4. 开展听音和发音游戏

0～3 岁婴儿阶段最适宜家长和婴儿之间展开亲子游戏，以训练婴儿的听音和发音能力。

(1)唤名游戏。家长在每次靠近婴儿的时候都可以用不同的语调呼唤他的名字。用不了多久，婴儿便会在你每次呼唤他名字的时候给你积极的回应。同时，家长可以用多种方式对婴儿的回应予以鼓励，如给他一个拥抱，并亲吻孩子。

(2)发音游戏。家长可以一边抱着孩子，一边发出一些简单的韵母音，如“a”“o”“e”等。家长可以做出比较夸张的发音方式以引起孩子的兴趣，让孩子触摸发音器官。家长还可以用比较轻柔的声音呼唤孩子的名字，然后用目光注视他，并开始发出“a——”的声音，接着再微笑地抚摸他。这时候，家长要耐心地等待孩子的反应。如果他真的发出了声音，那么家长应该及时地重复他的声音，并且反复和他进行这种游戏，婴儿会很快学会模仿家长的声音并发出近似于韵母的声音。

(3)摸脸游戏。两个月左右的婴儿的视力，大概只能看清 15～20 厘米范围内的物体，刚好能使婴儿在母亲抱他或喂奶时看清楚母亲的脸，这是婴儿出生后最初几个月中最重要的目光交流。母亲可以一边喂奶，一边握住婴儿的小手、让他的手摸母亲的脸，并告诉他摸到的是什么。如果摸到嘴巴，母亲就看着婴儿并告诉他：“嘴巴，嘴巴，这是妈妈的嘴巴。”如果摸到耳朵就对他说：“耳朵，耳朵，这是妈妈的耳朵。”练习几次后，这个游戏还可以扩展到让全家人都参与。在这样的游戏活动中，婴儿不仅心情十分愉快，而且慢慢地他会理解到所感知到的物体与相应语言之间的指代关系。

(4)身体器官游戏。当孩子开始发现自己身体的各部分都是属于自己的时候，他们就开始进入了自我认知阶段，形成了初步的自我概念。孩子经常会咬自己的手指和脚趾，家长可以经常和孩子做手指操，一边做操，一边念：“一个印第安人，两个印第安人，三个印第安人……十个印第安人。”也可以唱出“十个印第安人的歌”。这样的练习对提高婴儿听音和发音的积极性很有好处。

(5)利用玩具编故事游戏。家长可以把很多动物类玩具收集到一起，每拿一个玩具给孩子就告诉孩子那是什么动物，但每次给孩子介绍的玩具不宜过多。等孩子对动物熟悉后，家长就可以选择两个孩子最为熟悉的动物作为故事的主人公，在睡前给孩子讲发生在两个动物之间的故事。这种睡前听故事的做法，不仅有利于孩子的语言学习，而且还有利于发掘婴儿记忆的潜能。

(6)指认物体游戏。家长可以把孩子平时经常玩的玩具放在孩子面前，一边拿着玩具，一边说出玩具的名称。当孩子要某件玩具时，家长立即告诉孩子这是什么。随着孩子对物品的熟悉，家长还可以给出“指令”，先说出某个玩具的名称，然后让孩子去拿。

(7)镜子游戏。这一阶段的婴儿逐渐产生镜面反应，慢慢会认识镜子中的影像。家长可以抱着孩子，指着镜子告诉他镜子里的人是谁。让孩子摸摸眼睛、耳朵，引导孩子观察镜子里有什么相应的变化。游戏熟悉之后，婴儿就会学会独自跟镜子中的自己说“悄悄话”。

(二)3～6岁学前儿童口语的培养

1.在日常生活中培养幼儿清楚完整的表达能力

为了使每个学前儿童都能受到良好的语言教育，教师会运用一些集体学习的形式，但是大量的教学练习需要在日常生活中进行。首先，教师要训练儿童善于观察周围的一切的能力。无论是日常生活中的事物，还是幼儿园中的每一件事物，都应该鼓励儿童用语言来表述，鼓励他们多说话，让他们在说话过程中可以适当加上自己的心理感受。其次，教师要耐心地倾听儿童的表述，并能愉快地与他们交流。在交流的过程中，用正确的语言引导他们，把他们说得不完整的句子补充完整。儿童用得比较合适和好的语言，教师应该给以语言鼓励，这不仅训练他们说话的能力，也让孩子享受到说话的快乐。

2.开展有趣的讲述活动

幼儿园的讲述活动，是一种有目的、有计划地培养幼儿语言能力的教育活动。这类活动以促进幼儿语言表述行为的发展为主，要求幼儿积极参与命题性质的讲述实践，帮助幼儿逐步获得独立的构思和表述的语言经验。讲述活动早已成为我国幼儿园语言教育的一种非常重要的教学形式。

学前儿童特别喜欢听富有儿童生活情趣的故事。根据他们的这个特点，一定要考虑他们已有的学习经验，选择一些有教育意义、生动有趣的故事展开讲述活动。

3.多利用儿歌、绕口令组织语言教学

教师应多利用儿歌、绕口令组织语言教学，多让幼儿读一些朗朗上口、有韵律趣味的儿歌、绕口令。教师要把握这些内容的重点，教会幼儿逐渐从朗读的过程中去理解，再模仿记忆、加深印象及掌握优美句子的表达。

4.看图编讲故事或续编故事，增强儿童口语的综合能力

儿童的口语能力是观察、分析、表达、概括等多种能力的综合体现。儿童的思维以具体形象为主，抽象思维较弱。在教学中教师要充分利用画面，做到一画多用，让儿童在看图说话的过程中提高观察能力和想象能力，并能利用周围的环境给他们提供主动交往的机会。还可以让幼儿在“仿编”“续编”“扩编”趣味故事和画面讲述上，根据自己的生活经验和想象力，大胆而清楚地表达自己的意见、愿望和要求，以发展幼儿的想象力和思维能力。

5.积极为幼儿创造交往条件

交往的形式有亲子之间的交往、同伴之间的交往、师生之间的交往和周围人的交往。对于亲子之间的交往，可经常请家长来幼儿园参加一日活动，多做亲子游戏。要求家长回到家里在照料孩子的过程中尽可能和孩子进行语言交流，善于倾听孩子说话，多给孩子说话的机

会。此外，家长还可以通过同孩子一起阅读的方式促进孩子的语言发展。

对于同伴间交往，老师和家长要多为孩子创造交往的环境。比如，多设计一些语言游戏让孩子在游戏过程中进行语言交往；把孩子带出去自由自在地玩，在玩的过程中，使孩子们之间进行言语交往。

对于师生之间的交往，老师要耐心，俯下身来听幼儿的“悄悄话”；平时主动找孩子谈话，在谈话中注意激发他们说话的兴趣，不要刺激孩子，努力使每个孩子都主动愿意和你交流、沟通。

和周围人的交往，这主要是在家长带孩子走亲戚、带孩子购物时进行。如果家里来客人，要主动向客人问好；去别人家做客时，也要主动和别人打招呼，走时说“再见”。在路上碰到熟人时，也要多引导孩子打招呼。当然，老师在引导孩子进行社区活动时，如参观超市、医院、邮电局时及领导来班里慰问时，更不要错过指导幼儿说话的大好机会。

三、学前儿童早期阅读能力的培养

对于学前儿童而言，4～5 岁以非主动阅读为主，5～6 岁处于主动阅读与非主动阅读相结合的时期。因此，依据儿童阅读兴趣和能力的大小提供相应的指导，促进其阅读能力的发展有重要意义。

（一）幼儿园方面

《幼儿园教育指导纲要（试行）》指出：“培养幼儿对生活中常见的简单标记和文字符号的兴趣。”“利用图书、绘本和其他多种形式，引发幼儿对书籍、阅读和书写的兴趣，培养前阅读和前书写技能。”幼儿教师在培养儿童的阅读能力时应注意以下几个方面。

1. 根据儿童的年龄特点，选择适宜的阅读材料

为儿童提供阅读材料时，应注重图画和文字的有机结合。对于 3 岁之前的婴儿，教师可提供一些适合婴儿年龄阶段的图片和具有简单、重复的故事情节的绘本。对于 3～4 岁的幼儿，教师应选择内容有趣、情节简单、形象突出、画面清晰的绘本故事和儿歌。对于 5～6 岁的幼儿，阅读材料的范围可延伸至中外经典童话故事和古体诗等，选择时应注意材料的多样化和文本的多样性。

2. 根据儿童的言语能力，提供正确的指导方法

在开展儿童早期阅读时，教师应结合儿童的言语发展水平，给予恰当有效的指导。3～4 岁的小班幼儿发音器官尚未发育成熟，主要通过倾听和模仿成人发音，获得有关语言方面的知识。因此，教师在讲故事时应发音正确，口齿清晰，给孩子树立好的榜样。同时，教师也应教育小班幼儿学会安静地倾听同伴讲话，不随便插嘴。4～5 岁的中班幼儿的发音器官已经成熟，4 岁时语音意识明显发展起来。在开展早期有声阅读中，教师应注意给幼儿示范清晰吐字的习惯，采取抑扬顿挫的语气和丰富生动的面部表情、姿态表情，激发幼儿对阅读的兴趣，引导幼儿逐步做到大声、清楚和沉着镇定地表达。5～6 岁的大班幼儿已掌握一定的识字量，教师需要将有声阅读与无声阅读相结合，在阅读过程中进一步丰富幼儿的词汇量。

3. 营造浓郁的阅读氛围，开展丰富的读书活动

教师可以每周定期安排幼儿去图书馆借阅图书，还可以在教室里创设阅读区，向幼儿收集各种读物，定期组织幼儿开展阅读，帮助其养成良好的阅读习惯。教师还可以在班级之间进行图书传递活动。在具体开展阅读活动中，教师应注意形式的丰富多样性，例如让幼儿进行故事续编活动、故事接龙、把故事改编为歌谣和引导幼儿围绕自己感兴趣的话题制作图画书等。此外，在幼儿园中可以设计“阅读橱窗”平台，定期将每个班开展的读书活动展示出来，激发师生共读的热情。

（二）家庭方面

《3～6 岁儿童学习与发展指南》指出，成人应“为幼儿提供丰富、适宜的低幼材料，经常和幼儿一起看图书，讲故事”。很多家长可能会毫不吝啬给孩子买大堆书籍，但不能或不愿抽出时间陪孩子读一本书。儿童心理学家吴念阳认为，“给孩子买 100 本书，不如陪孩子读 1 本书”。亲子阅读不仅可以塑造良好的亲子关系，培养孩子的积极情绪，而且能够提高孩子的阅读能力和口语表达能力，培养孩子的阅读兴趣。因此，在家庭中，父母应多抽出时间与孩子一起阅读，给孩子讲绘本故事或者听孩子讲简单的故事，营造良好的家庭阅读氛围。

考题预测

一、单选题

1. 直观行动思维活动的典型方式是（　　）。

A. 认知地图　　B. 探试搜索　　C. 尝试错误　　D. 顿悟

2. 幼儿知道“夏天很热，最好不要到户外去”反映了幼儿（　　）。

A. 感觉的概括性　　B. 知觉的概括性　　C. 思维的概括性　　D. 记忆的概括性

3. 成人习惯说：“今天天冷，你如果不多加衣服就会感冒。”孩子则不能接受这种预见的后果，她看到裙子好看，非吵着要穿。这说明这个小孩的思维还处在（　　）阶段。

A. 直觉行动思维　　B. 具体形象思维　　C. 前概念思维　　D. 抽象逻辑思维

4. 幼儿典型的思维方式是（　　）。

A. 直觉行动思维　　B. 具体形象思维　　C. 直观感知思维　　D. 抽象逻辑思维

5. 幼儿形成数概念的关键是（　　）。

A. 掌握数的顺序　　B. 掌握数的组成

C. 知道数的实际意义　　D. 能辨数

6. 幼儿自言自语的表现形式有两种：一种是问题言语，一种是(　　)。

A. 情境言语　　B. 游戏言语　　C. 对话言语　　D. 交际言语

7. 儿童学习简单口语的最佳期是(　　)。

A. 1～2 岁　　B. 2～4 岁　　C. 4～5 岁　　D. 5～6 岁

8. 学会安静地听同伴说话，不随便插嘴是对(　　)年龄段的要求。

A. 小小班　　B. 小班　　C. 中班　　D. 大班

9. 对待幼儿出声的自言自语，成人正确的处理方式为(　　)。

A. 发展为对话言语　　B. 发展为真正的外部言语

C. 任其自然发生　　D. 发展为真正的内部言语

10. 语言能力时在(　　)过程中发展起来的，发展幼儿语言的关键是创设一个能使他们想说、敢说、喜欢说、有机会说并能得到积极应答的环境。

A. 一日生活　　B. 交往　　C. 运用　　D. 活动

二、简答题

1. 简述幼儿思维的一般特点。

2. 思维的发生是儿童心理发展的重大质变。简述思维的发生发展对学前儿童心理发展的意义。

3. 简述幼儿思维方式发展变化的趋势。

4. 结合学前儿童词汇发展的特点和规律，谈谈如何促进儿童词汇的发展。

5. 说明教师如何在实践中提高幼儿的言语能力。

三、论述题

1. 结合实际教学谈谈如何培养幼儿的创造性。

2. 联系实际谈谈幼儿口语培养中应注意的问题。

四、材料分析题

1. 情境一：

一天晚上，莉莉和妈妈散步时，有下列对话。

妈妈：月亮在动还是不动？

莉莉：我们动它就动。

妈妈：是什么使它动起来的呢？

莉莉：是我们。

妈妈：我们怎么使它动起来的呢？

莉莉：我们走路的时候它自己就走了。

情境二：

在幼儿园教学区活动中，教师给莉莉出示两排一样多的纽扣，莉莉认为一一对应排列的两排一样多。当教师把下面一排聚拢时，她就认为两排不一样多了……

请阅读上述材料，回答以下问题。

(1)莉莉的行为表明她处于思维发展的什么阶段？举例说明这个阶段思维的主要特征及表现。

(2)幼儿的这种思维特征对幼儿园教师的保教活动有什么启示？

2.基尼是美国加利福尼亚州的一个小女孩。她母亲双目失明，丧失了哺育孩子的基本能力；父亲讨厌她，虐待她。基尼自婴儿期起就几乎没有听到过说话，更不用说有人教她说话了。除了哥哥匆匆地、沉默地给她送些食物外，可以说，基尼生活在一间被完全隔离的小房子里。她严重营养不良，胳膊和腿都不能伸直，不知道如何咀嚼，安静得令人害怕，没有明显的喜怒表情。基尼 3 岁被人发现后送到了医院。最初几个月，基尼的智商得分只相当于 1 岁正常儿童。多方面的重视使她受到了特殊的精心照顾。尽管如此，直到 13 岁，她都没有学会人类语言的语法规则，不能进行最基本的语言交流。据调查分析，基尼的缺陷不是天生的。

请阅读上述材料，回答以下问题。

(1)小基尼的缺陷说明了什么？

(2)小基尼在人们精心教育下，仍不能学会人类语言的语法规则，这是什么影响的作用？

第六章 学前儿童的情绪情感发展

学习目标

1. 理解情绪情感的概念，了解情绪情感的种类。
2. 掌握学前儿童情绪情感的发生和发展特点。
3. 能够运用有效的手段促进学前儿童情绪情感的发展。

引导案例 6-1

幼儿园入学的日子到了，小朋友们都背着五颜六色的书包来报到，童童小朋友也和妈妈一起来了。妈妈跟老师说，童童早晨五点就起床了，迫不及待地要开始自己的幼儿园生活。可是，当老师牵过童童的手，让她和妈妈再见时，童童哇的一声就哭了，说什么也不让妈妈走。老师好不容易把童童领进了教室，给了他一个手工作品——奥特玛，童童一下就笑了，眼角还挂着泪珠呢。这一天，童童和小朋友们愉快地玩耍，仿佛已经忘了早晨的伤心……可当傍晚，童童一看到来接他的妈妈，又禁不住大哭起来……

情绪问题始终是儿童发展过程中的一个重要课题。孩子为什么会哭？会笑？当孩子大哭的时候，我们该怎么办？

第一节 学前儿童情绪情感概述

常言说："娃娃的脸，六月的天。"这句谚语说的就是小孩子的情绪变幻莫测又溢于言表。在学前阶段，儿童的情绪容易受到周围环境的影响而变化。如何捕捉到孩子瞬息万变的情绪变化，适时地给予安慰和引导，帮助孩子顺利成长，对每一位学前教育工作者和家长都是一个非常重要的课题。

一、情绪情感的概念

广义的情绪包括情感，是人对客观事物与自身需要之间关系的态度体验，是人脑对客观现实的主观反映形式，是由某种外部的刺激或内在的身体状况作用而引起的体验。

情绪情感是以个体的愿望和需要为中介的一种心理活动，是客观事物与个人需要之间的关系的反映。当客观事物或情境符合主体的愿望和需要时，主体会引起积极的、肯定的情绪情感；当客观事物或情境不符合主体的愿望和需要时，就会产生消极、否定的情绪情感。对于学前儿童来说，当他得到一件心爱的玩具会感到兴奋，与母亲分离会感到伤心，受到老师的表扬会感到很满足，被其他小朋友抢走玩具会感到很愤怒。所以说，情绪和情感是人对客观事物是否符合自己的需要而产生的态度体验。

（一）情绪情感的构成

情绪情感是一种复杂的心理现象，由主观体验、外部表现和生理唤醒三部分构成。主观体验是个体对不同情绪状态的自我感受。每种情绪都有不同的主观体验。它们代表了人的不同感受，构成了情绪的心理内容。因为情绪体验是一种主观感受，很难确定情绪体验的客观现实是什么，而且不同的儿童对同一现实也可能产生不同的情绪。例如，有的小朋友会非常喜欢上幼儿园，而有的小朋友就觉得上幼儿园是一件让人难过的事情，非常抵触。

外部表现通常称为表情，它是在情绪状态发生时身体各部分的动作形式，包括面部表情、姿态表情和语调表情。面部表情是所有面部肌肉变化所组成的模式，如高兴时额眉平展、面颊上提、嘴角上翘。面部表情模式能精细地表达不同性质的情绪，因此是鉴别情绪的主要标志。姿态表情是指面部以外的身体其他部分的表情动作，包括手势、身体姿势等，如高兴时的“捧腹大笑”，恐惧时的“紧缩双肩”等。语调也是表达情绪的一种重要形式。语调表情是通过言语的声调、节奏和速度等的变化来表述的。例如，高兴时，语调高昂，语速快；痛苦时，语调低沉，语速慢。

幼儿拥有丰富的表情，成人可以通过观察幼儿的表情推断幼儿此时的情绪情感状态（见图 6—1）。

生理唤醒是指情绪产生的生理反应。任何情绪都伴随着一系列的生理变化，这种生理变化使得我们产生独特的情绪体验。生理唤醒指伴随情绪与情感发生时的生理反应，涉及一系列生理活动过程，如神经系统、循环系统、内外分泌系统等活动。它涉及广泛的神经结构，是一种生理的激活水平。不同情绪的生理反应模式是不一样的。例如，满意、愉快时，心跳节律正常；恐惧或暴怒时，心跳加速，血压升高，呼吸频率增加等。

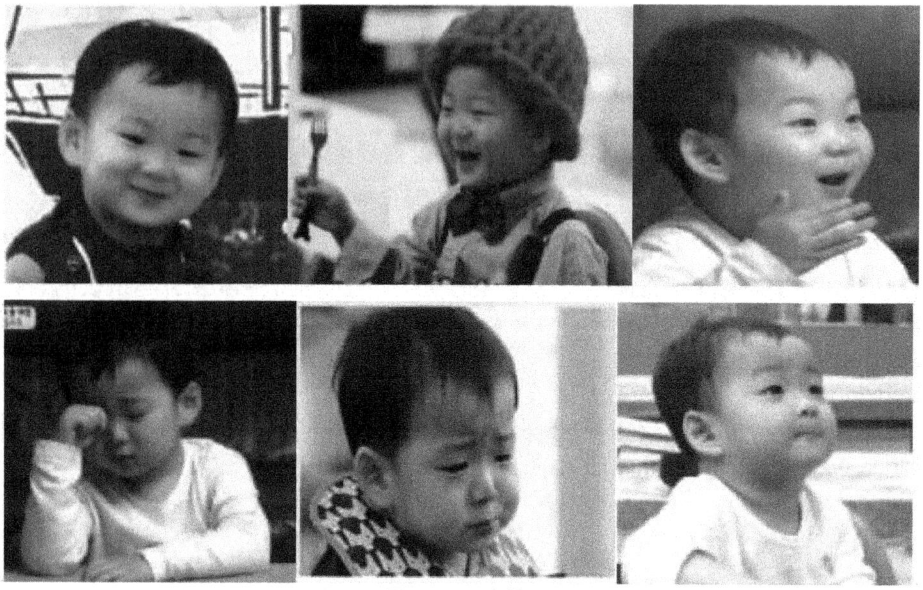

图6-1 表情

(二)情绪与情感的区别

情绪和情感是既有联系又有区别的两个概念,它们的区别在于:情绪更多是与人的生理需要满足与否相联系的体验,如在饥饿时有食物吃就会很高兴,冬天无法御寒会使人忧愁、不满意等;而情感则是与社会性需要满足与否相联系的体验,如不遵守社会公德会使人产生厌恶、讨厌、蔑视等情感,乐于助人会使人产生赞赏、钦佩等情感。情绪是所有动物所共有的,情感则是人所独有的。

情绪具有情境性、激动性和暂时性,往往随着情境的改变和需要的满足而减弱或消失。同时,情绪有较为明显的外部表现。例如,人高兴时手舞足蹈,愤怒时咬牙切齿。情感则不同,它具有较大的稳定性、深刻性和持久性。即情感不为情境所左右,稳定而持久,同时又较为深沉和内隐,少有冲动性。

稳定的情感是在情绪的基础上形成的,而且它又通过情绪来表达。情绪也离不开情感,情绪的变化反映情感的深度,在情绪中蕴含着情感。

二、情绪情感的分类

(一)情绪的基本形式

情绪主要有四种基本形式,即快乐、愤怒、悲哀、恐惧。

快乐(喜)指盼望的目标达到和需要得到满足之后,继之而来的紧张性解除时的情绪体验。快乐程度细分为满意、愉快、欢乐、狂喜等。

愤怒(怒)是由于事物或对象再三妨碍和干扰,使个人的愿望不能达到或产生与愿望相违背的情景时,逐渐积累的紧张性而发生的情绪体验。愤怒可细分为不满意、生气、怒、忿、激愤、狂怒等。

悲哀(哀)是指所热爱对象的遗失、破裂以及盼望东西的幻灭相联系的情绪体验。悲哀可细分为遗憾、失望、难过、悲伤、极度悲痛等。

恐惧(惧)往往是由于缺乏准备,不能处理、驾驭或不能摆脱某种可怕或危险情景时所表现的情绪体验。恐惧可细分为害怕、惊慌、惊恐万状等。

在这四种最基本的情绪之上,还可能衍生出许多种类,组成复合的形式,形成高级的情感。如与感知觉有关的厌恶与愉快,与自我评价有关的骄傲、自卑、自信、羞耻、罪过、悔恨等,与评估他人有关的热爱、羡慕、嫉妒和怨恨等体验。

(二)情绪的分类

情绪状态是指在某种事件或情境的影响下,在一定事件内所产生的某种情绪,其中较典型的情绪状态有心境、激情和应激三种。

1. 心境

心境是指人比较平静而持久的情绪状态。心境具有弥漫性,它不是关于某一事物的特定体验,而是以同样的态度体验对待一切事物。

(1)心境持续时间有很大差别。有些心境可能持续几小时,有些心境可能持续几周、几个月或更长的时间。

(2)人格特征会影响心境的持续时间。同一事件对某些人的心境影响较小,而对另一些人的影响则可能较大。性格开朗的人往往时过境迁不再考虑,而性格内向的人则容易耿耿于怀。

(3)心境产生的原因是多方面的。生活中的顺境与逆境、工作中的成功与失败、人际关系是否融洽、个人健康状况、自然环境的变化等,都可能成为引起某种心境的原因。

(4)心境对人的生活、工作、学习、健康有很大的影响。积极向上、乐观的心境有益于健康;消极悲观的心境,尤其是经常处于焦虑状态有损于健康。

2. 激情

激情是一种强烈的、爆发性的、为时短促的情绪状态。这种情绪状态通常是由对个人有重大意义的事件引起的,巨大成功后的狂喜、惨遭失败后的绝望、亲人突然死亡引起的极度悲哀、突如其来的危险所带来的异常恐惧等,都是激情状态。

(1)和心境相比,激情持续的时间一般比较短暂。

(2)激情往往伴随着生理变化和明显的外部行为表现。例如,盛怒时,全身肌肉紧张,双目怒视,紧握双拳等;狂喜时,眉开眼笑,手舞足蹈等。

(3)激情状态下人们往往会出现“意识狭窄”现象,即认识活动的范围缩小,理智分析能力受到抑制,自我控制能力减弱,进而使人的行为失去控制甚至做出一些鲁莽的行为或动作。

3. 应激

应激是指人对某种意外的环境刺激所作出的适应性反应。例如,当正常行驶的汽车意外遇到故障时,司机紧急刹车就是一种应激表现。

(1)应激状态的产生与人面临的情景及人对自己能力的估计有关。当情景对一个人提出了要求,而他意识到自己无力应付此要求时,就会体验到紧张而处于应激状态。

(2)人在应激状态下会引起机体的一系列生物性反应,如肌肉紧张度,血压、心率、呼吸以及腺体活动都会出现明显的变化。这些变化有助于适应急剧变化的环境刺激,维护机体功能的完整性。但长期处于应激状态,对身体健康有害,甚至会危及生命。

知识链接 6-1

美国生理学家爱尔玛(Elmar)为了研究情绪状态对身体健康的影响,设计了一个很简单的实验。他把一支支玻璃管插在正好是0℃的冰水混合物容器里,然后分别注入人们在不同情况下的"气水",即用人们在悲痛、悔恨、生气时呼出的水汽和他们在心平气和时呼出的水汽做对比实验。结果表明,当一个人心平气和时,呼出的水汽冷凝成水后,水是澄清透明、无杂质的;悲痛时,呼出的水汽冷凝后则有白色沉淀;悔恨时,呼出的水汽沉淀物为乳白色;而生气时,呼出的"生气水"沉淀物为紫色。他把"生气水"注射到大白鼠身上,几十分钟后,大白鼠就死了。

美国一家大医院的病房分析研究了621名母亲生气时喂奶的体弱、体瘦的患儿,结果发现这些孩子的母亲由于在哺乳期间同丈夫争吵,打闹离婚,天天生气发怒,情绪不佳,致使身体经常分泌出一些有毒物质,然后通过乳汁被婴儿吸收。

由此可见,生气对健康的危害非同一般。

(三)情感的分类

情感是同人的社会性需要相联系的主观体验,是人类所特有的心理现象。人类高级的社会性情感主要有道德感、理智感和美感。

1. 道德感

道德感是人们根据一定的社会道德规范评价自己和他人的行为时所产生的一种内心体验,是人类特有的一种高级社会性情感。当人们的行为符合社会道德规范时,就会产生肯定性的情感体验,如赞赏、敬佩等;反之,便会产生否定性的情感体验,如羞愧、厌恶等。

总的说来,幼儿期的道德感是不深刻的,大多是模仿成人、执行成人的口头要求,在集体活动中和在成人道德评价的影响下逐渐发展起来的。

2. 理智感

理智感是在智力活动过程中,认识和评价事物时所产生的情感体验。它与人的求知欲、认识兴趣、解决问题的需要等满足与否相联系。

幼儿理智感的一种特殊表现形式是好奇。幼儿期的孩子非常喜欢问“为什么”，其他任何年龄的儿童都不会表现得如此明显。如果问题得到解决，幼儿就会感到极大满足，否则就会不高兴。

幼儿理智感的另一种表现形式就是“破坏”行为。新买的玩具转眼间就被孩子拆得四分五裂，这是因为在成人看起来十分平常的现象，幼儿却觉得新奇，所以会拆，这正是幼儿理智感发展的表现。作为教师和家长要珍惜幼儿的这种探究精神，满足他们的好奇心。

3. 美感

美感是根据一定的审美标准评价事物时所产生的情感体验。美感是由具有一定审美观点的人对外界事物的美进行评价时所产生的一种肯定、满意、愉悦、爱慕的情感。

美感是审美主体对客观现实美的主观感受。是人的一种心理现象，即人类的审美意识。审美活动中，对于美的主观反映、感受、欣赏和评价。人都有不同程度的美感能力，有些是先天因素，取决于个人的感知能力。有些则是在社会实践中产生和发展起来的。不同时代、阶级、民族和地域的人，固然有不同的美感；就是个人与个人之间也会因文化修养、个性特征等的不同，而形成美感的差异性。

幼儿对色彩鲜艳的艺术作品或物品容易产生喜爱之情。在教育的影响下，幼儿中期能从音乐、绘画作品中得到美的享受。幼儿晚期，儿童开始不满足于颜色鲜艳，还要求颜色搭配协调。

三、学前儿童情绪情感的特点

学前儿童情绪情感具有以下三个主要特点：

1. 幼儿情绪和情感不稳定。到了幼儿期，幼儿情绪和情感的稳定性虽然比婴儿期稍有提高，但仍是经常变化和不稳定的，甚至喜怒、哀乐两种对立的情绪也常常在很短的时间内互相转换。比如，当幼儿由于大人不给他买衣服而哭时，如果给他一个玩具，他就立刻会破涕为笑。随着年龄的增长，幼儿的情绪和情感逐渐趋向于稳定，受一般人的感染较少，但受老师的感染仍然很大。幼儿情绪和情感的稳定性的发展与幼儿个性的形成有密切的关系。稳定的情感逐渐成为性格的特点，比如热爱劳动、热爱学习、具有同情心等。

2. 幼儿的情感比较外露。幼儿初期，幼儿的情感完全表露于外，几乎不加控制或掩饰。例如，初上幼儿园的幼儿，由于离开了熟悉的家庭环境而大哭大闹起来，几乎不顾及周围是否有人看见的行为。

3. 幼儿的情绪极易冲动。幼儿的情绪常常处于激动状态，而且来势强烈，不能自制，往往全身心都受到不可遏制的威力支配。这种现象在幼儿初期尤为突出。随着年龄的增长、语言的发展，幼儿逐渐学会接受成人的语言指导，调节控制自己的情绪。5～6 岁幼儿情绪的冲动性逐渐降低，情绪的调节控制能力逐渐加强。家长和老师的不断教育和要求及幼儿所参加的集体活动，有利于幼儿逐渐学会控制自己的情绪，减少冲动性。

知识链接 6-2

幼儿为什么会人来疯

在幼儿园，经常可以看到这样的情景：某班幼儿平时很遵守纪律。但当有人来常规检查时，一个个就浮起来了：有的追追打打，有的用水撩人，有的互相扮鬼脸、装怪相。老师急得脸红、冒汗，一会儿暗示这个“安静”，一会儿批评那个“别吵”，而孩子们却好像故意气老师，闹得更厉害了，教室像个乱哄哄的大商场。

又如，某班小朋友正聚精会神地听老师讲故事，鸦雀无声。忽然，门“吱”的一声被推开了，园长带着四五位外国朋友进来。孩子们的注意力立即转向客人。开始，有一个小朋友轻轻说话，紧接着，有三四个小朋友跟着说，不一会儿全班幼儿莫名其妙地都说上了，有坐着说的，有翘起屁股趴在桌上说的，也有跑到邻桌上去说的。课上不下去了。但客人一走，孩子们好像也说完了话，又平静下来了。

幼儿这种由于来了客人而兴奋的现象，通常被称之为“人来疯”。不少老师认为这是孩子淘气、捣乱、不听话，就狠狠批评、斥责，甚至惩罚一顿。其实孩子的“人来疯”，在很多情况下，是因为他们的情感受到外界事物影响而过分兴奋，又不能像成人一样很好地加以抑制的缘故，并非幼儿有意和老师为难、不听老师的话。

我们知道，幼儿的自制力较差，他们的各个心理过程都容易受外界情景的影响，带有很大情景性，情感也是如此。幼儿的情感常常是由外界刺激的出现而直接引起，又随着外界刺激的变化而变化。比如，看见一个新玩具，他会情不自禁地想去摸一摸，但这新玩具被拿走了，换了一个上边有小猫头的新闹钟，小猫的眼睛一睁一闭，孩子又立刻被吸引了。再如，刚入园的幼儿，看见妈妈和他告别，往往会伤心地哭，但妈妈走了，老师给他块糖吃，引导他和小朋友一起玩，很快他就会忘记了刚才的情景。这些都表明了幼儿情感的最大特点：易受外界事物影响，多变，不稳定。

由于幼儿情感很容易受外界情景的支配，因此当班上来了许多客人参观、观摩时，幼儿往往容易兴奋、激动起来，不能抑制，并且幼儿间互相影响，一下子，这种兴奋情结就弥漫全班。这时，老师再紧张、慌乱，又给孩子以消极影响，因此幼儿就越来越“疯”了。

【真题卡片 6—1】

材料分析题(2016 上半年保教知识与能力)

△材料：

3 岁的阳阳，从小跟奶奶生活在一起。刚上幼儿园时，奶奶每次送他到幼儿园准备离开时，阳阳总是又哭又闹。当奶奶的身影消失后，阳阳很快就平静下来，并能与小朋友们高兴地玩。由于担心，奶奶每次走后又折返回来，阳阳再次看到奶奶时，又立刻抓住奶奶的手，哭泣起来……

针对上述现象，请结合材料进行分析下面的问题。

(1)阳阳的行为反映了幼儿情绪的哪些特点？

(2)阳阳奶奶的担心是否必要？教师该如何引导？

【参考答案】

1.幼儿情绪具有下列特点：

(1)幼儿情绪的不稳定性。幼儿的情绪是非常不稳定的，容易变化，表现为两种对立情绪在短时间内互相转换。阳阳看见奶奶离开时，会伤心大哭；当奶奶的身影消失后，阳阳很快就会平静下来，并和小朋友愉快地玩耍。

(2)幼儿情绪的外露性。由于自我控制能力差，幼儿还不能完全控制自己的情绪表现。

(3)幼儿情绪易冲动。阳阳看到奶奶立刻哭起来就体现了情绪的易冲动性。

2.(1)阳阳奶奶的担心没有必要。教师应告诉阳阳奶奶孩子新入园哭闹是一个必经的过程，幼儿哭闹是非常普遍的，是亲子分离焦虑的表现。家长要用正确的态度帮助孩子渡过这个难关。家长的依依不舍对孩子适应幼儿园的生活是没有帮助的，反而会影响孩子的情绪及适应能力的发展。

(2)幼儿教师作为专业的教育人员应该合理对家长进行引导。

①引导家长为幼儿营造良好的情绪环境。紧张、焦虑的情绪环境不利于幼儿身心健康的发展，不利于幼儿良好情绪的培养。教师要引导家长保持和谐的家庭气氛，建立良好的亲子关系。

②引导家长用正确的方式控制自己的情绪。家长是幼儿模仿与学习的对象。成人要给幼儿以愉快、稳定的情绪示范和感染，应避免喜怒无常，不过分溺爱也不吝惜爱。当幼儿犯错误或闹情绪时，首先应克制自己的情绪，理智冷静地对待幼儿的情绪与态度。

③引导家长采取积极的教育态度。对幼儿的教育要以肯定为主，多鼓励进步，耐心倾听孩子说话，正确运用暗示和强化。

④引导家长帮助孩子控制情绪。幼儿情绪控制能力差，不会控制自己的情绪。教师应引导家长采用转移法、冷却法、消退法等方法帮助孩子控制自己的情绪，采用正确的方式宣泄消极情绪。

四、情绪情感在学前儿童心理发展中的作用

学前儿童的情绪情感对他们的心理发展具有非常重要的意义，影响到儿童心理诸多方面的发展。

1.情绪的动机作用

情绪是儿童认知和行为的唤起者与组织者，对儿童心理活动和行为具有非常明显的激发作用。情绪直接指导、调控着儿童的行为、促使儿童去做出这样或那样的行为，或不去做

某种行为。一个有同情心、友爱心的孩子，可以为了别的小朋友的快乐，而把自己心爱的图书让给别的小朋友看，把最喜欢的玩具让别的小朋友玩；粗暴、缺乏同情心的孩子，则有好东西就独抢独占，谁要是不小心碰撞了他一下，就又打又闹；一个富有互助感的孩子，能为小朋友的进步感到高兴，向他们学习，为小朋友的落后感到着急，主动关心帮助他；一个自私、嫉妒的孩子，则当小朋友进步时，就不服气，挑人的不足；当小朋友退步时，就瞧不起他，不愿和他在一起。

2. 情绪对认知发展的作用

情绪情感对学前儿童的认识过程，也有着很大的影响。不论是在感知、注意、记忆过程中，还是在思维、想象过程中，都可以明显地看到情绪因素的作用。有一个实验，请 A、B、C 三组小朋友，分别观察一张主题、内容完全相同，但色彩不同的图片：A 组观察的图片色彩鲜艳，B 组观察的图片色彩暗淡，C 组观察的图片无色彩，以了解幼儿观察图片时注意集中的时间和观察后的记忆效果。结果表明，A 组儿童注意集中的时间最长，记忆的效果也最好，因为幼儿喜欢观察色彩鲜艳的东西，而不喜欢观察色彩不鲜艳的，更不喜欢无色彩的东西。

实验结果也表明，当幼儿情绪轻松愉快时，思维最活跃，想象力最丰富。如在画意愿画时，老师给幼儿以充分的精神自由，积极鼓励幼儿大胆想象、大胆表现，想画什么就画什么，让幼儿沉浸在轻松愉快、自由自在的创作情绪中，儿童往往能画出许许多多新鲜的题材，表现出意想不到的丰富的构思。而如果老师急于将自己的主观意图强加给儿童，一会儿说这样画不好，一会儿又说那样画不好，横加干涉，无理责怪，幼儿就会精神紧张，画出来的画往往主题单调、构思简单、内容贫乏，形象呆板。可见，要培养幼儿良好的感知能力、注意力、记忆力，培养幼儿灵活的思维能力、丰富的想象力，就先要考虑培养幼儿积极、愉快的情感。

3. 情绪是人际交往的重要手段

每一种情绪都有其外部表现——表情。表情是人与人之间进行信息交流的重要工具之一，在婴幼儿与人交往中，占有重要的地位。新生儿几乎完全借助于他的面部表情、动作、自身及不同的声音等，与成人进行着信息交流，引起其与成人的交往，或者维持、调整交往。表情和语言一起共同实现着儿童与成人、儿童与同伴间的社会性交往。

4. 情绪对儿童性格形成的作用

儿童在与不同的人、事物接触中，逐渐形成了对不同人、不同事物的不同的情绪态度。儿童经常、反复受到特定环境的影响，反复体验同一情绪状态。这种状态就会逐渐稳固下来，形成稳定的情绪特征，而情绪特征正是性格结构的重要组成部分。

一方面，稳定的情感，会逐渐成为幼儿的性格特点。例如，老师经常要求幼儿帮助比自己小的小朋友叠被子；慰问生病后回班的小朋友；主动搀扶摔倒的小朋友；要求幼儿午睡起床尿尿时，注意轻手轻脚，不影响别人；上课做作业时，注意相互谦让不挤着同桌；等等。这样就能使幼儿逐渐形成比较稳定的同情心和关心体贴别人的情感。久而久之，这种情感就会成为幼儿性格的一部分，成为幼儿对待周围人们稳定的态度和习惯化了的行为方式。另一方面，幼儿情感的发展影响幼儿性格形成的方向。比如，在集体中感到愉快、喜爱集体活动的幼儿，容易形成热爱集体，活泼、开朗的性格；而在集体中感到拘束、不喜爱集体活动的幼儿，则容易形成孤僻、冷漠、怯懦、忧郁的性格。所以，我们应该从儿童很小的时候起，就注意培养、发扬其积极的情感，克服、消除其消极的情感，为幼儿良好个性的形成打好基础。

5. 情绪影响身心健康

情绪与人的身心健康互相制约、互相影响。身体健康主要指机体有无疾病，而心理健康主要指人的情绪健康。幼儿期正是儿童各种情绪情感形成、发展的时期：他们可能形成积极、健康的情感，也可能形成消极、不健康的情感。因此，从小注意他们良好的情感的培养，无疑是非常重要的。

第二节　学前儿童情绪情感的发展

一、婴儿情绪的分化和发展

（一）新生儿原始的情绪反应

观察和研究表明，儿童出生后就有情绪，如新生儿或哭、或静、或四肢蹬动。同时，出生婴儿的情绪反应已是初步分化的。大量研究表明，儿童最初的情绪反应大多是先天性的，是遗传本能，与儿童生理需要是否满足直接相关，因此是最初步的原始的情绪反应。

（二）婴儿期情绪的逐渐分化

婴儿情绪的发展表现为情绪的逐渐分化。初生婴儿的情绪是笼统的，不分化的，1 岁后逐渐分化，两岁左右已出现各种情绪。

1. 布里奇斯的情绪分化理论

加拿大心理学家布里奇斯的情绪分化理论是最具有代表性的理论。他认为初生婴儿只有未分化的一般性的激动，表现为皱眉和哭的反应；3 个月时，分化为快乐、痛苦两种情绪；6 个月时，痛苦又进一步分化为愤怒、厌恶、害怕三种情绪；12 个月时，快乐情绪又分化出高兴和喜爱；18 个月时，分化出喜悦与嫉妒。

2. 伊扎德的“情绪动机分化理论”

伊扎德是当代美国乃至国际著名的情绪发展研究专家。他关于婴儿情绪发展的研究及据此提出的情绪分化理论，在当代情绪研究中有很大的影响。伊扎德认为婴儿出生时具有五大情绪，即惊奇、痛苦、厌恶、最初的微笑和兴趣。他认为婴幼儿 4～6 周时，出现社会性微笑；3～4 个月时，出现愤怒、悲伤；5～7 个月时，出现惧怕；6～8 个月时，可出现害羞；0.5～1 岁时，出现依恋、分离、伤心、对陌生人的恐惧；1.5 岁左右，出现羞愧、自豪、骄傲、焦虑、内疚和同情等。

知识链接 6-3

分离焦虑与陌生人焦虑

当孩子长到6～7个月以后，我们可以看到，孩子开始害怕陌生人。而且当他们与妈妈或其他亲人分开时，还表现出明显的不高兴。例如，正抓住小床围栏站着的10个月的培培看见妈妈穿上衣服、拿起挎包要出去买东西时，就会哭起来。在同样场景下，用不着围栏的15个月的娜娜就会跑过去搂住妈妈，或者起码也要跟她到门口。如果妈妈关上门走出去，她就会放声大哭。

婴幼儿因与亲人分离而引起的焦虑、不安，或不愉快的情绪反应，就是婴儿的分离焦虑，又称离别焦虑。

心理学研究证明，分离焦虑一般出现在一周岁之前(此时婴儿正在形成最初的社会性依恋)，在14～20周时达到顶峰，然后在整个婴儿期和学前期强度逐渐减弱。在不同文化背景下，被养育的儿童最早出现分离焦虑的时间也不尽相同。例如，北美和欧洲婴儿一般在6～7个月出现这种行为，而有些国家的儿童，如非洲乌干达和一些亚洲国家的婴儿，在5～6个月时就出现与母亲分离时的焦虑。原因何在？这些国家的婴儿与他们的母亲有更多的亲密接触，母乳喂养的时间比西方儿童长，和母亲形影不离，他们常常骑在妈妈身上或被棉绳绑在妈妈身后。和妈妈分离对他们来说是一件大事，所以他们才很早地表现出这种分离焦虑。

陌生人焦虑是指儿童由于陌生人的突然出现而产生的某种程度上的恐惧、紧张或不安的情绪。其通常发生在儿童出生后6个月左右，8～12个月达到高峰，15个月后逐渐消失。

陌生人焦虑和分离焦虑产生在同一时间，也就是婴儿形成最初的社会性依恋之时，它是婴儿的认知能力和情绪发展的必然产物。大多数心理学家都认为，婴儿身上出现的这种情绪体验对儿童将来的心理发展有长期影响。早在20世纪初，弗洛伊德就提出，母婴之间稳定的情绪联系的建立，对于社会性与个性的正常发展来说，是绝对必要的，这一观点后来获得了行为学家约翰·鲍尔贝和当代最著名的精神分析理论家埃里克森的赞同。埃里克森认为，早期情绪依恋向婴儿提供了一种基本的信任感，它使儿童在以后的生活中能够与别人建立起密切的感情联系。以研究黑猩猩著称的学习理论家哈里·哈洛和以研究人类学习著称的罗伯特·西尔斯则认为，与母亲的密切联系使婴儿习得了全套的社会技能，使他们能够卓有成效地、恰当地同其他社会成员交往。

【真题卡片 6—2】

单选题(2017 上半年保教知识与能力)

△初入园的幼儿常常有哭闹、不安等不愉快的情绪,说明这些幼儿表现出了(　　)。

A. 回避型依恋　　B. 抗拒性格　　C. 分离焦虑　　D. 黏液质气质

【答案】C。

3. 林传鼎的情绪分化理论

(1)泛化阶段(0～1 岁)

泛化阶段儿童的情绪反应比较笼统,而且往往是生理需要引起的情绪占优势。0.5～3 个月的婴幼儿出现了 6 种情绪:欲求、喜悦、厌恶、忿急、烦闷、惊骇。但这些情绪不是高度分化的,只是在愉快与不愉快的基础上增加了一些面部表情。4～6 个月的婴幼儿开始出现由社会性需要引起的喜欢、忿急。

(2)分化阶段(1～5 岁)

分化阶段儿童情绪开始多样化,从 3 岁开始陆续产生了同情、尊重、爱等 20 多种情感,同时一些高级情感开始萌芽,如道德感、美感。

(3)系统化阶段(5 岁以后)

这一阶段的基本特征是情绪升华的高度社会化。这个事情道德感、美感、理智感等多种高级情绪达到一定的水平。

二、学前儿童情绪情感的发展

(一)幼儿情绪情感发展的趋势

幼儿情绪和情感的发展趋势主要体现在四个方面:社会化、丰富化和深刻化、自我调节化、情绪控制与掩饰成分增加。

1. 情绪的社会化

幼儿最初出现的情绪是与生理需要相联系的。随着年龄的增长,幼儿情绪逐渐与社会性需要和社会性适应相联系,社会化成为幼儿情绪情感发展的一个主要趋势。这种趋势主要表现在三个方面:(1)情绪中社会性交往的成分不断增加;(2)引起情绪反应的社会性动因不断增加;(3)情绪表达的社会化。

2. 情绪情感的丰富化和深刻化

从情绪所指向的事物来看,其发展趋势是越来越丰富和深刻。幼儿情绪情感的逐渐丰富化表现在以下方面:(1)幼儿情绪过程越来越分化;(2)情感指向的事物不断增加,有些先前不引起儿童体验的事物,随着幼儿年龄的增长,能够引起儿童的情绪体验。

情绪发展的深刻化是指情绪情感所指向事物的性质逐渐变化,从指向事物的表面到指向事物更内在的特点。

3. 情绪情感的自我调节化

从情绪的进行过程看，情绪的发展趋势是越来越受自我意识的支配。随着年龄的增长，婴幼儿情绪的冲动性逐渐减少，情绪的稳定性逐渐提高。但总的来说，幼儿的情绪仍然是不稳定的，易变化的。

四五岁儿童的情绪较之3岁儿童更稳定，他们的行为受情绪支配的比例逐渐下降，开始学着控制自己的情绪。当然，他们并非对所有的事都能调节好情绪，对特别感兴趣的事和物仍然受情绪支配，甚至还会出现情绪"失控"现象，遇到不顺心时仍会出现哭闹。总的来说，幼儿的情绪仍然是不稳定、易变化的。

4. 情绪控制与掩饰成分的增加

婴儿期和幼儿初期的儿童，不能意识到自己情绪的外部表现。他们的情绪完全表露在外，丝毫不加以控制和掩饰。随着言语和幼儿心理活动有意性的发展，幼儿逐渐能够调节自己的情绪及其外部表现。

【真题卡片6－3】

单选题(2016上半年保教知识与能力)

△在商场，4～5岁幼儿看到自己喜爱的玩具时，已不像2～3岁时那样吵着要买。他能听从成人的要求并用语言安慰自己："家里有许多玩具了，我不买了。"对在这一现象最合理的解释是(　　)。

A. 4～5岁的幼儿形成了节约的概念

B. 4～5岁幼儿的情绪控制能力进一步发展

C. 4～5岁幼儿能够理解玩其他玩具同样快乐

D. 4～5岁幼儿自我安慰的手段有了进一步发展

【答案】B。

(二)学前儿童几种基本情绪的发展

1. 哭

新生儿的哭主要是生理性的，幼儿的哭主要表现为社会性情绪。

0～1岁婴儿的哭多由饥饿、疼痛、恐惧、生气等原因引起，还有用来引起照料者注意的哭。父母要及时安抚婴儿并善于观察：一是及时发现情况、避免意外与不测的发生，二是帮助婴儿建立与照料者的信任感与安全感。

2～3岁婴儿的哭多与生活经验不足、生活能力不完善有关，如走路跌倒、搭不好积木等。当自己的需要得不到满足时，他也会哭。这个年龄阶段婴儿的哭需要重视，因为它往往是负面情绪的反应，此时的经常性哭会影响身心发展。父母应注意尽量减少孩子哭的次数，缩短哭的时间,降低伤心程度,要尽量做到哭前积极预防、哭时正确对待、哭后加强教育。

3 岁以上的幼儿,随着言语能力的发展和自我控制的能力逐渐形成,哭的现象会比较少。

2. 笑

婴儿的笑是第一个社会性行为,比哭发生的晚。笑是一种愉快情绪的表现,也是与周围环境进行沟通的基本手段。笑能够增进婴儿与父母情感的交流,能够促进婴儿身心健康发展。笑主要有以下两种类型:

(1) 自发性的笑

婴儿最初的笑是自发性的,这是一种生理表现,不是交往的表情手段。比如,出生后不久的婴儿在深度睡眠中会笑,面对温柔的声音和抚摸会笑。

(2)诱发性的笑

①反射性的诱发笑。新生儿在第三周时,开始出现清晨时间的诱发笑。例如,轻轻触摸或吹其皮肤敏感区 4～5 秒,他就会微笑。这种诱发性的微笑是反射性的,而不是社会性微笑。

②社会性的诱发笑。研究发现,从第五周开始,婴儿对社会性物体和非社会性物体的反应不同人的出现,包括人脸、人声,最容易引起婴儿发笑,这表明婴儿开始出现“社会性微笑”。这种笑,增加了婴儿与父母、照顾者之间的依恋关系。

3. 恐惧

(1)本能的恐惧

恐惧是婴儿出生就有的情绪反应,是本能的反应。最初的恐惧不是由视觉刺激引起的,而是由听觉、肤觉、肌体觉引起的,如刺耳的声音引起的恐惧等。

(2)与知觉和经验相联系的恐惧

婴儿从 4 个月左右开始出现与知觉发展相联系的恐惧。引起过不愉快经验的刺激会激起恐惧情绪。也是从这个时候开始,视觉对恐惧的产生逐渐起主导作用。

(3)怕生

怕生是对陌生刺激物的恐惧反应。怕生与依恋情绪同时产生,一般在婴儿出生 6 个月左右出现。伴随婴儿对母亲依恋的形成,怕生情绪也逐渐明显、强烈。研究表明,婴儿在母亲怀里时,怕生情绪较弱;离开母亲,怕生情绪较强烈。可见恐惧与缺乏安全感相联系。人际距离的拉近或疏远,会影响到儿童的安全感。

(4)预测性恐惧

随着想象的发展,两岁左右的儿童出现了预测性恐惧,如怕黑、怕坏人等。这些都是与想象相联系的恐惧情绪,往往由环境的不良影响形成。与此同时,由于语言在儿童心理发展中的作用增加,成人的肯定、鼓励可以帮助儿童克服这种恐惧。

(三)学前儿童高级情感的发展

相对于生理性需要是否满足所引起的情绪情感而言,幼儿的高级情感是指由幼儿的社会性需要是否得到满足而引起的社会性情感。两岁左右，儿童的高级情感开始萌芽。随后，由于情感过程逐渐受幼儿自己调节，情感内容日益丰富和深刻。随着幼儿社会性需要的发展，在成人的正确教育影响下，幼儿的高级情感逐步形成。高级情感是由多种情感有机组成并且系统化了的情感，因而比较复杂而稳定。幼儿的高级情感主要体现在道德感、美感和理智感等三个方面，并分别表现出不同的特点。

1. 幼儿道德感的发展

道德感是幼儿评价自己或别人的行为是否符合社会道德行为标准时所产生的内心体验，它是在掌握道德标准的基础上产生的。对于幼儿来说，掌握道德标准不是件易事，形成道德感更是比较复杂的过程。热爱父母、老师，憎恨坏人，遵守纪律等都属于道德感的范畴。幼儿的道德情感是在成人的道德评价和潜移默化的榜样作用影响下形成的。它是从初步认识到好与坏的标准开始的。婴儿期的婴儿只有同情感、怕羞等道德感的萌芽。在集体生活中，通过对幼儿进行集体生活的教育，随着各种行为规则的掌握，到幼儿中、晚期，幼儿的道德感逐渐发展起来。

开始出现时，幼儿的道德感主要指向个别的外部的行为，并且往往由成人的评价直接引起。比如，受到父母或老师的夸奖就高兴，受到他们的责备就难过。中班幼儿的道德感逐渐与一些概括化的道德标准相联系。例如，帮小朋友叠了被子、完成了老师委托的任务时心里产生快感，感到美滋滋的；相反，违反了游戏规则或做了错事时，则羞愧不安。从幼儿中期始，学前儿童不仅对自己的行为具有道德感，而且开始对别人的行为是否符合道德标准产生明显的情绪体验。例如，喜欢和友好谦让的幼儿做游戏，佩服、尊敬学习认真、会唱歌、会画画的同伴，谴责、批评说难听话、抢霸玩具的幼儿，对淘气捣乱、不遵守纪律的小朋友表示生气和愤怒。在这一时期的幼儿热爱老师，同情多病的幼儿，当小朋友不小心碰撞了他时能友善地谅解；敬佩英雄，憎恨坏蛋，将图书里的"好人"抹上红脸，"坏人"涂上黑脸或打上"X"。这些都是幼儿道德感的表现。

【真题卡片 6－4】

单选题(2015 上半年保教知识与能力)

△幼儿看见同伴欺负别人会生气，看见同伴帮助别人会赞同，这种体验是( )。

A. 理智感　　B. 道德感　　C. 美感　　D. 自主感

【答案】B。

【真题卡片 6－5】

单选题(2013 下半年保教知识与能力)

△中班幼儿告状现象频繁，这主要是因为幼儿(　　)。

A. 道德感的发展　　B. 羞愧感的发展　　C. 美感的发展　　D. 理智感的发展

【答案】A。

2. 幼儿美感的发展

美感是人的审美需要是否得到满足而引起的内心体验。它是一种对大自然和人类社会生活环境美的爱好和欣赏。它受社会历史条件和阶级的制约，受社会的审美评价标准的影响。美感的发展和道德感的发展关系非常密切。凡是符合社会道德规范的行为，都能够引起心灵美的体验；反之，则使人产生丑恶、厌恶之感。

在现实生活中，无论具有美感的客观事物是否能给人带来好感，人们都会满怀激情、义无反顾地追求具有美感的客观事物，以期获得相同程度的好感。客观事物的美感虽然是虚幻的，但它却能够非常有效地激励人们的生活热情，明显地增强人们的生活信心，极大地丰富人们的生活内容。

很小的幼儿就知道新衣服、新鞋袜是美的，“红红绿绿”是美的，喜欢看鲜艳悦目的颜色，喜欢听优美动人的音乐。到四五岁时，爱美的情感更为明显和强烈。他们对形象可爱、会动、会发声的玩具爱不释手，看到色彩鲜艳、情节生动的图片会高兴得手舞足蹈，并会以极大的注意和热情去欣赏美妙动听的音乐以及画他熟悉和喜爱的事物。

到学前晚期，幼儿对美的标准的理解和美的体验较之中期又有了进一步的发展。在唱歌、跳舞、绘画、建筑、朗诵儿歌或阅读散文等活动中，他们能得到莫大的喜悦和欢乐。同时，对人们的服装穿着，对环境的布置，对唱歌、跳舞、绘画、朗诵等艺术活动，他们都提出了更高的美的要求。比如，衣服的颜色不光要鲜艳，而且要配合得协调；玩具柜的玩具不仅要摆得整齐，而且要摆得有规律，对称、均衡；唱歌要根据歌曲的要求，唱得有抑有扬、有轻有重。这些鉴别美、欣赏美、创造美的能力的发展，标志着幼儿美感达到了一个新的较高的水平。

3. 幼儿理智感的发展

幼儿期是儿童理智感开始发展的时期。例如，小班幼儿在成人的指导下，用积木搭出一个房子时，会高兴得拍起手来。大班的幼儿会长时间迷恋于一些创造性活动，如用积木搭出宇宙飞船、航空母舰，用泥沙堆成公路、山坡等。6 岁孩子理智感的发展还表现在喜欢进行各种智力游戏，如下棋、猜谜等。这些活动不仅使幼儿产生由活动带来的满足、愉快、自豪等积极情感，还会成为促进幼儿进一步去完成新的、更为复杂的认识活动的强化物。

幼儿的理智感有一种特殊的表现形式，即好奇好问。在这方面，其他任何年龄的儿童表现都不会如此明显。幼儿初期的孩子往往从问“这是什么”，逐渐发展到问“为什么”“怎么样”等。如果问题得到解决，幼儿就会感到极大满足；否则，就会不高兴。

幼儿理智感的另一种表现形式是与动作相联系的“破坏”行为。崭新的玩具刚买回家，转眼工夫，就被孩子拆得四分五裂。日常生活中，有许多在成人看起来是十分平常的现象，在幼儿看来却感到新奇，所以他们要问、要猜，这完全是幼儿理智感发展的表现。作为家长和教师要珍惜幼儿的这种探究热情，满足他们的好奇心。

第三节　学前儿童情绪情感的培养

引导案例 6-2

童童是一个两岁半的小班幼儿。他满月后一直由婆婆喂养，和婆婆生活在一起，和婆婆感情非常深厚，上幼儿园也是婆婆接送。童童和父母的感情较为冷淡。有一次，妈妈去幼儿园接童童回家。放学后，童童离开自己的座位向门口跑，看到妈妈后童童又退回了自己的座位，撇着嘴，一副欲哭的表情。妈妈推门进来，抱起童童。

“婆婆呢？婆婆”

“婆婆在家呢。”

“不要不要，我要婆婆接！”童童哭了。

“婆婆的脚扭了，不能走路，妈妈带你回家。”

“没有，没有，我要婆婆来带我！”童童边哭闹边推妈妈。

妈妈耐心地讲着。童童越哭越厉害。

面对越来越多的家长，妈妈一脸尴尬。终于，妈妈失去了耐心。“你不想跟妈妈回家就一个人待着，我走了。”妈妈生气地放下童童，装着要离开。童童哭得更厉害了。束手无策的妈妈满脸祈求地望着站在教室门口的老师。

老师走到童童身边，轻轻地拍着童童，抱到怀里，边给童童擦眼泪边说：“童童乖，童童不哭，让老师来帮助你，好不好？”“好”童童抽抽搭搭地说。

“童童现在很伤心吧，你告诉老师，是什么事情让童童这么伤心呢？”这话问到了伤心处，还没等老师说完，童童又大声地哭了起来：“我不要妈妈带我回家，我要婆婆带我回家。”

“噢，老师知道了，童童每天跟着婆婆，最喜欢婆婆，幼儿园里待了一天，最想见到婆婆，是不是？”这可说到了心坎儿了。

“是。”

“妈妈说，婆婆的脚扭了，不能来带童童了，我们先跟妈妈回家，快点见到婆婆，好吗？”

“不要不要，婆婆脚没扭，早上是婆婆送我来的，我要婆婆。”

“噢，是这样。那我们先给婆婆打个电话，老师也想知道婆婆的脚到底怎么样了，好吗？”

童童在老师说出“打电话”开始，嘴巴里就不停地答着“好，好”，同时，哭声停止了，情绪也慢慢地平静下来了。

老师带着童童打电话。童童对着电话说着，脸上阴转多云。

来到妈妈身边，脸上竟有了笑容：“快回家看婆婆！”妈妈如释重负。

在儿童的成长过程中，喜怒哀乐等情绪是最基本的情绪，它们往往并伴随着思维的发展、社会性的发展而进一步发展。家长和教师应该为学前儿童创设一个温暖、安全、信任和友爱的成长环境，使他们能够正常体验和表达积极的情绪情感，帮助儿童培养良好的情绪情感。

一、幼儿情感的培养

（一）创设良好的育人环境，培养幼儿良好的情感

大量的事实表明，家庭不和、师幼关系不亲，会使幼儿陷入恐惧、悲观等不良情绪之中，进而会影响幼儿的个性发展。反之，当幼儿周边的成人都表现得积极热情、乐于助人、关爱他人，幼儿受其影响，也表现得健康、热情、有活力。这就要求老师和家长要在日常生活中以身作则，为孩子成长创造一个良好、和谐的氛围，培养孩子积极的情感。在教育过程中，要坚持科学的教养方式，严格要求与尊重爱护相结合。老师对幼儿要有严、有爱，要以亲切、和蔼而又认真严肃的态度对待他们，既细心照料他们的生活，尽量满足他们的合理要求，同时又培养幼儿之间团结友爱、互帮互助的习惯，使幼儿处于一个愉快、欢乐、互相关心、互相爱护的集体之中，经常保持积极的情绪。

（二）充分利用各种活动培养幼儿的情感

情感是在具体的活动中产生的，因此教师要善于利用各种活动来培养幼儿的情感。例如，用歌舞表演《好朋友》让孩子们相互结伴边唱边给对方梳头、扣纽扣；为《迷路的小花鸭》《“对不起”“没关系”》等创设友爱情境，让幼儿不知不觉地融入角色，从而引起情感上的共鸣；用讲英雄人物的故事，观看有关的电影、电视，激发孩子向他们学习的愿望，从而学会自觉地关心他人；通过课上和课间的游戏活动，积极引导和培养幼儿健康的情感等。

（三）重视对幼儿进行爱心教育

爱心是许多积极情感产生的前提。培养孩子善良的意识，让孩子懂得关心、帮助别人、同情别人，对孩子的一生十分重要。教学活动中，可以让孩子感受祖国的地大物博、物产丰富、风景优美，教育孩子爱家乡、爱祖国；可以让孩子认识自然界的奇妙、领略科学知识的无穷魅力，教育孩子爱知识、爱学习；可以让孩子知道保护自己的身体，同时也要学着关心周围有困难的人，教育孩子有同情心、有爱心；可以让孩子欣赏绘画作品的美感，陶冶情操，教育孩子懂得美、欣赏美、热爱美等。教师可以开展专门的主题活动或利用节日对孩子进行爱心教育。例如，在“母亲节”“三八节”“父亲节”“重阳节”“国庆节”等节日组织孩子进行爱心教育、感恩教育等。

（四）重视培养幼儿的移情能力

所谓移情，就是指一个人能站在别人的角度观察事物，了解对方的观点，体验对方的情

感。三四岁幼儿已具有一定的移情能力，能从表情来辨别和理解成年人的情绪，并采用一定的方式取悦他们。因此，老师和家长应注意对幼儿进行移情能力的培养。

1. 向孩子倾诉情感

父母和老师都会有自己的喜怒哀乐。应该向孩子陈述自己的情绪状态及产生这种情绪的原因，明确告诉他们：你这样做，我很高兴、很愉快；你那样做，我会很烦恼、很痛苦。并讲清楚为什么会产生这样的情绪。听大人倾诉，孩子不仅有了了解别人情绪和内心体验的机会，知道自己的行为会给别人带来欢乐或痛苦，而且能学到表达情感的词语和表达情感的方法。当然，大人向孩子倾诉情感，要营造一种宽松、和谐的气氛，把孩子当成朋友平等交流，要用适当的时间和空间。

2. 引导孩子欣赏别人的情感

首先，应引导孩子积极评价别人的情感，让他们明白每个人都有表达自己喜怒哀乐的权利，对同一事物每个人都会有自己的看法和感受。其次，训练孩子通过别人的语言、声音、仪表和行为及作品辨别情感的能力，使他们善于"察言观色"，培养他们对情感的敏感性。再次，培养孩子控制自己情绪的能力——不能不顾别人的感受肆意表现自己的情绪。最后，要注意引导孩子去体验别人的情感。当别人高兴时，你应为他高兴；当别人痛苦时，你应具有同情心，对别人进行安慰和关怀。值得指出的是，要做到以上几点，成人的表率作用很重要。

3. 多让孩子换位思考

换位思考，是指设身处地站在别人的处境思考问题，体验别人的情感。它能使人不至于过分关注自己。对于儿童来说，则能使他们较快地摆脱以自我为中心，把自我的概念扩展到他人身上去。训练孩子换位思考的方法很多，如积极为他们创造与别人交流的机会，让他们在与别人沟通中揣摩别人在想什么、怎么想的；通过游戏的方式，让儿童扮演不同的社会角色，让他们了解不同职业、不同身份的人的心理特点；在他们听故事和学习课文的时候，要让他们从故事中各种人物的处境出发，体验他们的情绪等。

4. 让孩子学会表达情感

要表达情感就要对自己的情感进行反思和分析，这种反思和分析情感的能力可以推己及人，增强移情的能力。培养表达情感的能力，首先要丰富儿童有关情感的词汇，如愉快、爱、喜欢、厌恶、痛苦、可怜、可悲等，并能理解和运用它们。其次要认真倾听他们说话，引导他们把自己的想法和心情表述出来。如果孩子觉得自己说话经常没有受到重视，他们就会逐渐沉默起来。再次要让孩子养成写日记的习惯，写日记是反思、剖析、表达情感的好方式。最后要鼓励孩子表达情感。告诉孩子，当他们有高兴之事时可以说出来让大家分享；当有烦恼、痛苦之事时，亦可向人倾诉，使自己的心理得以放松，并求得别人帮助。

（五）正确疏导幼儿的不良情绪

消极情绪对人的身体健康也有重要影响。因此，成人要善于防止和消除学前儿童的消极情绪，培养他们正向积极的情绪情感。

1. 理解儿童的情绪行为，疏通和转化不良情绪

生活环境对孩子的情绪影响很大。长期处于不良的生活环境中，儿童的情绪发展可能会出现问题。例如，成人对儿童冷淡、粗暴的态度容易导致其情绪不稳定，适应性差。不公正的环境容易使儿童产生愤愤不平的情绪和嫉妒的心理。每个孩子在生活中都会发生冲突，遭遇挫折，从而表现出不良的情绪反应。为了避免孩子产生严重的情绪困扰，家长要营造良好的家庭氛围，让孩子在一个温馨、和谐、宽松的环境中成长。如果孩子出现不良的情绪发泄行为，父母一定要充分理解，寻找情绪产生的原因并进行疏通和转化。此外，幼儿教师要提升自己的情绪控制能力和道德标准，对所有儿童一视同仁，理解他们的感受并引导他们合理表达自己的不良情绪，从而进行更好的疏通。例如，给儿童设立一个"情绪小屋"，让他们有一个小空间，当有情绪困扰时，可以请他们到这个小屋里与好朋友说说心中的小秘密，自由表达自己的情绪和情感，或者让他们安静地待一会儿。这些都有助于缓解和疏通幼儿的不良情绪。

2. 不要给儿童造成过重的压力

学前儿童应以享受世界、积极游戏和自由探索为主，成人不应该强制性安排孩子过多的学习任务。这样做不但不能加速儿童的发展，反而可能造成幼儿紧张、焦虑等消极情绪的产生，不利于幼儿情绪情感的发展。紧张和压抑是两种最有害的状态，学前儿童处于持续的紧张和压力下，这种情绪会影响其未来的身心健康，甚至会影响人格的发展。因此，父母和教师有责任为孩子营造一个能激发儿童天性的放松、活泼的环境，让儿童自由学习和快乐成长，享受生活的乐趣。同时，父母和教师应适度激发他们对各种事物的广泛兴趣。

3. 帮助儿童消除情绪障碍，减轻消极负面情绪的影响

当幼儿遭遇父母离异、家庭暴力等不良事件时，他们的情感发展受阻，可能产生不良情绪障碍等问题，成人应及时采取有效方法消除幼儿的情绪障碍。一方面，要帮助幼儿建立积极正向的认知方式，尽量使幼儿对所遇到问题有较为正确的认识。例如，父母离异的孩子可能会产生"父母离婚是因为自己做得不好""他们以后不会再爱自己了"等想法，这种错误的认知方式就会导致孩子产生不良的情绪体验。父母可以就离婚的事情跟孩子沟通，了解其内心的想法，改变不合理的认知方式。另一方面，应通过行为训练、情感示范等方式让幼儿正确表达自己的情绪，学习有效表达情绪的能力。情况严重时可以请专业心理咨询人员，运用儿童心理咨询方法，如游戏疗法等来矫正儿童情绪障碍，使其情绪情感得到健康发展。

知识链接 6-4

超限效应

美国著名幽默作家马克·吐温有一次在教室听牧师演讲。最初，他感觉牧师讲得好，使人感动，准备捐款；10 分钟后，牧师还没讲完，他有些不耐烦了，决定只捐些零钱。又过了 10

分钟,牧师还没有讲完,他决定不捐了。在牧师终于结束了冗长的演讲,开始募捐时,过于气愤的马克·吐温不仅分文未捐,还从盘子里偷了两元钱。

像这种由于刺激过多、过强或作用时间过久而引起心理极不耐烦或逆反的心理现象,称之为“超限效应”。

超限效应在家庭教育中时常发生。例如,当孩子不用心而没考好时,父母会“一而再,再而三”地就这件事批评孩子,使孩子从内疚不安到不耐烦最后反感讨厌。被“逼急”了,就会出现“我偏要这样”的反抗心理和行为。因为孩子一旦受到批评,总需要一段时间才能恢复心理平衡,受到重复批评时,他心里会嘀咕:“怎么老这样对我?”这时,孩子挨批评的心情就无法复归平静,反抗心理就高亢起来。

可见,家长对孩子的批评不能超过限度,应对孩子“犯一次错,只批评一次”。如果非要再次批评,那也不应简单地重复,要换个角度,换种说法。这样,孩子才不会觉得同样的错误被“揪住不放”,厌烦心理、逆反心理也会随之减低。

考题预测

一、单选题

1. 儿童最初的情绪反应是与(　　)。

A. 尊重的需要相联系的　　B. 归属和爱的需要相联系的

C. 生理需要相联系的　　D. 自我实现的需要相联系的

2. 中班幼儿在道德感方面(　　)。

A. 掌握了一些概括化的道德标准

B. 主要指向个别行为

C. 爱小朋友、爱集体等情感,已有了一定的稳定性

D. 比较复杂化

3. 幼儿看到故事书中的“坏人”,常会把他抠掉,这说明了幼儿情绪的(　　)。

A. 丰富化　　B. 深刻化　　C. 稳定性　　D. 冲动性

4. 情绪是婴幼儿交往的重要工具,这是因为情绪具有(　　)。

A. 传递功能　　B. 唤起功能　　C. 调节功能　　D. 信号功能

5. 婴幼儿最初社会性发生的标志是(　　)。

A. 诱发性微笑的出现　　B. 不出声的笑

C. 出声的笑　　D. 有差别的微笑的出现

6. 情绪的表达方式不包括(　　)。

A. 肢体语言　　B. 面部表情　　C. 言语表情　　D. 思维活动

7. 幼儿园老师常把刚入园哭着找妈妈的孩子与其他孩子暂时隔离开，这主要是因为（　　）。

A. 老师不喜欢哭闹的孩子　　B. 幼儿常处于激动的情绪状态

C. 该幼儿不适合上幼儿园　　D. 幼儿的情绪容易受到感染

二、简答题

1. 简述情绪在学前儿童心理发展中的作用。

2. 5 岁的萌萌很胆小，所以她不想自己睡，虽然爸爸、妈妈把她哄睡了，但是，几乎每天半夜还是会做噩梦醒来，要跟父母睡。作为家长，该怎么办？

3. 3 岁的星星最近很叛逆，不顺从，总爱唱反调。作为家长应该如何对待他呢？

三、论述题

学前儿童情绪发展的基本顺序是怎样的？

四、材料分析题

星期一，已经上小班的松松在午睡时一直哭泣，嘴里还一直唠叨，说："我要打电话给爸爸来接我，我要回家。"教师多次安慰他还一直在哭。教师生气地说："你再哭，爸爸就不来接你了。"松松听后情绪更加激动，哭得更加厉害了。

请阅读上述材料，回答以下问题。

(1)你如何看待材料中教师的行为？

(2)你能提出哪些帮助幼儿控制情绪的有效方法？

第七章 学前儿童的意志发展

学习目标

1. 掌握意志的三个特征，理解意志与认识活动、动机和情感的关系。
2. 了解学前儿童意志活动在目的性、坚持性和自制能力三方面的发展状况。
3. 基本掌握培养学前儿童良好意志品质的几种方法。

引导案例 7-1

不同情境中的晓辉

4岁的晓辉，在集体教学时间总是坐不住，东张西望，四处走动。但是在自由活动时，他玩自己喜欢的游戏，却能坚持很久。例如，搭的积木好几次塌了，他都没有放弃，而是寻找方法重新再搭，表现得很专注。

思考：为何幼儿的坚持性在不同场合表现不一？

引导案例 7-2

尼克·胡哲 生命的奇迹

尼克·胡哲出生于1982年12月4日。刚出生时，陪产的父亲看到他的模样，忍不住跑到产房外呕吐。原来尼克一生下来就没有双臂和双腿，仅仅在左侧臀部以下的位置有一个带着两个脚趾头的小“脚”。他的母亲也无法接受这一残酷的事实，直到尼克4个月大才敢抱他。

但是，尼克的父母并没有放弃对儿子的培养，而是希望他能像个正常人一样生活和学习。父亲在尼克6岁时开始教他用两个脚趾头打字，母亲发明特殊塑料装置帮助他拿起笔。双亲一直鼓励他学会直面困难，战胜困难。他也逐渐交到了朋友。直到13岁那年，尼克看到一篇刊登在报纸上的文章，介绍一名残疾人自强不息、给自己设定一系列伟大目标并完成的故事。他受到启发，决定把帮助他人作为人生目标。

通过家人和自己的艰辛努力，他成为著名残疾人励志演讲家，到过超过35个国家和地区进行演，鼓舞了一批又一批的人，并创办了“生命不设限”组织。现今他拥有深爱他的妻子，并在2013年有了一个健康的宝宝，一家人幸福地生活在一起。尼克的事迹感动和鼓舞了许许多多的人。虽然这只是个别案例，却足以说明意志在一个人生命发展过程中是多么重要。

我国有句俗语叫“有志者，事竟成”，强调了一个人要取得成功需要的条件——意志。也就是说人为了达到一定的目的，要靠毅力和决心去克服困难，实现预定目标。这个过程需要一种促人达标的力量，也就是有目的地、自觉地、能克服困难地达到目标的心理过程。人的这种心理过程具备什么特点、品质？它是如何产生和发展的呢？

第一节　意志概述

一、意志的概念

（一）意志的概念

意志是指个体自觉地确定目的，并据此支配和调节自己的行动、克服种种困难、实现预定目的的心理过程。即人的思维过程见之于行动的心理过程。无意识的本能活动、盲目的冲动或一些习惯动作都不含有或很少有意志的成分。意志：意，心理活动的一种状态。志，对目的方向的坚信、坚持。意志，即对实现目的有方向、有信念地坚持的一种心理活动（含潜意识中的心理活动）。意志是人类特有的高级心理现象，在人类生活中具有举足轻重的作用。人类在改造主客观世界中，都与意志密不可分。

意志作为人类特有的有意识、有目的、有计划地调节和支配自己的行动的心理现象。其过程包括决定阶段和执行阶段。决定阶段指选择一个有重大意义的动机作为行动的目的，并确定达到该目的的方法。执行阶段即克服困难，坚定地把计划付诸实施的过程。意志的调节作用包括发动与预定目的相符的行动以及抑制与预定目的矛盾的愿望和行动两方面。

（二）意志的特征

目的性、克服困难和有意运动是意志的三个相互联系的基本特征。

1. 明确的目的

由于人具有根据自觉的目的去行动的能力，因而人就能调节自己的行动，开展符合目的的行动，制止不符合目的的行动。人的意志不仅能够调节人的外部动作，还可以调节人的心理状态。例如，一个人有了抓紧时间复习的决心，就会一方面付诸行动，另一方面努力抵制外界的诱惑和干扰，达到复习功课的目的。正是这种目的的激励和抑制作用，意志才实现着对人的活动的支配和调节。

2. 与克服困难相联系

在意志行动中，为了达到目的，常常会遇到各种困难。不论克服哪种困难，都需要意志努力。困难从性质来分，有内外之分。内部困难主要是指在行动中自我(主观)因素的干扰。例如，新教师在教育孩子的过程中遇到棘手的问题，常常产生畏难情绪。意志在这个时候就表现为努力克服内心的障碍，督促自己去做应该做的工作；外部困难是指人在完成既定目的采取行动时所遇到的客观环境中的障碍。例如，在教育工作中，教师会遇到家长的不合作，学生某些问题行为的反复，要完成自己教育孩子的任务，必须克服这些障碍才能顺利完成。所以，一个人的意志水平往往可以用克服困难的努力程度加以衡量。

3. 以有意运动为基础

人的行动是由一系列的动作组成的。动作可分为无意动作和有意动作。无意动作是在无意中发生的不由自主的动作，例如，受到强光，瞳孔立即缩小，手碰到针刺立即缩回等。有意动作是受意志支配的动作，它是实现意志行动的基础。例如，小学儿童练字，就是由一系列有意动作组成的意志行动。人们如果不掌握必要的有意动作，意志行动就无法实现，掌握了有意动作，就可以根据目的去组织、支配和调节一系列的动作，组成复杂的意志行动。有意动作掌握的水平越高，越容易实现意志行动。

知识链接 7-1

动作分类	动作分类	动作分类
注意	有意注意	无意注意
识忆	有意识别	无意识别
记忆	有意记忆	无意记忆
想象	有意想象	无意想象

总之，目的是意志行动的前提，克服困难是意志行动的核心，有意运动是意志行动的基础。如引导案例 7－1 中的晓辉，之所以在集体教学时间里没有体现出坚持性，正是因为他没有在其中产生明确的目的，所以也就没有出现意志行动。而自主选择自己喜欢的游戏，比如搭积木，他有明确的目的，所以相应地也就出现了坚持不懈的、克服困难的意志行动。

二、意志行动

(一)意志行动过程

意志行动是一个复杂的自觉行动的过程，有其发生、发展和完成的心理历程。意志行动的过程分为两个阶段：确定决定阶段，包括动机斗争和确定行动的目的；执行决定阶段，包括行动方法、策略选择和克服困难以实现已经做出的决定。

一般而言，意志是通过行动表现出来的。但对于成人而言，由于诸多原因导致意志过程比较深刻，很少直接外露。可学前儿童由于生理发育和整个心理活动发展好处在一个较低的水平上，他们的意志过程往往表现为直接外露的意志行动，意志内化的水平很低。因此，本章中所涉及的学前儿童的意志发展，只能说是在有意动作的基础上发展起来的意志活动，或者是意志的萌芽。

(二)意志行动中的动机冲突

动机存在于人的整个意志行动之中，是推动和激励人进行意志行动的直接心理原因和动力。意志行动中的心理冲突情况比较复杂，从形式上看，大致可以分为以下 4 类。

1. 双趋冲突

一个人同时并存两种能满足需要的目标，它们具有同样的吸引力，但人又不能同时达到，只能选择其中之一。像这种从两所爱者或两趋向中仅择其一的矛盾心理状态，称为双趋冲突。如孟子曰："鱼，吾所欲也；熊掌亦吾所欲也；二者不可兼得，舍鱼而取熊掌也。"当两种目标的吸引力比较接近或相同时，解决冲突非常困难；当两种目标的吸引力相差较大时，解决冲突比较容易。

2. 双避冲突

一个人同时遇到两个具有威胁性而又力图都躲避的目标，而他又必须接受其一才能避免其二。像这种从两所恶者或两躲避中必须择其一的困扰心理状态，称为双避冲突。例如，小孩患了龋齿，牙非常疼痛，但不肯就医，惧怕治疗时的疼痛，因为在他看来，这两者对他都是一种威胁，都想逃避，但他必须选择其一。双避冲突有时由于人接受了其中的一个目标而趋于解决。

3. 趋避冲突

一个人对同一目的同时产生两种动机：一方面，希望接近；另一方面，不得不回避。像这种对同一目的的兼具好恶的矛盾心理状态，称为趋避冲突。例如，学生想参加学校里的文体活动锻炼自己，又怕耽误时间影响自己的学习成绩。这类矛盾心理，即时趋避冲突。

4. 多重趋避冲突

在实际生活中，一个人面对两个或两个以上的目的，而每一个目的又分别具有趋避两方面的作用。像这种对几个目的兼具好恶的复杂矛盾心理状态，称为多重趋避冲动。这时人不能简单地选择一个目标，而回避别的目标，必须进行多重选择。例如，开学之初，一名大学生想选修一些具有吸引力的课程，但又害怕考试失败；想参加校足球队为校争光，但又害怕耽误时间过多；想参加学校的公关协会学习公关知识，但又怕不能被接受而面子上不好看。

三、意志品质

个体在各种意志行为中，通常会体现出某些稳定的特点。意志品质，是评价一个人意志优劣的多个方面，主要包括自觉性、果断性、坚持行和自制性。良好的意志品质是保证活动顺利进行、实现预定目标的重要条件。

（一）自觉性

自觉性，是指个体自觉地设立行动的目的，并独立自主地作决定和执行决定的意志品质。自觉性好的人，有主见，既不轻易受外界干扰又能不骄不躁、批判性地吸收建设性的意见。与自觉性相反的品质是易受暗示和独断专行。其中，易受暗示的人缺乏主见，依赖他人，容易屈从，甚至盲从；独断专行的人从主观出发，一意孤行，刚愎自用，完全听不进别人中肯、合理的意见。

（二）果断性

果断性，是指个体在统筹兼顾行动的各个环节和环境的诸多因素的基础上，顾全大局、明辨是非、敢于取舍、当机立断的意志品质。果断的人，既雷厉风行、敢做敢当，又明察秋毫、处事谨慎。

与果断相反的品质是优柔寡断和武断。优柔寡断的人面临选择时常犹豫不决，做出决定后又患得患失、踌躇不前。武断的人冲动鲁莽，不加思考，不计后果，草率行事。

（三）坚持性

坚持性，是指意志行动中能否坚持最初的行动目的，并坚持不懈地克服困难和障碍，完成既定目的的意志品质。坚持性好的人，既能坚持原则，又能够灵活机动地克服困难，实现初衷。

与坚持性相反的品质是动摇或执拗。动摇的人，在行动之初往往决心大、干劲足，可是一旦遇到困难，就容易灰心丧气、半途而废，属于虎头蛇尾的类型。执拗的人，认准目标后，就一成不变的按计划执行，遇到特殊情况，哪怕客观条件发生了变化，也不能够审时度势，而认死理、刻板，属于刻舟求剑的类型。

（四）自制性

自制性，是指善于克制自己的情绪、需要，根据需要约束和调控自己行为的意志品质。

自制力强的人，有很强的规则意识，情绪稳定，注意力集中，能够抗拒诱惑，既能够发起朝向目标的行为，又能够抑制违背目标的行为。

与自制性相反的品质是任性和怯懦。任性的人比较幼稚，受制于自己的情绪，缺乏理智，常在需要克制冲动的时候放任自己，意气行事。怯懦的人，则在面临挑战时临阵退缩。

第二节　学前儿童意志的发展与培养

引导案例 7-3

棉花糖实验

斯坦福大学米歇尔(Walter Mischel)曾做过一个经典的延迟满足实验。因其所用实验材料是棉花糖，所以这个实验也被称为棉花糖实验。在实验中，研究者给每个儿童分发了一颗棉花糖，然后告知："如果马上吃，只能吃一颗；若等我回来再吃，就能吃到两颗。"结果有的儿童急不可待地吃掉了糖，而另一些儿童等到了两颗软糖。之后的追踪研究表明，那些获得两颗软糖的儿童长大后表现出更强的适应性、自信心和独立自主精神，学业和事业更成功；而那些不能够延迟满足的儿童则往往屈服于压力而避免挑战。

思考：应如何培养学前儿童的意志？

一、学前儿童意志的发展

(一)意志产生的基础

人不是一生下来就有意志活动，意志是一种发生得较迟的心理机能。意志对个体根据预设的目的、支配和调节自己的行动，都有较高的要求。因此，意志必须以大脑皮层的相关部位的成熟为基础，在儿童有意动作实践的前提下，随着言语和认识过程的发展，经过成人的教育指导才能够逐渐完成。

(二)学前儿童意志发展的特点

学前儿童意志发展的总特点是：行为依然带有明显的冲动性，自制力随年龄增长而逐渐增强。具体表现在如下几点。

1. 学前儿童行为目的和动机发展的特点

首先，自觉的行动目的逐渐形成。3岁以前，儿童的行为主要以成人外加的目的为主。4～5岁的幼儿，逐渐形成自觉的行为目的。6岁左右的幼儿，开始能够提出比较明确的行为目的。

其次，逐渐出现间接动机。根据动机与目的之间的关系，可以将动机划分为直接动机（与目的、兴趣意志的动机）和间接动机（与目的、兴趣不一致的动机）。间接动机的实施，往往需要儿童付出更多的意志努力。因此，间接动机的出现，体现了儿童意志的发展。

最后，各种动机之间的主从关系开始形成，优势动机的性质逐渐变化。当同一个行为中有多种动机并存时，总会有些动机是占优势的。优势动机对儿童的行为具有重要影响。随着年龄的增长，学前儿童优势动机的性质也逐渐变化，体现为由成人引发到自发，从直接的、具体的、狭隘的动机向间接的、较长远的、较广阔的动机变化。

2. 学前儿童坚持性发展的特点

儿童坚持性的发展，是其意志发展的主要标志。有研究表明，3～6岁幼儿的坚持性随着年龄的增长而逐渐发展，且4～5岁是幼儿坚持性发展的转折期。其中，小班幼儿坚持时间最短，其求助行为、溜号行为较多；中班幼儿的坚持时间明显长于小班幼儿，且正处于多种坚持行为发生、发展的关键时期，其求助行为减少，溜号行为表现最少，自语与策略行为有所发展；大班幼儿坚持时间最长，但溜号行为表现最多，求助行为表现最少，自语与策略行为发展最好。

3. 学前儿童自制力发展的特点

随着年龄的增长，学前儿童抗拒诱惑、延迟满足的能力逐渐增高，并且在5岁左右，延迟满足的有效策略逐渐发展。影响学前儿童自制力的因素较多，有无关干扰、活动的特点、同伴间的比较和成人的强化。一般而言，干扰因素越少、活动越有趣、有同伴在场进行对照、可以及时得到成人的认可和鼓励，学前儿童的自制力就体现得越好。

【真题卡片7－1】

单选题（2017下半年保教知识与能力）

△研究儿童自我控制能力和行为的实验是（　　）。

A. 陌生情景实验　　B. 点红实验

C. 延迟实验　　D. 三山实验

【答案】C。

【真题卡片 7—2】

材料分析题(2016 下半年保教知识与能力)

△材料：

在一项行为实验中，教师把一个大盒子放在幼儿面前，对幼儿说：“这里面有一个很好玩的玩具，一会我们一起玩，我现在要出去一下，你要等我回来。我回来前，你不能打开盒子看，好吗？”幼儿回答：“好的。”然后教师单独留幼儿在房间里，下面是两个幼儿独处时的不同表现：

幼儿一：眼睛一会看地面，一会看墙壁，尽量不看盒子，小手也一直放在腿上。教师回来后问幼儿：“你有没有打开盒子？”幼儿说：“没有。”

幼儿二：忍了一会，禁不住打开盒子偷偷看了一眼。教师回来后问幼儿：“你有没有打开盒子？”幼儿说：“没有，这个玩具一点都不好玩。”

问题：描述上述材料中两名幼儿各自表现出的行为特点。

【参考答案】

自我控制和自我调节，是幼儿个性发展中自我意识的重要部分。这两个概念虽然常被交替使用，但两者含义存在一些差异。自我调节是指在没有外部指导或监督的情况下，个体维持其行为历程达到某一特定目的的过程；自我控制则是指在目标受阻时，个体抑制其行为或改变行为的过程。自我调节和自我控制能力，大约 3～4 岁以后，才逐渐发展。

1. 幼儿一通过自我调节，控制自己的行为。材料中的幼儿一，在没有老师监督的情况下，为了达到特定的目的(老师的要求)，他眼睛一会看地面，一会看墙壁，尽量不看盒子，小手也一直放在腿上，这体现了孩子较强的自我控制能力。他克服了干扰，通过转移注意，不断调节自己，不去动玩具盒。

2. 幼儿二从受他人控制到自己控制。材料中的幼儿二，在老师离开后，忍了一会，禁不住打开盒子偷偷看了一眼，他的行为需要成人的控制。而当成人一旦离开，他很难控制自己的行为，很快就改变行为，违反了老师的要求，这体现了该幼儿较低的自我控制能力。他缺乏自我调节的方法，注意力一直在玩具盒上不能转移。

二、学前儿童意志的培养

(一)学前儿童意志培养的原则

1. 理论与实际结合的原则

学前儿童意志的培养应当结合学前儿童意志发展的特点和规律，有针对性地进行。在培养过程中应当注意结合每个孩子的实际情况，利用心理学的理论，不可完全照搬理论。

2. 激励性原则

激励是一种手段，能使孩子的外部动机转化为内部动机。增强自信心，是孩子发展各种动作和意志行动的有力的内部力量。肯定和鼓励可以增强孩子的自信心。教师可以采取语言激励、动作激励、物质激励等方法，激发幼儿的积极性，让幼儿在体验成功中产生自信。所以当孩子取得点滴进步时，多鼓励孩子。成功感可以增加他的自信心，有利于孩子意志行动的培养。当孩子活动失败时，得不到鼓励甚至是批评，孩子就失去了活动的兴趣和积极性，这时更需要成人的支持。成人的亲近和语言强化，包括提出要求、提示、建议、称赞等。鼓励他再接再厉，可以使孩子克服困难，努力把行动进行下去，有利于良好行为和意志品质的形成。

3. 适度原则

幼儿的身心尚处于发育阶段，意志力的发展同样受到幼儿身心条件的制约，受生理水平和整个心理活动发展水平的限制。因此，幼儿的意志活动仍处于发展的低级阶段。幼儿的承受能力、注意力、坚持性、控制力的发展是有限的。培养幼儿的意志时要根据孩子的心理发展的规律，不是没有限度的，要由浅入深、由易到难地逐步提高要求。提出的要求应是孩子经过努力能够达到的，符合幼儿的心理承受能力：不能过高，否则孩子会因为失败而失去信心；不能过低，否则孩子很容易完成而失去兴趣。所以，既要注意中幼儿意志的培养，又要贯彻适度原则。

（二）学前儿童意志的培养

1. 独立性的培养

首先，成人要大胆放手，让孩子自己动手去做力所能及的事。孩子的独立性是在实践中逐步培养起来的。随着他们身体的发育、大小肌肉群的逐渐成熟、心理能力的不断提高，年幼的孩子无论独立做什么事，总是从不会做到逐渐学会做，从做得不像样到做得像样。这是必然规律，也是必经的过程，重要的是孩子从中获得了自身的发展。我国著名教育家陈鹤琴先生提出“凡事儿童自己能做的，应让他自己做”的教育原则。所以，家长特别珍视孩子独立意识的萌芽，对孩子有能力完成的事，尽可能地放手让孩子去做，不要怕他们做不好，也不要求全责备，更不能包办代劳。对于孩子独立去做的事，只要他们付出了努力，无论结果怎样都要及时给予鼓励支持和肯定，让孩子体验成功的喜悦，使孩子产生自信、感到“我行”。这种自我感觉很重要，它是孩子独立性得以发展的重要动力。孩子做事常常做不好甚至失败。在这种情况下家长除鼓励孩子，还应适当给予帮助，绝不能动辄就批评孩子。孩子往往是自不量力的，有时他们执意去做那些难度大而自己做不了的事，在这种情况下家长可与他们一道做，让孩子在反反复复的独立行动中获得锻炼，感受着劳动的乐趣和独立做事的快乐。这样会提高他们的积极性，增强他们的自信心，养成独立做事的习惯和能力。

其次，运用游戏，培养幼儿的独立性。游戏是幼儿形成社会适应能力的重要途径。要创造各种机会，让孩子参与游戏，在游戏活动中尊重幼儿对游戏主题、角色的选择，并在游戏进行过程中有意识地培养孩子的独立性。孩子在游戏中发生了矛盾和争吵，成人最好不出面干涉，尽可能让孩子在矛盾情景中，学会正确处理人与人之间的关系，学会自己独立解决纠纷，形成独立解决问题的能力。当孩子出现纠纷时，如果成人在场，应注意观察事态发展，让幼儿自己学着处理。幼儿的能力比我们想象的要高出很多，放手让他们去做，对于幼儿来说，既是能力的培养，又是经验的积累和丰富。

再次，尊重孩子的好奇心，激发他们探索的兴趣，培养孩子独立思考的能力。我国著名儿童教育家陈鹤琴先生说过："凡是儿童自己能够想的，应当让他自己想。"遵循这样的原则，教育孩子就能培养其独立思考的能力。幼儿具有好奇好问的天性，对待他们提出的问题，成人应启发他们自己动脑筋去想，去寻求答案。

陈鹤琴先生在提出上述原则时举了一个实例。有一天，一个9岁的孩子问他："竹管里有空气吗?"陈先生没有直接回答，而是拿了一根两头有节的竹管，在竹管上钻了一个洞，放在水盆里，孩子看见一个个小气泡从竹管里冒出，便惊喜地叫道："空气！空气！"由于他自己得出了答案，显得格外兴奋。所以，成人在给孩子讲故事或讲解知识时不能只是不厌其烦地回答孩子提出的各种各样的问题，而忽略培养孩子自己动脑独立思考问题的能力。给孩子讲故事或知识时，成人应适当向孩子提出问题，让他们参与，培养他们独立思考问题的能力。

最后，培养孩子克服困难的精神。在培养孩子独立性时，往往同时需要培养孩子克服困难的精神和毅力。对于幼儿来说，自己穿、脱衣服，整理、收拾玩具是需要付出努力和克服一定困难的。不要一见孩子碰到困难就立即代劳，而不是鼓励他去克服困难。还有的成人，明明知道应该要求孩子克服困难，坚持自己去做事，但只要孩子一哭一闹，立刻心软妥协，依顺孩子，从而放弃了自己正确的想法。

2. 增强幼儿的果断性

果断性是建立在独立性基础上的一种意志品质，果断性反映一个人在行动中的决策速度和深度。具有这种意志品质的人，在考虑问题时全面周到，能及时作出判断和决定，采取措施。果断性主要取决于思维的敏捷性、对情况的了解程度和个人内心的紧张感和责任感。要培养幼儿的果断性，从幼儿兴趣着手是一个很好的途径。我们可以分析出幼儿之所以能很快做出反应，就是因为他们对此感兴趣。教育者完全可以以此为突破口，锻炼、完善幼儿的果断性，利用兴趣对幼儿的吸引力和推动力，进行启发式教育，让他们注意多发散性地思考问题，对事物必须在慎重的前提下作出迅速的判断和选择，而不是做出轻率、片面的决定。这是非常重要的，可以避免幼儿在独断和任性中越陷越深，丧失真正意义上的果断性，成为"小霸王"。

3. 增强幼儿的自制力

自制力是一种很重要的意志品质。幼儿自制力的表现主要在于他在活动持久性上的发展。幼儿一般不善于控制自己，想干什么就干什么，行为易受外界影响，多为兴趣支配。自制力的培养过程往往与幼儿的兴趣产生冲突。

第一，当孩子表现出轻度缺乏自制力的情形时，可以采取提醒和点出错误的方法。当然，这需要教育者在平时与幼儿沟通的过程中，就已经将缺乏自制力的各种情形，在幼儿的认识中归为"不受家长和老师喜欢"的举动。这种时候，可以静观其变。如果幼儿能够自动表现出可以自制的行为，教师或家长应在事后给予肯定；如果没有效果，这需要采取第二种方法对待，即要适当控制其行为，阻止幼儿失控的情形进一步深化。实施控制的力度应当注意适可而止，防止幼儿产生逆反心理。

第二，使幼儿明确行动规则。观察和实验都表明，幼儿是否明确行动规则，以及对行为规则的明确程度，直接影响幼儿自制力的表现。当幼儿非常明确行为规则时，可以大大减少冲动、任性等缺乏自制力的行为发生。这就要求在向幼儿提出一定的行为规则时，不仅要使幼儿知道行为规则的名称，更重要的是要使幼儿明确这一行为规则的含义、意义以及如何遵守、执行，从而促使幼儿在活动中不违反这一行为规则而自觉地控制、支配自己的语言和行为。

第三，不迁就幼儿无理、缺乏自制的行为。在日常生活中，幼儿常常会提出各种各样的愿望和要求，也会表现出各种各样的行为。对于幼儿的这种要求与行为，成人应该分析其是否合理，然后区别对待。合理的，尽量给予满足、支持；不合理，则要进行说服、教育，绝不迁就。这一原则，必须始终如一地坚持。只有这样，才能使幼儿懂得：要求与行为是有一定的限度的，小朋友可以在这个限度内随意活动；绝不能逾越这个行为的限度，提出不合理的要求，或者做出无限度的行为；如果已经提出了不合理的要求，或者做出了无限度的行为，则必须及时抑制、及时纠正，因为那是不允许的。对于幼儿行为或要求，一概允诺或一概禁止，都是不利于培养幼儿的自制力的。

第四，树立学习的榜样。处在幼儿期的孩子可塑性是很强的，他们会时时效仿成人的举手投足，所以，我们应时时注意用正确的行动去影响他们，并应该经常给他们树立正确的榜样，如英雄人物、伟大人物等。也可以向他们介绍一些身边自制力较强的伙伴，讲讲这些伙伴是如何不怕挫折、克服困难的。

4. 幼儿坚持性的培养

第一，帮助孩子确立行动目的，鼓励他们坚持到底。幼儿的坚持性与幼儿的自觉性直接相关。由于幼儿对活动的目的没有明确的认识，并且不善于独立地给自己提出活动目的，他们的行动缺乏明确的目标，行动通常是即兴式的、不随意地发生的，因此也很难有排除干扰、克服困难、贯彻始终的坚持性。所以，为了提高幼儿的坚持性，培养他们能较长时间地坚持从事一项活动，做事有始有终，我们必须首先帮助幼儿在活动前确定并明确行动的目的，培养他们做事先认清目的的习惯，同时鼓励他们努力坚持实现这一目的。对于较大的孩子，可逐渐要求和启发他们为自己提出行动目的，使他们能为达到目的而坚持行动。比如，在幼儿动手画画和建筑之前，请他们说说想画什么内容；在幼儿进行表演游戏之前，请幼儿说说他想扮演什么角色。

第二，教给幼儿一定的技能技巧。在幼儿园，我们经常可以注意到：当幼儿明确了行动的目的后，有时也不能坚持把一件事做到底。这里有一个很重要的问题，就是幼儿由于缺乏一定的技能技巧，遇到了困难无力自己克服。因此，除了帮助幼儿明确和确定行动的目的之外，老师还必须经常不断地丰富幼儿的一些最基本的知识，教给他们一定的技能技巧。

第三，在实践活动中培养幼儿的坚持性。幼儿的坚持性只有在多种多样的活动中、在反复多次的克服困难的过程中才能逐渐形成和培养起来。劳动、游戏、学习是幼儿的主要活动形式。在这些活动过程中，注重坚持性的培养；在不同的活动中，从不同的角度锻炼孩子的坚持性。

知识链接 7-2

挫折教育的实质

挫折教育的实质是顺其自然、为所当为、提高适应性的支持。个体一生从来都不缺挫折，因此不要人为地让儿童受挫，而是当儿童受挫时，顺势自然地予以引领——包括给予儿童情感支持，教给他们调节情绪的方法、人际交往的策略、解决问题的思路，引导他们看到负面事件背后的积极意义等。

知识链接 7-3

日本人如何锻炼孩子的坚强意志

在日本，无论学校、家庭还是社会都重视从小就培养幼儿的自主、自立的精神，这在日本的学校教育更是体现得十分明显。在日本有一种特殊的“耐寒训练”：学生冬天的校服和夏天一样，都是短裤短裙。即使光着小腿，学生依旧要在操场上活跃，参加各种课间活动，而且他们并不怎么觉得冷。此外，每逢一年中的第一场雪，父母就会带着儿女在户外用冷水将身体淋湿，进行特定的冷水浴。

日本有一所学校为了培养孩子的意志力，给孩子吃“忆苦饭”。虽然孩子面对在当年艰苦岁月里大人们食用过的糠菜号啕大哭，拒食 3 天，但校方、老师、在场的父母毫不动摇，绝不迁就。到了第 4 天，饥肠辘辘的孩子们终于咽下了这顿特别的饭菜，在幼小的心灵里留下了深刻的印象。

现如今，日本教育界已经达成一种共识：他们让孩子们背着统一样式的书包，过马路时排着整齐的队伍，冬天穿短裤、短裙，雪中进行冷水浴……这些看上去是一件件小事，却对他们的意志力的培养起到了潜移默化的作用。

考题预测

一、单项选择题

1. 以下不属于意志的基本特征的是(　　)。

A. 根据目的有意识地调整行动　　B. 克服困难

C. 有明确的目的　　D. 强烈的个人主观色彩

2. 幼儿既因为虫牙而痛苦,又害怕去看牙医,这种动机冲突属于(　　)。

A. 双趋冲突　　B. 回避冲突

C. 趋避冲突　　D. 多重趋避冲突

3. 下列对于幼儿意志力培养的描述中正确的是(　　)。

A. 教师应该经常批评幼儿做事情时三心二意,虎头蛇尾

B. 幼儿应该以学习为主,无须去帮助成人做力所能及的事情

C. 幼儿意志力培养是幼儿园的事情,家人大可不必操心

D. 教师应该尽可能地利用常规体育活动来培养幼儿坚强的意志力

二、简答题

1. 幼儿意志发展的特点是怎样的? 如何培养幼儿的意志?

2. 试着观察幼儿遇到挫折情境时,记录幼儿有哪些反应。

3. 意志在学前儿童心理发展中具有哪些意义?

第八章　学前儿童个性的发展(上)

学习目标

1. 理解个性的概念,了解个性的心理结构系统和特点。
2. 理解自我意识的概念,了解自我意识的结构。
3. 理解个性倾向性(需要、兴趣)的概念,了解个性倾向性各方面表现的不同类型。

引导案例 8-1

现在的小孩好有个性哦!

一些成年人每每在谈论儿童的时候,一旦提到儿童某些不寻常的行为,或者逆反或者另类,往往就会加上一句类似的话语:"年代不同了,现在的小孩呀,好有个性哦!"

第一节　个性概述

一、什么是个性

每个儿童都有自己的个性。不管是行为表现较为强烈的儿童所表现出来的"倔强""要强""率真""固执",还是行为表现相对较弱或平静的儿童表现出来的"随和""文静""平静"或"柔弱",他们都是具有个性的人。

一般认为,个性是指一个人的整个精神面貌和心理状态,即具有一定倾向性的心理特征的总和。我国心理学家朱智贤主编的《心理学大词典》中的个性定义反映了多数心理学研究者的看法。人的某一种心理现象或特征不能称为个性,如感知觉活动或记忆活动,只有那些心理现象或特征有机地整合在一起、形成一定的心理系统,才能称为个性。

二、个性的系统结构

个性是复杂的、多方面、多层次的有机心理系统。一般而言，心理学研究者认为个性的心理系统包括自我意识、个性倾向性和个性心理特征。

（一）自我意识

自我意识是个体对作为一个整体的自己的意识和体验相对稳定的观念系统。它是个性心理系统的自我调控系统，是个性形成和发展的前提和动力基础。它对个体心理和行为进行调节和控制，使人的活动具有目的性、自觉性、计划性和能动性。它主要包括自我认识、自我体验和自我调控。

（二）个性倾向性

个性倾向性是个性心理系统中最活跃的要素，是个体进行活动的内在动力系统。个性倾向性制约个体对现实的态度，也决定个体认识活动的选择需要和发展方向。它主要包括需要、动机、兴趣、理想、信念、价值观、人生观和世界观等。

（三）个性心理特征

个性心理特征是个性心理系统的特征系统。它是个体心理独特性的集中表现，是个人稳定的心理特点。它主要包括气质、能力、性格。

个性是一个有机整合的心理系统。每个系统之间不是孤立地存在的，而是有着复杂、密切的联系和影响。儿童自我意识的萌发，使得儿童认识活动受到个性倾向性的制约，表现出一定的需要、动机和兴趣。个性倾向性调节着个性心理特征的发展和形成，也影响自我意识的调整。

三、个性的特征

个性作为个体区别于他人的心理品质，主要是因为它具有整体性、独特性与共同性、稳定性与可塑性、生物性与社会性。

（一）个体的整体性

个性是由许多部分和结构组成的，但这并不意味着它是几种元素的简单组和。这些部分和结构是复杂的相互联系、相互制约而组成的整体。个性的整体性，主要表现在两个方面。

首先，个性的整体性表现于个性的内在统一。一个人的内心、动机、行为之间，之所以呈现出和谐一致的状态,在于其有合理的自我意识,这就是内在统一。一旦失去或者内在同一水平很低,个体的行为就会在相互抵触、相互矛盾的支配下出现混乱,如“人格分裂”“双重人格”和“多重人格”。

其次,只有从整体的视角去认识,并和其他个性特征联系起来,才能认识个体特征并使其具有确定的意义。例如,关于“孤独”,不同的人有不同的表现:甲可能是怕羞和退缩,这是懦弱的表现;乙可能是不愿意暴露真实的自己,这是虚伪的表现。

(二)个性的独特性与共同性

每个人都是独特的个体,其个性都是由独立而不同的个性倾向性和个性心理特征组成的。世上没有完全一样的两片树叶。即使是同卵双生子,他们虽然具有极其相似的遗传基础和品质,但在后天环境中诸多因素的影响下,同样会表现出各自的独特性。只要仔细观察,大家仍然能把两者区别开来。

对个性独特性的强调,并不是就此排除个性的共同性。某一个群体的所有成员所共有的、典型的心理特点,指的就是个性的共同性。每个人在具有个性的独特性的同时,由于长期共处于一个自然和社会文化环境下进行学习、工作,就会形成一定的共同性,如共同的民族特点。

(三)个性的稳定性与可塑性

个性的稳定性指个体在不同时间、不同空间情景下,所呈现的心理倾向和心理特征的一致和统一。个体偶尔表现出来的心理倾向和特征,只是暂时性,并不能表现出一个人的个性。只有在不同时间、空间情境下,经常表现出来的、稳定一致的心理倾向和特征,才能称为一个人的个性。正是由于个性具有稳定性,大家才能在不同时间、空间情景,区分一个人与其他人,并预测这个人在该时空情境之下会有怎样的心理行为表现。

个性具有稳定性,并不代表个体的个性是一成不变的,因为个性的稳定性是相对的,个性是稳定性与可塑性的统一。由于社会生活的复杂性,随着生活环境条件、教育条件的变化,生理的成熟,以及个人的自我调节和努力等,个性也很有可能发生相应的变化,这就是个性的可塑性。正是因为个性在外界作用的影响下具有可塑性,才使得教育具有存在的意义。当然,个性的改变不是一蹴而就的,是在经历漫长的过程之后受到复杂的影响才能实现的。

(四)个性的生物性与社会性

个性的形成和发展是生物性和社会性的统一。个性是在生物因素和社会因素的共同作用下形成和发展的。在自然的生理基础上,通过生活与教育的作用和学习,人的个性逐渐形成和发展起来。不能把影响个性的因素简单地归结于生物因素或者社会因素,也不能将两者等同而言。生理成熟是基础,为个性形成和发展提供了基本可能,人类在漫长、复杂的社会生活中,个性逐渐形成发展。社会因素对个性的形成和发展起决定性的作用。

【真题卡片 8—1】

单选题(2016 下半年保教知识与能力)

△教师要根据幼儿的个体差异进行教育,下列现象不属于幼儿个体差异表现的是(　　)。

A. 某幼儿平常吃饭很慢,今天为了得到老师的表扬吃得很快

B. 有的幼儿吃饭快,有的幼儿吃饭慢

C. 某幼儿动手能力很强,但语言能力弱于同龄儿童

D. 男孩通常比女孩表现出更多的身体攻击性行为

【答案】A。

四、学前儿童个性的形成和发展

个性不是与生俱来的,而是在生理成熟的基础上,在社会生活环境、教育和学习的共同作用下。逐渐形成和发展起来的,这需要经历一个漫长、复杂的形成和发展过程。

(一)先天气质差异(0～1 岁)

婴儿从出生开始就表现出个体的差异,啼哭的声音、吃奶的状态不同等都是这种个体差异的具体表现。婴儿的这种个体差异,多是与生理联系紧密的气质差异。有关新生儿的研究表明,新生儿对个别刺激的反应行为是有差异的。例如,用金属盘触碰新生儿的大腿内侧,有的反应比较强烈,有的则没有什么反应,有的轻轻回缩大腿等。婴儿的这种先天气质差异,将会对父母的抚养方式造成影响,并在双方的日常互动中,使幼儿逐渐形成独特的个性特征。

(二)个性特征的萌芽(1～3 岁)

个性特征的萌芽阶段,儿童的各种心理过程(想象、思维等)逐渐产生并齐全,发展非常迅速,气质、性格、能力等个性心理特征也开始出现。3 岁左右,在先天气质差异的基础上,以及与父母等成人的相互作用中,儿童产生了比较明显的个性特征差异,成人可以从儿童的日常行为举止中观察到这一特点。

(三)个性初步形成(3～6 岁)

幼儿期,儿童心理活动的水平逐渐提高,特别是随着心理活动和行为出现有益性的发展,幼儿个性的整体性、稳定性、独特性、倾向性等各方面都有了迅速的发展,这标志着学前儿童个性的初步形成。

在幼儿期,幼儿个性只能是形成的开始,或是个性初具雏形。直到成熟年龄(18 岁左右),个性才基本定型,但在个性定型以后,个性还可能会发生变化。

第二节　学前儿童自我意识的发展

引导案例 8-2

我不睡午觉也是乖孩子

周末在家,6岁的帆帆不肯睡午觉。妈妈哄劝无效之后,略带批评地说:“不睡午觉的行为是不乖的哦。帆帆,你不睡午觉就不乖了哦。”帆帆不高兴地说:“不公平,我不睡午觉也是乖孩子!”

思考:大班幼儿的自我评价具有哪些特点?

一、自我意识概述

(一)什么是自我意识

自我意识是指个体对自身内在的身心状态及其同客观世界关系的意识。在生活中,常听到“我是一个认真的人”“我认为我有能力担任这个职务”“我现在的心情很不好”等话语。在自我意识过程中,自己既是认识者,也是被认识者。它主要包括3个层次:对自身及其状态的认识,即物质的自我;对自身外部行为动作及人际关系的认识,即社会的自我;对自己的思维、情感、意志等心理活动的认识,即心理的自我。自我意识是个性的重要组成部分,是个性形成和发展的一个重要标志。自我意识整合了各个结构系统的关系,对个性的发展起到调节、推动的作用。个体产生了自我意识,也就有了认识自我和客观世界的条件和前提。个体意识到自我,才能自觉、自律、能动地去认识、改造自身与客观世界,不断地自我调控、完善,形成一个完整的个体。

(二)自我意识的心理成分

一般认为,个体自我意识的心理成分主要表现为知、情、意三个方面。

1. 知——自我认知

自我认知是个体对自己各种身心状态,自己与他人、社会的关系的观察和理解。自我认知包括自我感觉、自我概念、自我观察、自我分析和自我评价等。例如,“我身体很强壮”“我头脑冷静”“我性格温和”“我朋友很多”等话语就是自我认知的表现。因此,可以看出自我认知主要回答的是“我是谁”“我是怎样的人”“我为什么是这样的一个人”等问题。自我认知是自我意识的首要成分，是自我体验和自我调控的基础。在自我认知中，自我分析是基于自我观察的一种对自我的反思。在对自我的反思中，人们常常会对自己的能力、品质、行为等进行社会价值的评估，以便形成自我评价。自我评价是自我认知最核心的部分，是自我意识发展水平的最主要标志。

2. 情——自我体验

自我体验是个体认识自我后对自己所表现的情绪情感和所持的态度。例如，“我成绩得优，我很高兴”“朋友都很关心、包容我，我很知足”等，就是一种自我满足的情绪体验。因此，可以看出自我体验主要回答的是“我是否对自己满意”“我是否接纳、认可自己”等问题。自我体验是自我意识的情感成分，是伴随着自我认知而产生的内心体验，它包括自尊、自信、自爱、自满、自我欣赏、自豪、自怜、自卑、自责，自惭等诸多的内容，其中自尊心和自信心是自我体验的主要内容。自尊心是指个体通过社会比较所获得的有关自我价值的积极的评价与体验。自信心是指个体对自己的能力能否适应和承担某种任务和现状而产生的评估和体验。自我体验的这两个方面和自我评价有着密切的关系。个体的自我评价越积极，对自己的肯定就越明显，自我体验越自信，那么自尊心就会得到强烈的满足；反之，则缺乏自尊心，自信不足，对自己的认识评价也是消极的、否定的。

3. 意——自我调控

自我调控是个体对自己的行为表现、心理活动、个性品质和态度的调节、控制，比如“我要好好学习，天天向上”“我应该尊老爱幼”“我不该好吃懒做”等。因此，可以看出自我调控主要回答的是“我应该成为什么样的人”“我怎么成为某种人”“我如何改变自己”等问题。自我调控是自我意识的意志成分，直接作用于个体的行为和活动，是个体自我教育、自我发展的重要机制，并且集中体现了自我意识在认识自我、改造自我和自我与他人、社会相互关系时的主观能动性。自我调控主要包括自我检查、自我监督、自我控制等。例如，幼儿依据一定的情境，做出符合时宜的动作，是自我检查的体现；幼儿抗拒外部环境的诱惑和干扰，专心于正在进行的活动，是自我监督的体现。而幼儿用一些方法来调节、控制自己的消极情绪，继续和同伴完成游戏活动，便是自我控制的体现。自我调控是个体对自己心理和行为的主动掌控。

自我认识、自我体验和自我调控，这 3 种自我意识的心理成分紧密联系、相互递进，共同作用于个体的心理和行为个体。个体只有对自身状态和自己与他人、社会的关系有了一定的认知评价，并产生了合理的情感体验，才能主观能动地指引和确定个体的行动方向，规划自己如何去行动。

【真题卡片 8－2】

单选题(2015 上半年保教知识与能力)

△让脸上抹有红点的婴儿站在镜子前,观察其行为表现,这个实验测试的是婴儿哪方面的发展?(　　)。

A. 自我意识　　B. 防御意识

C. 性别意识　　D. 道德意识

【答案】A。

二、幼儿自我意识的发展

3 岁左右,儿童对人称代词“我”的掌握,标志着儿童本身基本的自我意识开始形成。3 岁以后,儿童对自己心理活动的意识逐步发展起来,主要表现在自我评价、自我体验和自我控制上。

(一)幼儿自我评价的发展

1. 从主要依赖成人的评价到独立的自我评价

幼儿初期,儿童还未产生独立的自我评价。他们的自我评价常常依赖于成人对他的评价,特别是在幼儿初期。儿童往往不加考虑地轻信成人对自己的评价,其自我评价只是成人评价的简单重复。例如,他们评价自己是好孩子,因为“老师说我是好孩子”。有研究者问一幼儿:“你是不是班上最乖的孩子? 幼儿答:“不是。因为老师经常批评我,说我不是乖孩子。”

幼儿晚期,儿童开始出现独立的评价。幼儿对成人对他的评价逐渐持批判的态度。如果成人对他的评价不符合他的实际情况,儿童会提出疑问或申辩,甚至表示反感。

2. 自我评价常常带有主观情绪

幼儿往往不从具体事实出发,而从情绪出发进行自我评价。在一个实验里,让幼儿对自己的绘画和泥工作品同别人的作品作比较性评价。当幼儿知道比较的对方是老师的作品时,尽管这些作品比自己的质量差(这是实验者故意设计的),幼儿总是评价自己的作品不如对方。而当幼儿对自己的作品和小朋友作品相比较时,则总是评价自己的作品比别人的好。这一实验结果充分说明了幼儿自我评价的主观性。

幼儿一般都过高地评价自己。随着年龄的增长,幼儿的自我评价逐渐趋向于客观。表 8－1 是在一项实验中各年龄幼儿对值日工作自我评价的情况。

表 8－1　各年龄幼儿对值日工作的自我评价

年龄	评价过高者	评价过低者	不正确评价者总计	正确评价者
4～5 岁	74%	0%	74%	26%
5～6 岁	59%	0%	59%	41%
6～7 岁	22%	28%	50%	50%

观察和研究都表明，随着年龄增长，幼儿对自己的过高评价渐趋隐蔽。例如，有的大班幼儿想说自己好，又不好意思，于是说："我不知道我做得怎么样。"在良好的教育下，幼儿末期逐渐能够对自己做出正确的评价，有的幼儿则出现谦虚的评价。

3. 自我评价受认识水平的限制

幼儿的自我评价受整体思维、认知发展水平的影响很大，这突出表现在以下方面：

(1)幼儿的自我评价一般比较笼统，较多只从某个方便或局部对自己进行评价，以后逐渐向比较具体、细致的方向发展，做出比较全面的评价。

(2)最初往往较多局限于对外部行为的评价，逐渐出现对内心品质的评价。例如，有小班幼儿说自己是好孩子，因为我"吃饭吃得好，睡觉好"，或者"上课坐得好"。其中大班孩子则因为"自己上课认真，和小朋友友好、能分享"等。

(3)只有评价，没有论据，发展到有论据的评价。幼儿初期常常做了评价后说不出依据，幼儿中期逐渐意识到评价应该有依据，并逐渐能给出比较明确、清晰的依据。

(二)幼儿自我体验的发展

1. 幼儿自我体验发展水平不断深化

幼儿的各种自我体验都随年龄的增长而发展，其发展水平不断深化。例如，对愤怒感的情绪体验，3～6 岁儿童会有不同的体验程度，从"会哭""不高兴""会生气"到"很生气""很恨他"这个变化过程，可以看出幼儿体验的深刻性在逐渐发展。

2. 幼儿自我体验的社会性

幼儿不仅能对生理的需要产生自我体验，而且能对社会性的需要产生自我体验，即开始发展对社会情感的自我体验。他们往往会因承受的表扬、批评而产生不同的自我体验。自我体验的社会性也随年龄的增长而不断发展，而社会性较强的自我体验，如委屈感、自尊感与羞愧感的自我体验从 4 岁以后明显发展。

3. 幼儿自我体验的受暗示性

在幼儿自我体验的产生中，成人的暗示起着重要作用，年龄越小表现越明显。例如，问小朋友，如果做捂眼睛、贴鼻子游戏时，你私自拉下毛巾，被老师看见，你会觉得怎样？3 岁组儿童只有 3.33%的人有自我体验。但是有暗示时(如"你做错了事，觉得难为情吗?")，就有 26.7%的人有自我体验。此研究结果对幼儿教育具有重要意义。成人要充分注意幼儿受暗示性强的特点,多采用积极的暗示促进幼儿良好道德情感的发展。同时,要注意避免消极暗示对幼儿行为的不良影响。

(三)幼儿自我控制发展的主要特点和趋势

幼儿自我控制能力的发展特点主要体现在坚持性和自制力的发展方面。总的说来,幼儿自我控制能力还较差,3～4 岁幼儿的坚持性和自制力都很差,到了 5～6 岁才有一定发展。幼儿自我控制发展的趋势如下。

1. 从主要受他人控制发展到自己控制

3 岁左右的孩子的自我控制水平是很低的。在遇到外界诱惑时,他们主要受成人的控制,而一旦成人离开,则很难自己控制自己,很快就会违反行为的规则。随着年龄的增长,在教育的影响下,幼儿自我控制能力逐渐增强。

2. 从不会自我控制发展到使用控制策略

控制策略是影响儿童控制能力的一个重要因素。对于年龄小的孩子来说,他们还不会使用有效的控制策略。随着儿童年龄的增长,他们逐渐学会使用简单的策略进行自我控制。例如,关于延迟满足的研究表明,有少数 4～5 岁的孩子能用小声地唱歌、把手藏在手臂里、用脚敲打地板或睡觉等许多分心的策略,而不去碰诱惑物。而五六岁的孩子已懂得如何将诱惑物盖起来。

3. 儿童自我控制的发展受父母控制特征的影响

有研究表明,受父母要求少或要求低的儿童有高攻击性的特征;严厉控制下的儿童有情绪压抑、盲目顺从等过度自我控制的倾向,在儿童后期自我控制的发展中有一定的稳定性。

总的来说,幼儿自我意识的发展,表现在能够意识到自己的外部行为和内心活动,并且能够恰当地评价和支配自己的认识活动、情感态度和动作行为,并且由此逐渐形成自我满足、自尊心、自信心等性格特征。

【真题卡片 8—3】

单选题(2013 下半年保教知识与能力)

△两岁半的豆豆不会做饭,可偏要自己做饭;不会穿衣,可是偏要自己穿衣。这反映了(　　)。

A. 动作的发展　　B. 自我意识的发展

C. 情感的发展　　D. 认知的发展

【答案】B。

三、幼儿自我意识的培养

自我意识是人的社会化的一个重要目标,也是人格发展的内在动因。国内外许多研究都表明，具有积极的自我意识的儿童表现得自尊、自信、有进取心、有责任感；反之，则有自卑、畏缩、依赖、害怕挫折、害怕竞争的倾向，甚至会出现一些逆反行为。成人要注重培养幼儿良好的自我意识。

（一）在日常生活中培养幼儿的自我意识

幼儿园的日常生活包括盥洗、进餐、喝水、午睡等环节。这些看起来很琐碎的事情，却在幼儿的一日生活中占有相当多的时间，所以我们应抓住日常生活中的每一个契机，培养幼儿正确的自我意识。

1. 培养幼儿自我服务能力和简单的劳动技能，增强其自信心

现在的孩子在家中备受呵护和关爱，有的家长一味包办代替，这在一定程度上造成了孩子自理能力差、依赖性强。由于缺乏锻炼和培养，孩子们在集体生活中会遇到很多难题，他们有恐惧感，怕自己做不好某事，总缩手缩脚。针对这些情况，可在日常生活中经常开展一些竞赛活动，锻炼幼儿的生活能力。如开展看谁衣服穿得快、叠被子叠得好等比赛游戏，使孩子们在轻松愉快气氛中请提高自理能力。

成人应教会幼儿一些简单的劳动技能，如扫地、拖地、擦桌椅、整理床铺等，尽可能多地安排那些缺乏自信心的孩子做值日生。每当这些孩子有点滴的进步，都及时给予肯定。孩子在获得多次成功体验后，逐渐能够正确认识自我、增强自信。

2. 创设良好的精神环境，帮助幼儿认识自己，了解自己

幼儿需要在互相平等、尊重、信任的环境中生活，成人要给幼儿营造一个轻松、和谐的氛围。对于那些自信心差、胆小畏缩、缺乏上进心的孩子，老师要给予他们多一些爱护和关心，用亲切的微笑、和蔼的语言来打动他们，让他们从老师的每一个眼神、每一个动作和每一句话中都感受到老师对他们的喜爱。例如，早晨来园，微笑着向孩子问好；离园时，帮他们整理整理衣装；交谈时，摸摸他们的头。这些都可以让幼儿感受到老师的喜欢。

（二）在各种活动中正确引导幼儿的自我意识

人的能力是在活动中展现的，每个儿童都有自己的潜能和特长，儿童只有通过活动才能客观地认识、评价自己的能力。幼儿在参与活动的过程中，必须放弃“自我中心”，站在别人的角度思考问题，关心、理解他人的心情；必须学会自我控制，克服任性暴躁等缺点，重新认识自己，调整自己的言行。因此，在活动中，应鼓励幼儿大胆尝试，积极参与活动的组织和设计。例如，让幼儿讨论游戏的玩法、材料的选择、角色的分工等，在尝试中取得成功。这样幼儿既获取了一定的经验，又从亲身体验中逐步认识自我、肯定自我。

（三）教师评价幼儿要把握分寸

幼儿处于自我意识形成的初期，由于他们知识经验少、认识水平低，他们的自我评价是根据成人的态度形成的，是以成人对他的评价为标准的。所以，教师对幼儿的评价要有分

寸,必须客观、公正,不可褒扬过高,也不可随意贬损,要注意自己的评价对幼儿的影响,以免幼儿产生自满、自卑心理。

(四)教师应为幼儿提供自我评价的机会

自我评价是自我意识的一种形式。自我评价的发展对幼儿良好个性的形成、心理的健康发展,以及良好人际关系的建立,都具有十分重要的意义。因此,在日常活动中,为幼儿提供自我评价的机会,有助于幼儿正确地认识自己。例如,在游戏、绘画或做完操之后,可以问问幼儿:“你玩得怎么样?”“你画的画好吗?”“今天做操你表现怎么样?”以后,可以进一步提问:“你的画哪画得好?哪儿不好?怎么改才好呢?”“你在活动区的游戏中玩得好吗?为什么?”逐渐引导幼儿从笼统简单的评价向具体细致的评价发展。经过多次反复练习,幼儿自我评价的能力就会逐渐提高,自我意识不断加强。

(五)家园配合,指导家长实施正确的教育

家庭教育是幼儿教育的重要组成部分,家长的言谈举止有意无意地在潜移默化地影响着幼儿。幼儿园教师要经常和家长交流情况,通过书面联系、面谈、请家长观摩幼儿的活动、召开家长会、举办专题讲座等形式,帮助家长全面了解自己的孩子,指导家长实施正确的教育,不要将自己孩子与别人孩子横向比较,不说“你看某某小朋友的画画得多好呀”“某某小朋友会讲那么多故事”“你看你能干什么呀”这类挫伤孩子自尊心的话,以免幼儿产生消极的情绪。通过家园配合使儿童在家中也能接受比较正确的教育,得到恰当的评价,这不失为一种很好的策略。

第三节　学前儿童个性倾向性的发展

引导案例8-3

区角活动中,老师发现建构区几个男孩子搭了许多东西,有楼房、小花。这时,小凡带来了几辆玩具汽车。老师心想:这下孩子们肯定会玩得很开心,建构能力一定会得到提高。的确,孩子们玩得热火朝天,把原先搭的小花、楼房一会移到这一会移到那,汽车开来开去,但并不再搭建其他东西了。老师开始建议:“我们给汽车搭个停车场吧。”可孩子们对老师的建议并没有多大的反应,还是自得其乐地自己玩着。于是,老师加入了他们的行列,和孩子们一起搭建了马路、公园、停车场。在老师的带领下孩子们似乎也很开心,老师接着引导:“我们再建个交通岗好吗?”“好!”。看到孩子们这么积极,老师高兴地离开了。过了一会儿,老师又回到建构区一看,孩子们不但没有建交通岗,还把刚才他们一起搭的公园、马路全都弄

翻了，可孩子们依旧快乐地玩着汽车。

案例分析：从这则教学案例中，可以看出老师的“教育”没能取得成功。主要原因在于，这个老师未能掌握孩子的游戏动机，不能了解孩子的兴趣所在。

个性倾向性是指个体在与周围环境相互作用中所形成的，并经常、稳定地表现出来的态度、观点和行为选择。它主要包括需要、动机、兴趣、理想、信念、世界观等心理成分。其中，需要是个性倾向性的基础，调节和支配着其他成分；信念、世界观是最高层次的个性倾向性成分，体现个体总的思想意识倾向。

个性倾向性是个体心理结构的动力系统。个性倾向性体现出一个人需要什么、追寻什么、崇尚什么，是个体进行各种活动的基本动力，决定着个体的行事态度、行为的积极性与选择性，推动着个性的变化和发展。

个性倾向性的各种心理成分相互联系、相互影响。在个体成熟与发展的不同阶段，在个性倾向性中起主导作用的心理成分也会不同。学校儿童个性倾向性的发展主要体现在需要、动机和兴趣3个方面。在这三者里，需要是基础，年龄越小的幼儿，越表现出更为强烈的生理需要，从而也形成了幼儿的行为动机；兴趣也是影响和支配幼儿心理活动和行为的主要因素。

一、学前儿童的需要

（一）什么是需要

需要是人脑对生理和社会需求的反映，它通常表现为生理或心理上的缺失或不满足所引起的一种个体内部的紧张状态。人们为了获得自身和社会的生存与发展，必须追求一定的物质基础和心里满足，如吃、穿、住、行、睡眠、劳动、娱乐、交往等。这些需求反映于人脑中，就形成了个体的需要，形成个体活动倾向性的源泉。

首先，个体的需要总是表现为缺失或不满足的状态而引发的一种个体内部的不平衡和紧张状态，即需要的紧张性；其次，个体的需要总是人脑对某种客观具体的生理或社会需求的反映，即个体需要的对象具有针对性；再次，人为了获得自身和社会的生存和发展，产生了对某种物质或状态的需求，当这些需求出现时，便驱动着个体对其愿望的达成，人便产生一定的心理活动和行为，即需要的驱动性。例如，当一个人口渴了，有喝水的需求，他就会想方设法寻找水源，并喝上足够的水；当一个人感觉到孤独时，一般会采取一切行动，加入到与朋友的交往活动中。

总而言之，需要是个体心理活动和行为的基本动力，在人的实践活动、心理活动和个性中发挥着主要作用。它是个体正常生存和发展的基本保证，很大程度上影响着个体的认知、情绪情感、意志等方面的发展，永远对个体的心理活动和行为产生驱动作用。

（二）需要的类型

人的需要是复杂多样的，根据不同的标准和理论基础，就会出现不同的类型。以下主要介绍几种常见的类型。

1. 生理性需要和社会性需要

根据需要的起源，人的需要可以划分为生理性需要和社会性需要。生理性需要指个体为维持生命和繁衍而产生的一种本能的自然需要，是人脑对生理需求的反映。进食、饮水、休息、睡眠、觉醒、排泄和性等，都是人的基本生理性需要。社会性需要是指人在生理需要的基础上，通过社会实践和教育经历所发展起来的需要，是人脑对社会需求的反映。它主要包括人对劳动、交往、学习、审美、道德、成就和奉献的需要等。社会性需要是人类社会存在和发展的必要条件，会受到社会生活条件的制约，往往是从社会要求转换而来的。

2. 物质需要和精神需要

根据需要所指向的对象，可以把人的需要划分为物质需要和精神需要。

物质需要指人对维持个体和与社会的生存与发展的物质产品的需求，包括对衣、食、住、行等有关物品的需求，也包括对劳动、学习研究、娱乐等物质工具的需要。物质需求既有生理性需求的成分，也有社会性的需求。例如，对服饰的选择，既包括人类的御寒、防晒等生理性需要，也包括对自尊、审美的社会性需要。

精神需要是指人为维持个体与社会的生存和发展，对参与社会精神文化活动的需要，它是人类特有的需要。精神需要主要包括交往、认知、美、道德、创造的需要等。其中交往需要是人类在社会劳动实践中最早形成的精神需要。这些需要对人类个体和社会的生存和发展有着十分重要的影响作用。另外，精神需要按照内容的不同，可以分为能激励个体不断进步的高级需要和会消磨个体意志的低级需要。

知识链接 8-3

马斯洛的需要层次理论

许多心理学家们都对需要问题进行了研究，并提出了各自的需要理论。当前影响较大的是美国心理学家马斯洛提出的需要层次理论。

马斯洛是 20 世纪 50 年代中期在西方兴起的人本主义心理学派的主要创始人。他反对行为主义和精神分析学说，创立了人本主义心理学。他在 1943 年提出了需要层次论，认为需要的满足是人的全部发展的一个最简单的原则。在他看来，人的一切行为都是由需要引起的。人类主要有五种基本需要。所谓基本需要就是指一般人所共有的一些最基本的需要，不包括不同的社会文化条件下人们的特殊需要。这五种基本需要是由低层次向高层次发展的，依次为生理需要、安全需要、归属与爱的需要、尊重需要和自我实现的需要。后来他又在尊重需要和自我实现需要之间增加了认知需要和审美需要。马斯洛认为，人类的基本需要是相互联系、相互依赖、彼此重叠的，它们排列成一个由低到高逐级上升的层次，层次越低的需要强度越大，只有低级需要基本满足后才会出现高一级的需要。只有前面几种需要基本满足后，人才会产生自我实现的需要。

自我实现的需要是马斯洛个性发展理论中最理想的目标，是指个体希望最大限度地实现自己潜能的需要，表现为个人充分发挥自己的潜力，不断充实自己，不断完善自己，尽量使自己达到完美无缺的境地。自我实现的需要是追求实现自我理想的需要，表现为个人特有潜能的极度发挥，做一些自己认为有意义和有价值的事。自我实现者大都是成年人或年长的人，或者心理发展比较成熟的人。一个人的童年经历，特别是两岁以内的爱的教育特别重要。如果童年失去了安全、爱与尊重，是很难成为自我实现的人。马斯洛认为，对于大多数人来说，自我实现需要的满足，仅仅是个人的奋斗目标。只有人类中的少数人才能达到真正的自我实现境界，成为自我实现者。

图 8－1 马斯洛

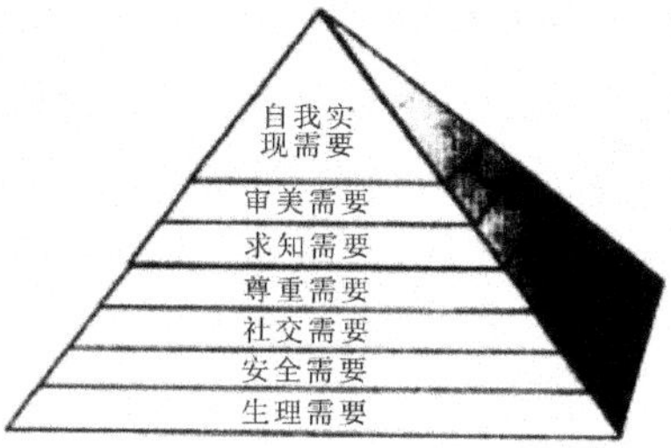

图 8－2 人类需要层次

马斯洛晚年又把需要概括为三个大层次；即基本需要（包括生理需要、安全需要）、心理需要（包括归属与爱的需要、尊重的需要）和自我实现的需要，并且还在自我实现需要之上增加了一个超级需要。

马斯洛认为，个人需要的发展过程更像波浪似在前进，各种不同需要的优势有一级演进到另一极，如图 8—3 所示。例如，婴儿时期主要是生理需要，后来才产生安全需要、归属与爱的需要，青少年时才产生尊重需要，等等。

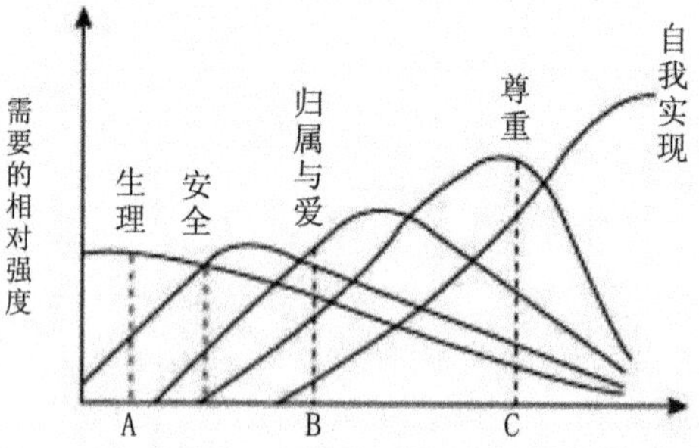

图 8－3 优势需要的发展

（三）学前儿童需要的发展

学前儿童需要的发展，遵循年龄越小生理需要越占主导地位的规律。新生儿的生理需要占据主导地位。1 岁左右，随着与成人交往增多，婴儿开始出现比较明显的与成人交往的需要。例如,看到母亲和熟悉的人会笑、会高兴,母亲离开或陌生人接近会哭、会焦虑。1～3岁时,幼儿的社会性逐渐增加。例如,模仿成人活动的需要、游戏的需要,以及与同伴交往的需要等会不断增加。但这个阶段,生理性需要仍占主导地位。总的来说,随着年龄的增长,与成人和同伴交往的增多、增强,幼儿逐渐表现出更多的社会性需要,并且表现出显著的个性特征。

1. 学前儿童的需要开始形成多层次、多维度的结构

在学前儿童需要的发展过程中,既有生理与安全的需要,也有交往、游戏、尊重、学习等社会性的需要。学前儿童各种需要的水平都在不断提高,开始形成多层次、多维度的结构,见表 8-2。

表 8-2　学前儿童需要结果模式

层次维度	生理需要	安全需要	活动需要	交往需要	尊重需要	认知需要	审美需要
主要表现	饮食 睡眠 休息	依恋 人身安全 避免羞辱	游戏 文娱活动	母爱 同伴交往	赞扬 自尊 成功	听故事 好奇 探究	喜欢优美的图画、音乐、漂亮物品等

2. 优势需要的形成和发展

在学前儿童需要的发展过程中,几种强度较大的需要占据优势地位。并且在不同时期,每种需要在整体中的优势地位总在不断变化。3～4 岁,幼儿的生理需要、对母爱的需要、安全需要、玩游戏的需要和听故事的需要占主导优势。5 岁之后,儿童的社会性需要快速发展,学习认知的需要、追求成功的需要和劳动的需要逐渐出现。6 岁时,儿童渴望获得尊重的需要比较强烈,同伴交往的需要也开始出现。

表 8-3　各年龄幼儿强度最大的前五种需要及其排序

年龄	生理	母爱	人身安全	游戏	听讲故事	学习文化知识	劳动	求成	信任自尊	友情
3 岁	1	2	4	4	5					
4 岁	2	4	5	1	3					
5 岁	2			4		1	3	5		
6 岁	4					2	3		1	5

3. 五岁是学前儿童需要发展的关键期

从学前儿童各种需要的发展中可以看出，5岁是学前儿童生物需要、物质需要向社会性需要、精神需要转化的关键期。

总而言之，在学前儿童需要的发展中，生理性需要和安全需要占主导地位。但随着年龄的增长，社会性等更高层次的需要也逐渐出现和发展。作为教师和家长，要关注和正确处理学前儿童的需要，满足其合理的需要，抑制其消极和不合理的需要，引导和鼓励学前儿童的交往需要等更多需要的发展，促进其个性积极、正确地发展。

（四）3～6儿童需要的培养

1. 关爱幼儿，满足幼儿渴望被爱的心理需要

一项相关的调查发现，幼儿喜欢某某老师，那是因为这位老师通过言行、表情对幼儿表示了爱与关注。比如，幼儿说喜欢某某老师，那是因为"她帮我梳头扎辫子""她常摸我的头""她经常对我笑，还经常弯下腰来跟我说话""我们出去活动时，她总是牵着我的手""老师可喜欢我了，她今天拉了我的手"……

上述成人行为的出现，有些是有意的，有些是无意的，但它们在幼儿的心里却都代表着成人对他们的爱和关注。幼儿渴望着成人的爱与关注，成人的爱与关注对幼儿心理的健康成长具有十分重要的意义。如果幼儿这方面的心理需要得不到适当的满足，幼儿很可能就会通过一些不符合常规要求的行为（攻击行为、恶作剧、毁坏物品、故意捣乱、假装生病等）来引起我们的关注。所以，成人应该努力通过各种形式向每个幼儿明白地表示对他们的爱与关注，并且尽可能做到每天都有所表示。

2. 给幼儿创设一个气氛宽松的精神环境，满足幼儿心理的安全需要

著名人本主义心理学家马斯洛认为，安全感是决定心理健康最重要的因素之一，甚至可以被看作心理健康的同义词。成人要关注幼儿心理安全需要，让幼儿在一个宽松愉快的没有任何外在心理压力的环境之中健康茁壮地成长。给幼儿创设一个符合其心理安全需要的环境对其心理的健康成长有着十分重要的意义。比如，教师对刚入园的孩子温柔体贴，关心他们的情感需要，他们就会感到自己处在安全的心理环境之中。经过一段时间之后，他们就会逐渐地确立起新的依恋对象，开展新的社会交往。同时，在这样一个心理安全、情绪稳定的环境中，他们就会减轻对父母的过度依恋，逐渐适应幼儿园的生活。

幼儿心理上的安全感主要与教师对待幼儿的态度、幼儿与伙伴之间的关系等因素有关。幼儿园环境要使幼儿产生心理上的安全感，是以建立民主、平等、和谐、宽容的师生关系、同伴关系为前提的。例如，有些幼儿在幼儿园不敢解大便，总是要憋到回到家以后，一进家门都就迫不及待地上厕所；有的甚至将大便拉在裤裆里了，也不敢告诉老师。这往往是幼儿害怕、畏惧老师的一种集中的典型的反应。幼儿害怕、畏惧教师，这说明幼儿园没有给幼儿以安全感。幼儿缺乏安全感，是幼儿不喜欢来园的一个重要原因。例如，有位母亲问儿子为什么不愿意去幼儿园，儿子回答说："某某小朋友打我。"母亲又问："你可以告诉王老师。"儿子接着说:“王老师不管。”母亲又说:“那你可以告诉张老师。”儿子又回答:“张老师很凶,我不敢告诉她。”

3. 尽量给每个幼儿创造成功的机会,满足他们成就的需要

调查研究中发现,幼儿喜欢某项活动,主要原因是这项活动能带给他们成就感和成功的喜悦。例如,许多幼儿说:“我喜欢‘滚大球游戏’,因为我总是得第一。”“我喜欢折纸,因为我会折战斗机,我折的战斗机飞得最高。”“我喜欢猜谜语,因为我一猜就中。”“我喜欢跑步,因为我跑得快,比赛总得第一。”“我喜欢画画,画完后,可以把自己的画贴在教室。”……

幼儿心理的健康成长需要成功经验,哪怕是点滴的成功,也会对幼儿的成长起巨大的促进作用。幼儿的成功经验来源于两个方面:一是活动本身就能给幼儿以成功的体验,如“我折的战斗机飞得最高”“我一猜就中”等;二是活动后得到的评价,如教师的表扬肯定,也能给幼儿以成功的体验,如“老师说我手巧”“老师说我画得好”等。我们应该创造尽可能多的机会,让每个幼儿都有机会获得成功的经验,这对培养他们的学习、生活兴趣,培养他们的自信心是十分有益的。

4. 给幼儿多点自由活动的时间,满足幼儿自主活动的需要

幼儿生性好动,每个幼儿都有自主活动的心理需要,即每个幼儿都要有自由,要摆托约束、打破框框,并且按照个人意愿自主地行事,这就是幼儿自主活动的需要。

研究发现,幼儿十分喜欢自由度较大的活动。比如,有的幼儿说:“我喜欢户外运动,因为可以跑来跑去。”“我喜欢上厕所,因为在厕所里可以自由说话。”“我喜欢玩橡皮泥,因为可以做自己想做的东西。”

幼儿是喜欢自由自主的。但是,在幼儿园教育活动中,严肃的、有秩序的、有组织的、不能自由讲话的活动所占的时间太多,幼儿真正自由自主的时间却很少,有些教师连课间休息的时间也用来对幼儿进行“说教”。在老师的控制下,幼儿很少有自主、自由的机会。

自主活动是幼儿心理健康成长之必需,因为自主活动能为幼儿的情绪宣泄及紧张心理的缓冲提供机会。自主活动也是人的一种本能需要。许多幼儿在上课的时候坐不住,其中很重要的原因,就是他们自主活动的需要没有得到适当满足。如果这方面的需要长期得不到适当的满足,幼儿很可能就会出现压抑情绪,有的孩子甚至会出现强迫性行为、攻击性行为等不良症状和倾向。

总之,在教育活动过程中,我们应该创造条件,努力满足幼儿各项合理的心理需要,而不应使之受到压抑,以便能更好地促进幼儿心理的健康发展。

二、学前儿童的兴趣

(一)什么是兴趣

兴趣是力求探究某种事物或从事某种活动的心理倾向,它使人对某些事物给予优先注意、积极探索，并且带有积极的情绪色彩。如对体育感兴趣的人，总是对体育方面的消息优先加以注意，常为体育竞赛活动以及有关体育方面的报道所吸引，无论是观看还是谈论体育比赛时，都情绪高昂、兴高采烈，并以向往的心情力求研究它、掌握它。古代教育家朱熹以他的名作《四时读书乐》来抒发他对读书的兴趣以及对读书的积极肯定的情绪。他赞美春季"读书之乐乐何如，绿满窗前草不除"，夏季"读书之乐乐无穷，拨琴一奏来熏风"，秋季"读书之乐乐陶陶，起弄明月霜天高"。冬季"读书之乐何处寻？数点梅花天地心"。

兴趣是在需要的基础上产生和发展的，需要的对象也就是兴趣的对象。一个人只有对某种客观事物产生了需要，才有可能对这种事物产发生兴趣。例如，一个人感到了学习知识的必要，才有了学习知识的要求，然后才会产生对学习知识的兴趣。瑞士心理学家皮亚杰指出："兴趣，实际上就是需要的延伸，它表现出对象与需要之间的关系，因为我们之所以对于一个对象发生兴趣，是由于它能满足我们的需要。"但需要不一定都表现为兴趣。例如，人有睡眠需要，但并不代表对睡眠有兴趣。

日常生活中，我们常把兴趣和爱好作为同义词使用，实际上二者既有联系又有区别：爱好是在兴趣的基础上发展起来的，他爱好的事物，必定是他感兴趣的事物；兴趣只是认识的倾向，当它进一步发展为从事某种活动的倾向时，才成为爱好。爱好是活动中的倾向，是和活动紧密相连的。一个人对小说感兴趣，仅仅表现为阅读方面。当他积极从事写作活动时，就转化为了爱好。

（二）兴趣的种类

1. 根据兴趣的内容，可以分为物质兴趣和精神兴趣

物质兴趣是由物质需要所引起的兴趣，表现为对衣食住行等物质生活环境、生活条件和生活用品的兴趣。物资兴趣人人都有，但如果一个人过分追求物质兴趣，将会发展成畸形的、贪婪的、低级兴趣的人。

精神兴趣是由精神需要所引起的兴趣，表现为人对精神财富的渴望，如对学习、娱乐、社会活动等的兴趣。精神兴趣越广阔，人的精神生活就越丰富。

2. 根据兴趣的倾向性，可分为直接兴趣和间接兴趣

直接兴趣是指对事物或活动过程本身的兴趣，如对看电视、体育活动、绘画等的兴趣。间接兴趣是指对某种活动或活动本身并没有兴趣，但对活动的结果或事物的意义感兴趣。例如，一个学生不喜欢英语，但认识到英语的重要性，便产生了学习英语的间接兴趣。

直接兴趣和间接兴趣对于学生的学习都很重要，它能激励学生的求知欲，提高学生学习的积极性。直接兴趣具有暂时性，间接兴趣则是较为持久的。一项活动如果仅靠直接兴趣，很难持久地坚持下来，也很难深入研究；如果仅靠间接兴趣，又会使人枯燥乏味。只有两种兴趣同时存在、相互结合，才能充分发挥一个人学习的积极性。

(三)兴趣的品质

1.兴趣的指向性

兴趣的指向性是指个体对什么事物感兴趣。有人对文学感兴趣,有人对数学感兴趣,有人对音乐绘画感兴趣。兴趣的指向性受一定的社会历史条件所制约,其差异主要是在后天不同的社会实践中形成的。

2.兴趣的广度

兴趣的广度即兴趣的范围,指兴趣指向客观事物范围的大小。人与人之间在兴趣的广度上存在着很大的差异。有些人的兴趣范围十分广阔,对一切事物都乐于探求,有多种多样的兴趣。有广阔兴趣的人,生活往往丰富多彩,有广博的知识,有较强的能力,因而也容易取得较大成就。而有些人的兴趣范围十分狭窄,事物似乎都引不起他的兴趣,其生活也将单调贫乏。广阔的兴趣应该在正确倾向的指导下,和中心兴趣结合起来,否则样样都喜欢,样样都不专,结果一无所长。中心兴趣是指在广阔兴趣的基础上,对某一方面的事物或活动有极浓厚而稳定的兴趣。美国曾经对 1311 位科学家做了五年的调查,结果发现:有成就的很少是仅仅精通一门专业的“专才”,而往往是既有一门专业,又有广博知识的通才。所以,广阔兴趣和中心兴趣是密切联系的。广阔兴趣是指知识的“博”,中心兴趣是指知识的“专”,现代人才应该是博与专相结合的人才。

3.兴趣的稳定性

兴趣的稳定性是指兴趣保持在某个事物或某项活动上时间的长短。人们的兴趣可能是持久不变的,也可能是变化无常的。稳定的兴趣能使人的思维长时间专注于某项活动,能使人的注意力和探索热情指向研究的问题并且进行长期的研究,从而使人走向成功。有的人常常有多种多样的兴趣,但浮躁多变,不能持久。这种暂时的兴趣,纵然表现得很强烈,甚至“着了迷”,但由于转化太快,难以深入下去,最终难有成就。在科学上,在学习上,没有强烈持久的兴趣,是很难做出任何有价值的、突出的成绩的。

4.兴趣的效能

兴趣的效能是指兴趣对于活动能够产生多大的积极效果。有的人的兴趣只满足于对事物当前的感知过程,缺乏对活动的推动力量。例如,有的人对音乐、绘画感兴趣,仅仅表现为听听音乐、看看绘画,便感到满足,没有进一步表现出理解它、掌握它的行动。有的人的兴趣,不仅仅限于从客体的知觉中享受到快乐,而且渴望进一步认识客体,掌握自己感兴趣的客体,从而积极地探索某种事物或从事某种活动。所以,后者的兴趣效能就高于前者。

(四)3～6 儿童兴趣的发展

3～6 岁的幼儿随着年龄的增长,在环境和教育的影响下,兴趣发展迅速,表现出下列特点。

1. 幼儿的兴趣比较广泛

幼儿渴望认识世界，喜欢和人交往，对周围事物和各种活动表现出了广泛兴趣。例如，幼儿一般喜欢小动物和各种花草树木，对雨露雾雪等自然现象也很有兴趣；喜欢观看成人的劳动和交往等社会生活；特别爱好游戏和玩具，也喜欢参加简单的劳动以及音乐、美术、体育等活动。

在幼儿的多种兴趣中，对游戏的兴趣占主导地位，对因果关系的求知兴趣发展迅速，特别喜欢问"是什么""为什么"等问题，喜欢拆卸物体，进行探究活动。一般说，幼儿的兴趣虽然比较广泛，但还没有形成比较稳定的中心兴趣。

2. 幼儿的兴趣表现出个别差异和年龄差异

各个幼儿受环境、教育、生活经验、自身素质等多种因素的影响，对各种事物的爱好以及爱好程度常不相同，幼儿的兴趣已经表现出个别差异。

3. 幼儿多直接兴趣

幼儿的兴趣绝大多数是直接兴趣，即直接对当前的事物或活动过程感兴趣。只有年龄较大的一些幼儿才对比较遥远的事物或活动的结果发生间接兴趣。例如，大班幼儿为了在文艺表演中赢得荣誉，虽然不喜欢枯燥乏味的反复练习，却乐于背诵一篇几十句长的快板词。

4. 幼儿的兴趣比较肤浅，容易变化

幼儿由于知识经验和心理能力的限制，不会深入到事物内部了解本质，他们主要是为事物的表面特点所吸引。他们的兴趣往往是有客体鲜艳悦目的颜色、新颖多变的外形等引起，因而比较肤浅。经过多次接触，这些客体的外部特点失去了吸引力，幼儿的兴趣也就低落和完全消失。总之，幼儿的兴趣不易稳定和保持。

5. 幼儿的兴趣也可能表现出不良的指向性

幼儿的兴趣一般表现出良好的指向性，但也有些幼儿没有受到良好的教育，任性娇惯，分不清对与不对，表现出不良的兴趣。

虽然幼儿的兴趣发展迅速，但总的来说，兴趣的范围、指向性、稳定性等还处于较低水平，兴趣的发展要到青少年期才能逐渐完善。

（五）3～6 儿童兴趣的培养

在幼儿期出现的多种兴趣中，求知兴趣发展迅速，对其今后的发展有着重要的影响作用。因此，成人要特别重视幼儿求知兴趣的培养和引导。

培养幼儿求知兴趣的基本任务是引导幼儿的直接兴趣向间接兴趣发展，提高兴趣的稳定性、效能性，为日后树立稳定的学习兴趣打下基础。具体可考虑以下措施和方法。

1. 创设良好的环境，丰富幼儿的知识和生活经验

人类周围的环境刺激是丰富多彩的。当世界上千姿百态的事物具体地展现在儿童面前时，要让他们亲自去看看、听听、闻闻、尝尝，以至摸、掰、拆等摆弄一番。这实际上就是孩子探索他们世界奥秘之过程。大自然中的花草树木、鸟兽虫鱼、青山绿水等都充满了奥秘，对幼儿都有无穷的吸引力。

成人应通过散步、参观、游览、阅读图书、劳动、游戏等多种方式,让幼儿亲近自然,走进社会、开阔眼界、丰富知识,正确引导幼儿去观察、去思考、去探索,以激发他们的好奇心和求知欲,逐渐培养他们的学习兴趣。

2. 正确回答幼儿提出的各种问题,引导他们的求知兴趣更持久更深入地发展

提问是幼儿求知兴趣的一种重要表现形式。教师要耐心认真地听取幼儿的提问,对幼儿的提问要给予鼓励并要正确机智地解答问题,保护幼儿的好奇心和求知欲。教师还要启发幼儿善于观察,勤于思考,自己寻找问题的答案。

3. 组织幼儿开展丰富多彩的活动

教师及家长可通过讲故事、猜谜语、小实验、游戏等活动,来激发幼儿的广泛兴趣和求知欲。

考题预测

一、单项选择题

1. 个性倾向性是以人的(　　)为基础的动机系统,它是推动个性行为的动力。

A. 兴趣　　B. 动机　　C. 需要　　D. 志向

2. 游戏时,一个幼儿尽管拥有游戏所需的玩具材料,但如果同伴拒绝与其共同游戏,他还是会不高兴。这是因为他的(　　)没有得到满足。

A. 生理需求　　B. 安全和保障的需要

C. 求知的需要　　D. 交往和友爱的需要

3. 自我意识萌芽最重要的标志是(　　)。

A. 会叫"妈妈"　　B. 思维出现

C. 学会评价　　D. 掌握代名词"我"

4. "老师说我是好孩子",说明幼儿对自己的评价是(　　)。

A. 独立性的　　B. 个别方面的

C. 多方面的　　D. 依从性的

二、简答题

1. 什么是个性? 一个人的个性由哪些成分组成?

2. 幼儿需要发展的特点有哪些? 如何培养幼儿的需要?

3. 幼儿兴趣的发展特点有哪些? 如何培养幼儿的求知兴趣?

4. 幼儿自我评价的发展特点有哪些?

第九章　学前儿童个性的发展(下)

学习目标

1. 理解个性心理特征(气质、能力、性格)的概念，了解个性心理特征各方面的类型。

2. 掌握个性及其各结构系统的发展特点和规律，学习分析学前儿童个性心理各方面的发展状况。

引导案例 9-1

正确看待性格内向的孩子

上课时，老师讲了一个好听的故事，孩子们听得津津有味。“故事讲好了，现在老师要考考你们了，看谁最聪明，能回答老师提出的问题”。老师说。大胆的、外向的孩子把手举得高高的，踊跃回答老师的提问；胆小的、内向的孩子连手都不敢举起来，更别说回答问题了，即使叫到他们的名字也是涨红了脸，不敢开口说一句话。

放学了，大家都礼貌地和老师说再见，可乐乐在奶奶的使劲催促下也不肯说“老师再见”这几个字……

诸如此类的情况不胜枚举，这些孩子到底怎么啦?

案例分析:瑞士心理学家荣格把人的性格分为两类:内向和外向。内向的人，好静不好动，不擅交往，不善言谈，不善表露，上面提到的孩子就是如此。但是，内向的孩子也有他们的优点:他们善于观察，好思考，做事仔细，持之以恒。

第一节　学前儿童个性心理特征的发展

个性心理特征是个性心理系统的特征系统，它指的是个体身上经常地、稳定地表现出来的心理特点，主要包括气质、性格、能力。在个性心理发展的过程中，这些心理特征是比较早形成的，并且在不同的程度上受生理因素的影响。

一、学前儿童的气质

【真题卡片 9—1】

材料分析题(2014 年下半年保教知识与能力)

△小虎精力旺盛，爱打抱不平，做事急躁、马虎，喜欢指挥别人，稍不如意，便大发脾气，甚至动手打人，事后虽有后悔，但遇事总是难以克制……

根据小虎的上述行为表现，回答下列问题：

(1)你认为小虎的气质属于什么气质类型？为什么？

(2)如果你是小虎的老师，你准备如何根据他的气质类型的特征实施教育？

【参考答案】

(1)小虎的气质类型属于胆汁质。因为胆汁质的人的特点是：情感发生迅速、强烈、持久，动作的发生也是迅速、强烈、有力。属于这一气质类型的人都热情，直爽，精力旺盛，脾气急躁，心境变化剧烈，易动感情，具有外倾性。小虎精力旺盛，做事急躁、马虎，不如意便大发脾气，随意动手打人，都是胆汁质类型表现的主要特征。

(2)针对胆汁质的小虎，作为一名教师应该采用因材施教的方法，切记不可过于急躁，应该有耐心和有爱心地对待小虎。要经常培养小虎气质特点中优秀的一面，如鼓励小虎勇于进取。如果小虎出现暴力、没有耐心的情况，要及时给予引导，防止其任性、粗暴。材料中小虎发脾气后也非常后悔，教师应该抓住这一点进行循循善诱，平时给予小虎更多关注，与家长及时沟通，保证家园教育的一致性。在幼儿园教育时，注意培养小虎的创造力、任性、决断力、行动力和表现力等多种优良的品质特征。

(一)什么是气质

气质是个体所特有的，表现在心理活动的强度、速度、稳定性和指向性等方面的相对稳定的一种心理动力特征。气质与其他个性心理特征相比较，更具稳定性，它使个体的整个心理活动带上了个人独特的色彩，制约着心理过程所表现出来的各种特点。气质也是受生理遗传因素制约最大的个性心理特征，因此它是比较稳定的个体心理特征。但是，气质也是可以改变的。当外界环境和教育发生一定程度的变化时，就会暂时的掩蔽个体的气质，并且能够在一定程度上改变个体的气质。

知识链接 9-1

日常生活中常常听到“某人好有气质”，这里的“气质”其实并不是心理学所指的气质。心理学中的气质与日常生活中人们所说的“脾气”“秉性”“性情”等词比较接近。有的婴儿活跃多动，哭声响亮；有的婴儿比较安详宁静，声微气小；有的人脾气暴躁，易激动；有的人则沉着冷静，不动声色；有的人郁郁寡欢，多愁善感；有的人活泼开朗，心平气和；有的人思维灵敏，行动敏捷；有的人反应迟钝，动作缓慢。这些关于人的特点描述，都是气质的表现。

（二）学前儿童的气质类型

学前儿童的气质类型，有传统的气质分类，是以高级神经活动类型为标准的；也有不少研究者按照儿童不同的行为反应制定标准，对儿童的气质进行分类。

1. 传统的气质类型

古希腊医生希波克拉底提出气质体液说。希波克拉底认为，个体含有 4 种体液，即血液、黏液、黄胆汁和黑胆汁，人的机体状态由这 4 种体液的适当搭配决定。这种学说经过不断演化发展，逐渐形成了按体液特性划分的典型气质类型：胆汁质、多血质、黏液质和抑郁质。这种气质分类，对学前儿童同样适用。这 4 种典型的气质类型的行为表现如下：

（1）胆汁质。黄胆汁占优势的称为胆汁质。胆汁质的儿童，热情直率、精力旺盛、脾气暴躁、好冲动、反应迅速强烈。

（2）多血质。血液占优势的称为多血质。多血质的儿童，活泼好动、反应迅速、行动敏捷灵活、主动性高、精力充沛、注意力和热情易转移。

（3）黏液质。黏液占优势的称为黏液质。黏液质的儿童，反应慢、动作迟缓、沉着稳重、安静、有耐性。

（4）抑郁质。黑胆汁占优势的称为抑郁质。抑郁质的儿童，敏感、心思细腻、多愁善感、行为孤僻、反应迟缓。

知识链接 9-2

四先生看戏——气质与行为

在一座戏院，刚巧在开场的一刻，来了四位先生。第一位急匆匆地奔到门口就要入内，看门的人拦住他说："已经开演了，根据剧院规定，开场后不得入内，以免妨碍其他观众。"这位先生一听，立刻火冒三丈，与看门人争吵起来。正当他们吵得不可开交的时候，走来的第二位先生，趁他们吵架，灵机一动，立刻侧身溜了进去。第三位先生走到门口，见状，不慌不忙，转回门外的报摊上，买了张晚报，坐在台阶上读起报来，他心中自有盘算："看戏是休闲，看报也是休闲，看不了戏，看看报也不错。"这倒也自得其乐。第四位先生走到门口，见看戏无望，深深叹了口气，掉转头去，自言自语道："唉，我这人真倒霉，连看场戏都看不成。"他越想越难受，干脆坐在门口叹息起来。这四位先生恰好代表了四种典型的气质类型。

俄国生理学家巴甫洛夫提出的 4 种高级神经活动类型，与传统的典型气质类型基本吻合。他认为,人的高级神经活动有两个基本过程:兴奋过程和抑制过程。这两个过程具有3个基本特征:神经过程的强度、平衡性和灵活性。他根据这3种基本特征把高级神经活动分为4种类型,这4种类型与典型的气质类型相对应,见表9—1。

表9－1　高级神经活动类型与气质类型

高级神经活动				气质类型	行为特征
类型	基本特征				
强度	平衡性	灵活性			
兴奋型	强	不平衡	—	胆汁质	急躁、易冲动、反应快
活泼型	强	平衡	灵活	多血质	活泼好动、主动、注意力易转移
安静型	强	平衡	不灵活	黏液质	稳重、安静、有耐性、反应慢
抑制型	弱	—	—	抑郁质	敏感、孤僻、迟缓

2.托马斯和切斯的气质类型

托马斯和切斯等人通过对婴儿进行大量跟踪研究,提出了气质有9个维度的表现,即活动水平、生理节律、注意分散度、客体趋避性、适应性、注意广度和持久性、反应强度、反应阈限、心境状态。他们根据这一系列维度的标准,把婴儿的气质类型分为以下3类:

(1)容易抚育型。容易抚育型的婴儿约占托马斯和切斯全体研究对象的40%。这一类婴儿,生理节律性好,吃、喝、睡等心理机能有规律性;容易适应新环境和接受新事物以及不熟悉的人;情绪一般积极愉快,爱玩。由于他们具有这些特点,能够对成人的抚育活动进行大量的积极反应,因此更容易得到成人最大的关爱。

(2)困难抚育型。困难抚育型的婴儿约占托马斯和切斯全体研究对象的10%。他们的生理节律性差,吃、喝、睡、排泄等生理机能的规律让人难以掌握;他们情绪反应强烈,消极情绪较多,经常大声哭闹、烦躁易怒、难以安抚,对新事物、不熟悉的人、新环境的接受和适应很困难。这一类婴儿需要成人花费很大的精力去养育,并很难对成人的抚育做出正面积极的反应,容易造成亲子关系疏远,因此需要成人在抚育过程中富有极大的耐心和宽容。

(3)迟缓型。在托马斯和切斯的全体研究对象中,有15%属于迟缓型。该类型的婴儿活动水平较低,反应较慢,强度较低,情绪多是消极且不愉快,但是又不像困难抚育型的婴儿那样难以安抚。他们对新事物、不熟悉的人和新环境的接受和适应,总是消极退缩、缓慢。成人对这一类婴儿的抚育,在不同情境中,困难程度也不同,并且他们会随着年龄的增长和成人抚育、教育情况不同而分化。

以上三种类型总共约占托马斯和切斯全体研究对象的65%,还有35%的婴儿不能简单、显著地归为以上任何一种类型。一般情况下,他们往往具备以上两种或者三种类型的混合特点，因此也可以把这部分婴儿成为混合型。

3. 巴斯的活动特性说

心理学家巴斯对人们在各种类型活动中的倾向性进行观察研究，提出了活动特性说。他根据人的活动倾向性不同，把气质发分为活动型、情绪型、社交型和冲动型四种类型。

(1)活动型。活动型的儿童，精力充沛，活泼好动，积极主动，总是不停地探索周围的外界环境，参与一些活动性游戏。巴斯认为该类人群在婴儿期主要表现为手脚不停地活动，幼儿期表现为坐不住，成年期表现为活动能力强、有强烈的事业心。

(2)情绪型。情绪型的儿童，情绪反应强烈敏感：经常哭闹，难安抚；容易激动，喜怒无常。他们通过行为、心理或生理上的变化，表现出悲伤、恐惧或愤怒的情绪反应。

(3)社交型。社交型儿童乐于与人交往接触，渴望与他人建立亲密、友好的关系，婴儿期主要倾向于与父母等成人交往接触，幼儿期也会倾向于同伴之间的交往。这种类型的儿童，孤单时会悲伤，甚至哭闹，容易受环境变化的影响。

(4)冲动型。这种类型的儿童易兴奋，缺乏自我控制力，冲动性强。在婴儿期，总是等不及成人的喂饭、换尿布等养育行为；幼儿期则表现为注意力容易分散，坐立不安，情绪来得快去得也快，行为缺乏控制。

(三)学前儿童气质的发展特点

研究表明，学前儿童气质的发展主要具有相对稳定性、可塑性和个体差异性。

1. 相对稳定性

气质受生理遗传的影响很大，神经系统的类型就是气质的生理机制，儿童生来就具有某种气质表现。因此，气质是个性心理中相对最稳定的方面，从而构成比较稳定的个性心理特征。研究者曾对198名研究对象从出生到小学的气质发展进行长达10年的追踪研究表明，在大多数儿童身上，早期的气质特征一直保持稳定不变。例如，一个活泼水平较高的儿童，在婴儿期时手脚不停地活动，到了幼儿期也时常坐不住；一个活动水平较低的儿童，在婴儿期睡眠和觉醒状态下都不爱动，到了幼儿期也表现得动作迟缓，总是表现得很安静。

气质和其他个性心理特征相比较，更具稳定性，并一定程度上影响着能力、性格的发展。因此，可以认为气质是个性形成和发展的基础，而且成人对儿童的教养可以把他们的气质作为参考依据。

2. 可塑性

虽然学前儿童气质的发展具有相对稳定性，但并不代表气质是不可改变的，学前儿童的气质还具有一定的可塑性。幼儿期，儿童的大脑神经系统还未发育结束和完善，在后天生活环境和教育的影响下，其气质类型和行为表现可以获得一定程度上的重塑或被掩蔽。气质的“掩蔽现象”是指一个人气质类型没有改变，但是形成了一种新的行为模式，表现出一种不同于原来类型的气质外貌。例如，入园后，幼儿在教师的教育和引导下，在与同伴的交往中，他们原先具有的一些消极气质特征会渐渐改变，甚至消失。儿童气质的发展是可变的，具有一定的可塑性。成人不要轻易对儿童的气质类型下结论,并且可以根据儿童的气质特点对他们进行有针对性的教育和引导。

3. 个体差异性

学前儿童气质的发展还表现出个体差异。因受到生理遗传和后天环境的影响,儿童出生后便表现出气质的差异,并在成长的过程中明显地表现出不同的气质类型。个性初步形成,并在气质方面表现出个体差异。每个儿童的气质类型或行为特征表现是不一样的,气质本身并没有好坏之分。成人要依据儿童气质的差异,进行匹配教育,选择适宜的方式手段、因材施教。

知识链接 9-3

如何看待气质类型

1. 气质类型没有好坏之分。
2. 气质类型不决定一个人成就的高低,但能影响工作的效率。
3. 气质类型影响性格特征形成的难易和对环境的适应。
4. 气质类型能影响健康。

(四)学前儿童的气质和教育

1. 了解学前儿童的气质特点

教师应了解学前儿童的气质特点,但一般不可能应用生理实验或医学检测方法鉴定儿童神经活动类型。教师可对幼儿在游戏、学习、劳动等活动中的情感表现、行为态度等进行反复细致地观察。例如,进行活动是否坚持,注意是否稳定持久,跟别人是否热情亲近,脾气是否急躁,情感是否容易激动,对新环境和陌生人能否很快适应,旧的生活习惯是否容易改变,活动时有没有信心,在集体中是否容易羞涩、退缩等。把观察结果和气质类型的典型特征相对照,可确定幼儿的气质特点。

2. 不要轻易对学前儿童的气质类型下结论

学前儿童虽然表现出各种气质特征,但教师不应轻易下结论,断定一个学前儿童属于某种气质类型。这是由于:(1)在实际生活中纯粹属于某种气质类型的人是极少的;(2)某一种行为特点,可能是几种气质类型所共有(例如,情绪敏感、易于激动、容易改变,既可能是胆汁质的表现,也可能是抑郁质的表现);(3)学前儿童虽然表现出气质的个别性,但他们的气质还在发展之中,还未稳定,还能改变。教师必须经过长期的反复观察,比较、综合各种行为特点,再审慎地确定学前儿童的气质是接近或属于某种类型,以免引起教育上的失误。

3. 针对学前儿童气质特点,采取适宜的教育措施

教师进行教育和教学工作时,要针对学前儿童的气质特点,提出不同的要求,采取适当

措施，区别对待。对于容易兴奋、不可遏制的儿童，要教会他们自制，午睡先醒时能够安静躺着，不喊叫，不吵醒别人，养成遵守纪律的习惯；对于容易抑制、行为畏怯的儿童，要多表扬他们的成绩，培养他们的自信心，激发他们活动的积极性；对于热情活泼、难于安定的儿童，要着重培养他们专心工作、耐心做事的习惯；对于反应迟慢、沉默寡言的儿童，要鼓励他们多参加集体活动，引导他们多和其他儿童交往，而且教会他们各种活动技能和工作方法，使每个儿童能够在教育的积极影响下，发扬气质的积极方面，改变气质的消极方面，使学前儿童的气质特征中的积极方面继续发展。

二、学前儿童的能力

【真题卡片 9－2】

简答题(2014 年下半年保教知识与能力)

△简述加德纳的多元智能理论的主要观点、智能种类及教育启示。

(一)什么是能力

能力指人成功完成某种活动所必需的、直接影响活动效果的个性心理特征。例如，画家作画除了基本的物质条件外，自身需具备色彩辨别能力、形象记忆能力、结构设计能力等。

(二)能力的特征

1. 能力和活动密切联系

一方面，个体具有一定的能力是其成功完成某种活动的前提；另一方面，个体的能力是在活动中形成、发展和表现出来的。

2. 能力直接影响活动效率

一般来说，能力、水平高的人完成活动效率高，即完成活动的速度快、质量好；反之，能力低的人完成活动的效率低。作为个性特征，气质和性格虽然也表现在活动中，并对活动有直接影响，但不直接影响活动效率，不直接决定活动的完成，但能力直接影响活动的效率。

3. 完成一种活动需要多种能力的结合

完成某项活动，单靠一种能力是不够的，必须依靠多种能力的有机结合。例如，一个晚会节目主持人要很好地完成主持活动，除了良好的口头语言表达能力，还需具有准确的记忆能力、敏锐的观察能力、灵活的应变能力、严谨的逻辑思维能力、现场调控能力以及丰富的信息储备等，并且只有这些能力有机地结合，才能保证晚会活动得以顺利完成。这种为成功完成某项活动，多种能力的完备结合称为才能。

(三)能力的类型

人的能力复杂多样，根据不同的标准，可以进行不同的分类。

1. 一般能力和特殊能力

按照能力的适用范围，可以将能力分为一般能力和特殊能力。

一般能力是指完成各种活动所普遍需要的能力，又称为普通能力。一般能力的适用范围广泛，符合多种活动的要求，能保证人们比较容易、有效地学习和掌握知识、技能。一般能力包括注意力、观察力、记忆力、想象力、思维力等。通常说的智力指的是一般能力的综合体。

特殊能力又称为专业能力，是完成某种专门活动所必需的能力。它只在特定的活动范围内发挥作用，是完成相关活动必要的能力，如音乐能力、体育能力、数学能力等。

一般能力与特殊能力一起起作用，完成一种活动通常都需要二者的共同参与。

2. 模仿能力和创造能力

按照创新程度，可以把能力划分为模仿能力和创造能力。

模仿能力是指效仿他人言行举止并引起与之相类似的行为活动的能力，例如儿童模仿父母的说话、表情，人们学画画、练书法时的临摹等。

创造能力是指产生新思想、发现和创造新事物的能力。它是成功完成某种创造性活动所必需的能力，如文学创作、学术研究、科学发明等。创造想象和创造思维对创造能力起着十分重要的作用。

模仿能力和创造能力密切联系。在模仿能力的基础上，创造能力发展起来，模仿可以说是创造的前提和基础，创造是模仿的发展，两者相互联系、相互渗透。

3. 认知能力、操作能力和社交能力

按照能力的功能不同，可以把能力划分为认知能力、操作能力和社交能力。

认知能力是指个体用于接收、加工、存储和应用信息的能力。心理学认为，知觉、记忆、注意、思维和想象的能力都是认知能力。认识能力是人们掌握知识、完成各种活动所必需的最基本、最重要的心理条件。

操作能力是指操纵、制作和运动的能力，它是在操作技能的基础上发展起来的，又是顺利掌握操作技能的重要条件，例如，劳动能力、体育能力、实验操作能力等。

社交能力是指人们参加社会活动、与人交往、保持协调所表现出来的能力，如组织能力、管理能力、领导能力、言语感染力等。

4. 显能和潜能

心理学还把能力分为显能和潜能。显能指一个人现在已经具有的现实能力。潜能是指一个人经过进一步学习和训练，而达到更高水平的可能性能力。例如，一个人会说流利的英语，会开汽车等，就是个体已经具备并在活动中表现出来的实际能力；某人具有音乐、体育运动方面的天赋，则是个体将来可能发展并表现出来的潜在能力。

(四)学前儿童能力的发展

学前儿童从出生以后就在接受教育、进行游戏和学习等活动中，逐渐表现并发展各种能

力，同时能力在发展的过程中也表现出一些显著的特点。

1. 多种能力的初步形成和发展

学前儿童的操作能力最早显现，并逐步发展。语言能力在婴儿期发展迅速，幼儿期是口语发展的关键期。学前儿童的模仿能力迅速发展，成为儿童学习的基础。认知能力也迅速发展，为儿童的学习、个性的发展提供了必要的前提。

学前儿童有一些特殊能力开始有所显现，如音乐、绘画、体育、计算、语言等方面的能力。相关研究表明，音乐能力多在学前期出现。幼儿后期，创造能力萌芽。相对于其他一些能力，儿童的创造能力发展较晚，也远未达到成人的水平。但到了幼儿后期，在儿童的绘画作品中明显地表现出了创造力的萌芽。

2. 学前儿童的智力发展迅速

许多心理学家对人的智力发展进行研究，认为出生后的头几年是智力发展最快的时期。有的心理学家还认为幼儿期是智力发展的关键期。平特纳曾指出，人从出生到 5 岁是智力发展最迅速的时期。而皮亚杰也认为，从出生到 4 岁是人智力发展的关键期。布鲁纳经过多年研究，发现儿童出生后的最初几年是智力发展最快的时期。美国心理学家布卢姆通过对大量儿童的跟踪观察分析，认为儿童在出生后的 4 年内智力发展最快，见表 9—2。由此可见，大多数心理学家都认为学前期是儿童智力发展的关键期。大脑的发育是儿童智力发展的生理基础。儿童脑发育的研究表明，7 岁左右的儿童大脑各方面的发展都趋于成熟，这点可以证明学前期是儿童智力发展的关键期。

表 9—2 儿童的年龄与智力发展水平

年龄/岁	1	4	8	13	17
智力发展水平	20%	50%	80%	91%	100%

3. 学前儿童的能力发展出现个体差异

不同儿童的能力在形成和发展的过程中会表现出个体差异。

首先，能力类型的差异。例如，有的儿童能很快地记住较长的故事、儿歌等，这是记忆能力较强的表现；有的儿童能很快地理解故事的内容、游戏的规则，这是理解能力较强的表现；有的儿童搭积木、剪纸等比较灵巧，这是动手能力较强的表现；有的儿童口齿清晰、侃侃而谈，这是言语表达能力较强的表现。学前儿童能力的发展出现个体差异，很大程度上与儿童出现的主导能力（即优势能力）有关。在个体身上有机结合的能力中，总有一种能力起主导作用，其他能力则处于从属地位。

其次，能力表现早晚的差异。早慧儿童、中年成才、大器晚成，这些描述体现了能力表现早晚的差异。一些人在音乐、绘画、语言等领域的才能在学前期就开始显露锋芒，他们若能够得到良好的教育，之后可能成绩卓著。成人既要关注超常儿童的早慧之处，也要多关注普通孩子身上的闪光点；既要因材施教，也要关注整体发展和心理健康。

最后,能力水平的差异。儿童在能力发展水平上也存在不均衡现象,呈现正态分布的态势,即中等水平的人居多,处在极高或极低水平上的人数较少(见表9—3)。其中,有两类儿童需要特别关注:一类是超常儿童(天才儿童),另一类是智力落后的儿童。

表9—3　韦克斯勒根据智商分布所列的智力等级

IQ	类别	百分比	
		理论正态曲线	实际样组
130及以上	极优秀	2.2%	2.3%
120～129	优秀	6.7%	7.4%
110～119	中上(聪颖)	16.1%	16.5%
90～109	中等(一般)	50.0%	49.4%
80～89	中下(迟钝)	16.1%	16.2%
70～79	低能边缘	6.7%	6.0%
69及以下	智力缺陷	2.2%	2.2%

表9—4　推孟按智商高低将智力划分为九类

智商	类别	智商	类别
140以上	天才(genius)	70～80	近愚(borderline case)
120～140	极优(very superior)	50～70	愚鲁(moron)
110～120	优秀(superior)	25～50	痴愚(imbecile)
90～110	中智(average intelligence)	25以下	白痴(idiot)
80～90	迟钝(dull)		

知识链接 9-4

教育好能力异常的幼儿

对于有特殊才能的幼儿应创造条件，从现在开始给予特殊的专业培养。对于智力超常儿童可以采取加快教学进度、增加教学内容等方式使他们的智力充分发展、求知欲得到满足。更应注意的是，对于有特殊才能的和智力超常的儿童，要教育他们虚心学习，尊重别人，与人和谐相处，防止养成骄傲自负、轻视别人或放松学习等不良品性。儿童智力落后的原因是多方面的。对于智力落后的幼儿要一视同仁，耐心教育，而且要更多关怀，如可以减少活动的内容、放慢教学进度、降低学习难度、帮助其解决困难。更要经常鼓励，使他们改变沮丧、失望和压抑的心情，逐步形成自信、积极和愉快的心理。

【真题卡片 9—3】

简答题(2013 年上半年保教知识与能力)

△有的幼儿擅长绘画，有的擅长动手制作，还有的很会讲故事，这体现的是幼儿(　　)。

A. 能力发展速度的差异　　B. 能力水平的差异

C. 能力发展早晚的差异　　D. 能力类型的差异

【答案】D。

(五)加德纳的多元智力理论及其对学前教育的启示

图 9－1　霍华德 · 加德纳

美国著名发展与教育心理学家、哈佛大学教授霍华德 · 加德纳博士于 1983 年提出了多元智力理论。

加德纳认为传统智力测验所界定的智力，已窄化到只适于书本知识的学习能力，这对智力的理解是很有局限的。他认为智力是人在特定情景中解决问题并有所创造的能力，人类的智能是多元化而非单一的，主要是由语言智能、数学逻辑智能、空间智能、身体运动智能、音乐智能、人际智能、自我认知智能、自然认知智能8项组成，每个人都拥有不同的智能优势组合。

1. 语言智能

语言智能是指有效运用口头语言或文字表达自己的思想并理解他人，灵活掌握语音、语义、语法，具备用言语思维、言语表达和欣赏语言深层内涵的能力并能使这些能力结合在一起还能运用自如的能力。具有语言智能的人适合的职业是政治活动家、主持人、律师、演说家、编辑、作家、记者、教师等。

2. 数学逻辑智能

数学逻辑智能是指有效地计算、测量、推理、归纳、分类，并进行复杂数学运算的能力。数学逻辑智能包括对逻辑的方式和关系、陈述和主张、功能及其他相关的抽象概念的敏感性。具有数学逻辑智能的人适合的职业是科学家、会计师、统计学家、工程师等。

3. 空间智能

空间智能指准确感知视觉世界空间及周围一切事物，并且能把所感觉到的形象以图画的形式表现出来的能力。这项智能包括对色彩、线条、形状、形式、空间关系很敏感。具有空间智能的人适合的职业是室内设计师、建筑师、摄影师、画家、飞行员等。

4. 身体运动智能

身体运用智能是指善于用整个身体来表达思想和情感、灵巧地运用双手制作或操作物体的能力。这项职能包括特殊的身体技巧，如平衡、协调、敏捷、力量、弹性和速度以及由触觉所引起的能力。具有身体运动智能的人适合的职业是运动员、演员、舞蹈家、外科医生、宝石匠、机械师等。

5. 音乐智能

音乐智能是指能够敏锐地感知音调、旋律、节奏、音色等的能力。音乐智能突出的人对节奏、音调、旋律或音色的敏感性强。这样的人与生俱来就拥有音乐的天赋，具有较高的表演、创作及思考音乐的能力，他们适合的职业是歌唱家、作曲家、指挥家等。

6. 人际智能

人际智能是指能很好地理解别人和与别人交往的能力。人际智能突出的人善于察觉他人的情绪、情感，体会他人的感觉、感受，辨别不同人际关系的暗示以及对这些暗示做出适当的反应。他们适合的职业是政治家、外交家、领导者、公关人员、推销员等。

7. 自我认知智能

自我认知智能是指自我认识和有自知之明并据此做出适当行为的能力。自我认知智能突出的人能够认识自己的长处和短处，意识到自己的内在爱好、情绪、意向、脾气和自尊，喜欢独立思考。他们适合的职业是哲学家、政治家、思想家、心理学家等。

8. 自然认知智能

自然认知智能是指善于观察自然界中的各种事物，善于对物体进行辩论、分类的能力。自然认知智能突出的人有着强烈的好奇心和求知欲，有着敏锐的观察力，能了解各种事物的细微差别。他们适合的职业是天文学家、地质学家、考古学家、环境设计师等。

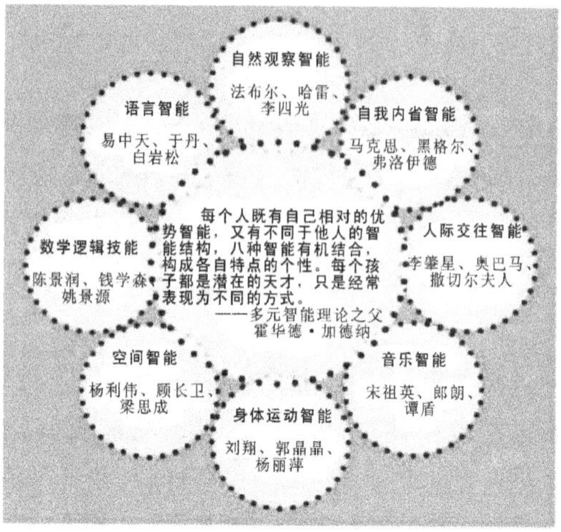

图 9-2 加德纳多元智力理论组成示意

加德纳多元智力理论与学前教育五大领域（健康、语言、社会、科学、艺术）的培养目标比较吻合。不仅如此，这一理论对学前教育还有以下启示：一是尊重儿童能力的个体差异；二是充分认识每位儿童的优势能力和非优势能力，不要限定幼儿发展的可能性，适当地扬其所长、补其所短，促进儿童的全面发展。

三、学前儿童的性格

（一）什么是性格

性格是指表现在人对现实的态度和惯常的行为方式中的比较稳定的心理特征。从定义上可以看出性格特征表现为个体对现实稳定的态度和惯常的行为方式。

性格是具有核心意义的个性心理特征，诚实或虚伪、勇敢或怯弱、谦虚或骄傲等都被视为性格特征，体现出一个人的本质属性，因而它最能表现个体的个性差异。人们平时所讲的某个人有“个性”，其实主要指的就是一个人的性格。

性格不同于气质，它受环境和社会历史文化的影响，不同历史条件下，会具有一定的社会历史色彩。所以，气质更多地体现了个性的生物属性，性格则更多地体现了个性的社会属性，个体之间个性差异的核心是性格的差异。

（二）性格的类型

性格是一种多方面、非常复杂的心理有机体，许多心理学家都根据自己的理解，对性格的类型进行分析。以下介绍几种常见的具有代表性的分类观点。

1. 机能类型说

英国心理学家培因和法国心理学家李波根据个体智力、情绪和意志这 3 种心理技能何者占优势,把性格分为理智型、情绪型和意志型。理智型的人主要依靠理智思考行事,用理智支配行动;情绪型的人,不善思考,感情用事;意志型的人,行动目标明确,积极主动,自制力强。实际生活中,大多数人属于中间类型,如理智—意志型。

2. 向性说

向性说是最具影响力的观点,最初由瑞士心理学家荣格提出。这一观点,按照个体心理活动倾向于外部或内部,把人的性格划分为外向型和内向型两类。外向型的人活泼开朗、善于交际,内向型的人沉静谨慎、交际面窄。

3. 威特金的类型论

类型论这一观点来自美国心理学家威特金等人的场依存性理论。该理论根据个体的独立性程度,把人的性格划分为顺从型和独立型。顺从型的人,易受暗示,独立性差,缺乏主见;独立型的人,信念坚定,善于思考,自信心强,强势。

(三)学前儿童的性格

1. 婴儿性格的萌芽

儿童的性格是在幼儿与周围环境相互作用过程中形成的。在婴儿的环境中,最主要的客体是照顾他的成人。一般来说,母子关系在婴儿性格的萌芽过程中起着最重要的作用,母亲的良好照顾,会使婴儿从小得到安全感,形成对母亲的信任和依恋,为以后良好性格的形成打下基础。

气质差异对婴儿性格的萌芽有所影响。比如,性急的孩子饿了,会立刻大哭大闹,这使成人不得不马上放下一切其他事情,急忙给他喂奶。而对那些饿了只是断断续续地细声哼哼唧唧的婴儿,成人则可能把手头的事情做完再去喂奶。日积月累,前面那种婴儿可能形成不能等待别人、自己的要求必须立即得到满足的性格特点,而后一种婴儿则可以养成自制的性格特点。

两岁左右,随着心理过程、心理状态和自我意识的发展,幼儿出现了最初性格的萌芽。

2. 幼儿性格的年龄特征

在原有性格差异的基础上,幼儿性格差异会更加明显,并越来越趋向稳定。同时,幼儿的性格具有很大的可塑性,行为容易得到改造。总之,幼儿性格的年龄特征随着实践的发展也越来越明显,具体表现在以下几方面。

(1)活泼好动

活泼好动是幼儿的天性,也是幼儿期儿童性格的最明显的特征之一,不论是何种类型的幼儿都有此共性。

(2)喜欢交往

儿童进入幼儿期后,在行为方面最明显的特征之一是喜欢和同龄或年龄相近的小伙伴交往。3 岁以后,儿童游戏中的社会性成分逐渐加强,个体游戏减少,联合性、合作性游戏增多。

(3)好奇好问

幼儿有着强烈的好奇心和求知欲，主要表现在探索行为和好奇好问。对于新的事物充满兴趣，什么都看看、摸摸。儿童好问，经常打破砂锅问到底。“童言无忌”“10 万个为什么”是对儿童最好的形容。

(4)模仿性强

模仿性强是幼儿期的典型特点，小班幼儿表现尤为突出。幼儿模仿的对象可以是成人，也可以是儿童。对成人模仿更多的是对教师或父母行为的模仿，因为这些人是幼儿心目中的“偶像”。

(5)好冲动

幼儿性格在情绪方面的表现就是情绪不稳定，好冲动。

(四)学前儿童性格形成和发展的主要影响因素

学前儿童性格的形成和发展会受到诸多因素的影响，一般包括遗传、家庭、教育、环境等因素。

1. 遗传因素的影响

人的神经系统类型在性格形成中有一定的作用，人的气质影响着性格特征的外部表现。例如，在逆境中，抑郁质的儿童要比胆汁质的儿童更加容易形成怯懦的性格特征；而在顺境里，胆汁质的儿童更容易形成勇敢的性格特征。再如，多血质的儿童，热情，灵活，善于人际交往；黏液质的儿童则比较安静内敛，不太善于人际交往等。还有研究表明，人的神经系统的某些遗传特点可能会影响到某些性格特征的形成，加速或延缓一些行为习惯的形成和发展。一些心理学家选取遗传素质最为接近的同卵双生子进行跟踪调查后发现，即使分开生活，他们不仅在身高、体形、声音、动作等生理发展上都极其相似，还在饮食习惯、兴趣爱好、行事风格等心理发展方面也很相似。因此，虽然性格主要受后天因素影响，但遗传因素在儿童性格的形成与发展上也起着一定的作用。

2. 家庭的作用

学前期，家庭是儿童最初的环境，大多数儿童最主要在父母家人的影响下成长。许多心理学研究表明，家庭对个体性格的形成和发展具有主要和深远的影响。在家庭中，亲子关系、父母的教养方式会影响孩子性格特征的形成。良好稳定的亲子关系、积极科学的教养方式，能让幼儿获得安全感、爱和尊重，从而促进幼儿性格的健康发展。例如，民主、信任的教养方式，会促进儿童独立、直爽、协作、和善、坚韧等性格特征的形成；专制、溺爱、忽视等消极的教养方式，则会导致儿童产生缺乏独立性、任性、自私、妒忌、盲从等不良性格的特征。

家庭的气氛和父母榜样对儿童性格的发展和形成也有明显的影响。研究表明，气氛和谐融洽的家庭中的孩子，能在家庭中感受到安全感，这样的氛围有利于乐观、开朗、愉快、自信、亲切和善等性格特征的形成；气氛紧张的家庭中，孩子缺乏安全感，表现出易紧张焦虑、忧郁、多疑等不良性格特征。另外，家庭的政治经济地位、家庭的结构、儿童的出生顺序等因素也会在一定程度上对儿童性格的形成和发展产生影响(见表 9—5)。

表 9－5　父母教育方式与儿童性格的关系

父母的教育方式	儿童性格
支配性型	消极、顺从、依赖、缺乏独立性
溺爱型	任性、骄傲、自私、缺乏独立性、情绪不稳定
过于保护型	缺乏社会性、依赖、被动、胆怯、深思、沉默、亲切的
过于严厉型	冷酷、残忍、独立;或者怯懦、盲从、不诚实、缺乏自信心和自尊心
忽视型	妒忌、情绪不安、创造性差,甚至有厌世轻生情绪
民主型	独立、直爽、协作、亲切、安全、快乐、坚韧、大胆、有毅力和创造精神
父母意见分歧型	易生气、警惕性高;有两面讨好、投机取巧、好说谎的作风

3. 幼儿园教育的作用

幼儿园教育对学前儿童性格的形成和发展也有重要的作用。幼儿园教育的理念方针、内容方法、游戏活动、规章制度等都影响着儿童性格的形成和发展,甚至能弥补或者调节家庭环境因素对儿童性格所造成的影响和损失。教师的榜样示范作用也会影响儿童的性格发展。好模仿、模仿性强是学前儿童的特点,教师日常的一些言行举止直接或间接地影响着儿童性格的形成。幼儿园集体或者班集体的氛围、特点、要求、舆论、同伴关系等,同样也会对儿童性格的形成和发展产生影响。

知识链接 9-5

幼儿园里培养的诺贝尔奖获得者

1978 年,75 位诺贝尔奖获得者在巴黎聚会。人们对于诺贝尔奖获得者非常崇敬,有个记者问其中的一位:在您的一生里,您认为最重要的东西是在哪所大学、哪个实验室里学到的呢?

这位白发苍苍的诺贝尔奖获得者平静地回答:“是在幼儿园。”记者感到非常惊奇,又问道:“为什么是在幼儿园呢? 您认为您在幼儿园学到了什么呢?”

诺贝尔奖获得者微笑着回答:“在幼儿园里,我学会了很多很多。比如,把自己的东西分一半给小伙伴们,不是自己的东西不要拿,东西要放整齐,饭前要洗手,午饭后要休息,做了错事要表示歉意,学习要多思考,要仔细观察大自然。我认为,我学到的全部东西就是这些。”

4. 社会环境和实践活动的影响作用

社会环境形形色色、错综复杂，不同社会物质和文化环境条件下的学前儿童，其性格的形成和发展状况也会不一样。某一个国家、民族、地区的人，都各自具有属于自身的主要性格特征。社会环境对儿童性格的影响，主要通过图书、报刊、影视音像作品等文化媒介途径进行传播和体现。良莠不齐的社会文化媒介对儿童良好性格特征的形成所造成的影响也不同。学前儿童参与社会实践活动的类型、担负的社会角色所呈现的要求，也会对其性格的形成起作用。例如，经常从事文艺活动的儿童活泼开朗，善于想象，感情丰富。

5. 主观因素的作用

家庭、幼儿园教育、社会环境等都是影响学前儿童性格形成的客观外部条件，但都不能直接决定人的性格，它们必须通过儿童已有的心理发展水平和心理活动才能发挥作用。各种外部环境的影响，只有被儿童理解和接受，才能转化为他们的需要和动机，才能推动活动的进行，儿童的兴趣、需要和动机、理解和领悟能力，在一定程度上制约着外部影响因素的实现。例如，守纪律、有责任心等性格特征是在接受与领会一定外部的社会要求之后，逐渐把这一要求转变为对自己的内在要求而形成的。

（五）幼儿性格的培养

性格是决定个人对待现实的态度和行为方式的稳定的心理特征。幼儿期，正是性格初步形成的时期，幼儿不论对人、对己或对事、对物都表现出一定态度和相应的行为方式。幼儿的性格还未定型，而幼儿期正是富于可塑性的时期，因而要特别重视幼儿的性格教育，使幼儿具有良好的坚强的性格。

1. 加强思想品德教育

性格受一个人的思想品德的影响。只有具有良好的思想品德，才会形成坚毅的性格。教师应根据幼儿心理发展特点，采取生动有效的方法，加强思想品德教育，使幼儿能分辨简单的是与非。在教育，中应培养他们热爱祖国以及爱科学、爱学习、爱劳动、关心集体、关心同伴、遵守纪律、爱护公物、勇敢诚实等品德。当前还要培养幼儿从小热爱探索、自己动脑、自己动手等习惯。还要使幼儿掌握一些行为规则，懂得用正确的态度和行为方式对待周围人们和周围事物，逐步形成良好的性格。

2. 引导幼儿参加集体生活和实践活动

集体生活是塑造性格的重要条件，对于独生幼儿性格的发展更具有积极意义。集体的意见和要求，制约着幼儿对待周围事物的态度和行为方式。同时，集体生活也能使幼儿已经形成的某些不良性格特征等得到遏止或纠正，使性格趋于完善。幼儿的性格又是在实践活动中形成的。已形成的良好性格特征在实践中得到巩固，不良的性格特征因为受到阻止、批评而逐渐改变。幼儿在游戏、学习和劳动中掌握行为准则，而且实际运用于自己的行动上。此外，在新的活动条件下，还常常会形成新的态度和相应的行为方式，形成新的性格特征。

3. 树立良好榜样

教师和父母要重视榜样在幼儿性格塑造中的作用。幼儿好模仿。他人的态度和行为方式生动形象地呈现在幼儿面前，幼儿特别容易模仿。现实生活中的英雄模范、先进人物以及新事业开拓者的坚强性格是幼儿学习的典范。电视、电影，以及故事中所呈现的高尚品德和行为也是幼儿性格塑造的榜样。教师和父母要机智地给幼儿提供良好榜样，并指导和鼓励他们的学习。

教师也可以指导幼儿学习周围同伴所表现的良好性格。同伴是幼儿最接近、最具体的榜样，有助于幼儿相互学习，形成良好性格。

教师和父母要以正确态度和行为方式对待周围事物，做幼儿的好榜样。教师和父母的榜样对幼儿性格的塑造发挥着潜移默化的作用。

4. 巩固幼儿良好的性格特征，克服性格方面的缺点

父母和教师要采取适宜的表扬方式，及时肯定和表扬幼儿所表现的良好的性格特征。如在集体面前赞扬，或用小贴纸、小红花等形式表扬，使幼儿产生荣誉感，使他们明确感到这是良好的性格和行为，从而使这种良好的性格和行为反复发生、巩固发展。对于表现出不良性格的幼儿，要先了解这种性格形成的原因，采取个别教育、启发诱导的方法，指出缺点，提出明确要求。当幼儿有了点滴进步，就大力表扬，并鼓励他们继续努力、持之以恒。同时指导他们用正确的态度和行为方式替代不正确的态度和行为方式，使幼儿不良的性格逐渐改变，良好的性格逐渐形成发展。

第二节　幼儿个性评价

一、什么是幼儿个性评价

幼儿个性评价就是对幼儿个性的某一方面或个性的整体做出的评价。这种评价不是教师主观的评价，而是依据孩子的实际表现而做出的客观的、真实的评价。

二、教师对幼儿进行个性评价的意义

幼儿个性评价是教师深入了解幼儿、对幼儿进行个别教育的前提。

每个教师都希望进一步了解自己班里的幼儿，很多老师也曾试着记录孩子们的行为，以便透彻地了解他们行为表现的原因及模式，但尽管他们非常尽责地去做，却多半没有很大的意义，而且总脱离不了以主观的眼光或直觉作为判断依据的弊病。例如，不同的老师对同一个幼儿可能有不同的评价，这其中就是个人的主观因素在起作用。因此我们这里讲的对幼儿的评价不是那种主观的评价，而是基于对幼儿客观观察的较科学的评价。这种公正、客观的评价是教师正确进行教育的前提。

教师对幼儿进行个性评价，可以针对幼儿的个性特点，进行有的放矢的教育。例如，对于那些性格内向的幼儿要经常鼓励，让其大胆表现，培养他们的自信心，发展他们的主动性；而对于那些任性的幼儿则要注意加强是非观念的教育，让他们了解对于错，懂得行为的限度，培养自制力。每个孩子都是独特的，而我们的教育也不能千篇一律，要根据每个幼儿的特点进行相应的教育，这样才能使每个幼儿都能在原有水平上得到较大发展。而做到这一点，就要依靠教师对每个幼儿有比较深入的了解。

教师对幼儿进行的个性评价，不但可以了解幼儿个性的全貌，有针对性地进行教育，而且还可以对幼儿日常发生的各种行为进行诊断，从而找到解决问题的办法。孩子们的行为是其心理的表现，任何行为都可以找到心理的根源。通俗地讲，儿童的行为都是有理由的，教师可以根据对幼儿行为的观察，去发现幼儿行为的真正原因，从而找到教育的对策。以客观的态度去观察，特别是要以幼儿的眼光去看他们，这对教师真正了解孩子是非常必要的。例如，一个小女孩，经常一个人玩，表现得很孤僻。经过多次观察发现，她之所以自己玩是为了引起教师的注意。因为，当她单独玩时，教师就会注意她，并让她和其他小朋友一起玩，所以她就采取这种行为来吸引教师的注意。而教师知道了这个原因之后，就采取了相应的教育措施，即只有当这个女孩与其他小朋友玩时，教师才注意她，而她自己玩时故意不去看她。经过一段时间后，这个小女孩与小伙伴的交往次数增加了。再比如，有些孩子故意不守纪律，教师通过观察发现他们也是为了吸引教师的注意，教师就采取不理睬的方式，看到这些孩子调皮时，装作看不见或不在意。过一段时间，这些孩子就逐渐变得守纪律了。

总之，作为教师要懂得，幼儿的行为是由他们的年龄特点及个性特点决定的，每种行为背后都有其原因，了解这些原因可以帮助我们进一步了解幼儿，并进行有的放矢的教育。而要真正做到这一点，就要学会幼儿个性评价的方法。

三、如何进行幼儿个性评价

幼儿教师对幼儿进行个性评价的最好方式就是日常观察、记录。幼儿的言行对幼儿的行为产生的前因后果做出较详细的记录和分析。即使记录不是十分完整和详细，只是偶尔匆匆记下的一些资料，几个月后也是相当可观的。最重要的是如何在笼统的或一般性的行为中分辨出孩子们行为上的差异。

总的来说，记录并不一定按照固定的规则。每个人可以有自己的创新。但有一些可供参考的建议：由于实际带班的老师记录的时间有限，所以随身带小卡片或笔记本是必要的，铅笔要放在随手可及之处；尽量靠近去观察但不要打扰他们的活动；笔记可以粗略记，有空时再补充；记下小朋友的名字及行为发生的地点、时间；如果有幼儿问你在做什么，不可以对他说出记录的事情；对所记录的内容也应该保密，不要指明是某一个幼儿或某一个家庭。

（一）观察记录的项目

对幼儿观察记录的项目包括幼儿一日生活中的各主要环节，主要包括游戏、午睡、进餐、起床等。这些例行的活动可以反映幼儿的个性特点,因为他们是按照自己的愿望及行为方式去行动的。同时,对偶然事件的记录也是很重要的,因为这个时候行为没有任何的外在因素的影响,可以反映儿童最本质的一些特点。例如,打针、争吵时孩子的一些行为更直接反映他们的个性特点。

(二)观察记录的内容

观察记录应该尽可能详细些,要记录下当时的环境及幼儿行为的整个过程。具体内容如下。

1. 当时的环境,包括场所及人员。
2. 教师与孩子的关系及教师对孩子的注意程度。
3. 教师要求与否,是个别要求,还是统一要求。
4. 幼儿对教师要求的反应。
5. 幼儿的整个行为过程。
6. 幼儿的活动结果或效果如何。

前 3 项可以帮助我们了解影响幼儿行为的外在因素、幼儿行为的起因、幼儿的兴趣状态,后 3 项可以帮助我们了解幼儿行为表现。

但要注意,这 6 项并不是像填答卷似的逐个回答,在实际观察中,可以将上述项目用简单叙述的方式记录下来。

(三)评价

在完成了所有的观察记录项目以后,最重要的一步就是对幼儿的个性特点做出恰当的评价,这也是观察记录的目的所在。评价要完全依据实际观察,要将幼儿的多次行为综合起来,而不是孤立地从一次活动出发。评价要客观,不要想当然。

评价可以有不同形式,但一般来说有个性特点、存在的问题及教育建议等方面。

知识链接 9-6

幼儿观察记录与个性评价举例

案例一:

张蕾同学观察的是一个 4 岁的男孩,通过观察这个幼儿在幼儿园的表现,她认为这是一个性格内向的孩子,应该给他更多的关心,使其更活泼、更大胆地表现自己,更加主动地和小朋友交往。

※他和小朋友接触得少。

※每次看到她笑的时候,都很拘谨,点到为止;而哭的时候也不敢大哭,眼泪刚要流下来

就止住了。

※在美术课活动时，有的小朋友把手放到他的肩上，他也不说什么，就把别人的手拿下去。别的小朋友兴奋地往自己脸上涂水彩，他却不这样，依旧很卖力地画画。

※不太熟的人跟他说话，他不理睬。

※他总是心事重重，总爱愣神，看到别人看他也只是用眼睛一瞟，不像别的小朋友会笑一笑。

案例二：

郑静静同学观察的是一个3.5岁的男孩。那是一个活泼调皮、自理能力稍差的孩子。针对这个孩子的特点，她建议加强孩子注意力及自我控制能力的培养。下面是他在起床时的表现。

别的小朋友都还在梦乡，他就已经醒了，眼睛睁得很大，两手捧住旁边小男孩的头往自己脑袋上顶，一边笑，一边说着什么。被老师点了名字后，立即躺下，但一刻也不肯安静下来，不时地和旁边的男孩儿嬉闹着。老师发现他和旁边的男孩儿都光着屁股，随机打了他们一人一下，他就调皮地笑了。老师让小朋友们起床，吩咐两个小朋友互相帮忙叠被子，他两手扯着被角和小伙伴一同对折，双手抖动着被子，被子始终没有叠成功，较其他小朋友水平低。他的下床动作很快，穿上拖鞋后，飞快地跑进厕所，从厕所出来后找到自己的位置，开始穿衣服。先是将衣服穿好，后穿裤子（穿反了），可袜子怎么也穿不进去，自己尝试了几次后求助于老师。

【真题卡片9—4】

论述题（2016年上半年保教知识与能力）

△论述教师尊重幼儿个体差异的意义与举措。

【参考答案】

1.尊重幼儿的个体差异成为当代幼儿教育的趋势。《3～6岁儿童学习与发展指南》中强调应尊重幼儿发展的个体差异，因为幼儿的学习方式和发展速度各有不同，在不同学习与发展领域的表现也存在明显差异。《幼儿园教育指导纲要（试行）》中也指出要关注个别差异，促进幼儿富有个性的发展。同时幼儿园教育原则也指出，要面向全体，尊重个别差异。在教育过程中，教育者在关注全体受教育对象的同时，还应重视儿童的个别差异，因人施教，有针对性地采取最有效、最合理的方式促进每个儿童的发展。因此，尊重幼儿的个体差异具有重要意义：

（1）能够促进每个儿童的发展；

（2）促进每个儿童发挥自己的特长；

（3）有利于教师自身专业的发展。

2.由于受遗传因素、不同环境、幼儿自身的影响，每个幼儿在原有的基础上存在着个别差异。作为幼儿教师，在教育过程中，应做到以下几点：

(1)幼儿教师应该依照幼儿心理形成和发展的基本规律,利用各种形式的游戏活动,对幼儿进行科学、合理的教育。

(2)尊重幼儿的个别差异,正确对待幼儿的个别差异。尊重幼儿在发展水平、能力、经验、学习方式等方面的个体差异,因人施教,努力使每一个幼儿都能获得满足和成功。

a.对能力超常儿童的教育要适当,不能操之过急、拔苗助长。要注意全面发展,也要发挥特长。对低常儿童,更要考虑其差异性。因此,应该针对每个幼儿的特点,制订具体的教学计划。同时要注意应用直观性教育的方法,多给一些感性的具体的事例,采取循序渐进的小步子程序,让他们反复练习,逐步掌握基本的经验。

b.对不同气质类型的幼儿,更应该根据其气质特点进行针对性培养。

c.幼儿性格的发展还未定型,具有很强的可塑性,教师要特别重视幼儿的性格教育,有的放矢地培养其良好的性格。对于有良好性格的幼儿,成人应给予适当的表扬和及时的肯定,使他们的性格得以巩固;对有不良性格品质的幼儿,成人应首先了解这种性格形成的原因,采取正面教育、启发诱导的方法,指出缺点,提出积极的要求,激起他们改正缺点的愿望。

(3)转变教育观念。教师要创造条件,转变教育观念,对不同发展水平的幼儿施以不同的教育,做到因人而异、因人施教。

(4)正确评价幼儿的发展水平。承认和关注幼儿的个体差异,避免用统一的标准评价不同的幼儿,在幼儿面前慎用横向的比较。

考题预测

一、单项选择题

1.某儿童活泼好动,反应迅速灵活,善交际,兴趣广泛而不稳定。由此,可推断他的气质基本属于(　　)。

A.胆汁质　　B.多血质　　C.黏液质　　D.抑郁质

2.下列不是学前儿童性格的典型特点的是(　　)。

A.活泼好动　　B.喜欢交往　　C.好奇好问　　D.稳定性较强

3.下列各项中不是用来描述个性的词是(　　)。

A.自私自利　　B.心胸狭窄　　C.宽容大度　　D.相貌出众

二、简答题

1.联系实际说明如何帮助幼儿形成良好的性格特征。

2.幼儿气质发展表现出哪些特点,列实例说明如何促进幼儿的气质发生变化。

第十章 学前儿童的社会交往

学习目标

1. 了解学前儿童不同类型的社会交往，掌握社会交往的基本概念。
2. 掌握亲子交往、师友交往、同伴交往对学前儿童发展的重要意义及作用。
3. 探索学前儿童社会交往的措施。

引导案例 10-1

纪录片《小人国》里，辰辰在班里和一个叫南德的小男孩特别好，形影不离，她每天早上到了幼儿园之后都要在门口等南德，一等就是一年。后来南德转园了，在1个月的时间里，辰辰依然每天早上都向大门的方向眺望。

点评：儿童与儿童之间良好的交往关系，能和良好的亲子关系一样，使儿童产生安全感和归属感，成为儿童的一种情感依赖，对儿童社会交往能力的发展有着重要影响。

美国心理学家布隆芬布瑞纳（Bronfenbrenner）对身心处于发展中的儿童与各种各样的环境的相互作用进行了描述。布隆芬布瑞纳认为，在学前儿童的身心发展过程中，许多重要的交流是在直接的、面对面的各种各样的微小系统中发生的。家庭、学校、同伴、游戏场所等都是学前儿童社会生态体系中的“微小系统”的组成部分，对学前儿童的社会性发展产生重要影响。这就是本章节内容所涉及的学前儿童亲子交往、师幼交往、同伴交往等社会交往。不同类型的社会交往给学前儿童提供不同的社会支持，满足他们不同的社会需求。

第一节 学前儿童的亲子交往

家庭是儿童学习人际交往的第一所学校。也就是说，儿童是在与父母的情感交流中学会获得爱和表达爱的方式，学习运用言语和非言语，包括目光、动作、表情、手势等，方式进行人际交往的。儿童与人交往的技能、方法，首先是在与父母、家人的情感交流过程中形成、获得的。重视与儿童的交往，关注他们的情感经历和体验，是家庭教育的一项重要内容。

一、学前儿童亲子交往的概述

（一）亲子交往的概念

亲子交往是指儿童与其主要抚养人（主要是父母）之间的交往。它是儿童期最重要的人际关系，对于儿童的心理发展具有重要的影响。这种人际关系具有“两重性”。一方面，从社会学的意义上看，它是人与人之间的平等关系。在这里，儿童和父母一样，都是平等的社会成员，并不因为一方弱小、一方强大而有所改变。另一方面，从教育学和心理学的角度看，这种关系又是不对等的，是成熟的人和幼稚的人、养育者和被养育者、保护者和被保护者、教育者和被教育者之间的“纵向”关系。这种人际关系建立在血缘的基础之上，因而彼此之间的交往伴随人的终身。

（二）学前儿童亲子交往的重要性

相对于其他类型的社会交往，亲子交往是较频繁、较稳定、持续时间最长的交往类型，它对幼儿的发展起着重要的作用。

1. 有助于学前儿童安全依恋的形成

学前儿童的亲子交往产生于家庭，依赖于养育者的教养。父母亲尤其是母亲在幼儿的亲子交往发展中发挥着重要作用。良好亲子交往关系的形成，有利于婴幼儿安全依恋的形成，有助于其心理健康。

（1）亲密的亲子交往，有助于建立良好的母婴依恋

0～3 岁是依恋建立的最佳时期，它对婴儿安全感的建立具有重要作用。婴儿时期，养育者若表现出对婴儿需求的高度敏感性，如饥饿时及时给予食物、孤独时及时给予安慰陪伴等，会帮助婴儿建立对父母和周围环境的安全感，获得信任感。大量研究指出，早期亲子交往的缺失对儿童的心理健康发展将产生无法弥补的伤害。研究证实，“5 岁以前与母亲或母亲替代者长期或永久的分离是产生不良行为的最主要因素”。

（2）父亲与幼儿的亲子交往对幼儿的发展有举足轻重的作用

一直以来的研究都比较关注母婴依恋，对父亲在亲子交往中的作用往往不够重视。实际上，婴儿可以和父亲建立强烈的依恋，而且父亲和婴儿依恋关系的建立有利于其日后心理社会性的发展。有研究显示，与父亲有安全关系的幼儿比不安全的幼儿在同伴交往中表现出更少的焦虑和退缩行为。这都充分表明早期良好的亲子关系有利于儿童安全依恋的形成并影响他们今后的发展。

2. 有利于学前儿童身心健康的发展

亲密和谐的家庭环境是幼儿身心和谐发展的重要保证。优质的亲子关系有利于幼儿健康人格的形成。在良好的亲子交往中，父母能给幼儿良好的环境和正确的行为典范，从而保证幼儿的身心健康发展。关于母爱剥离的研究指出，经历过母爱剥离的婴儿成年后，更容易出现犯罪事件，或表现出精神失常的倾向性。

3. 有利于促进学前儿童交往技能的发展，获得良好的社会品质

早期亲子交往的经验有助于儿童掌握必要的社会交往策略，习得良好的社会行为。在交往过程中，父母会不自觉地向儿童传授着多方面的社会知识，为儿童提供社会交往的模范，儿童通过模仿习得大量的社交行为，掌握各种社会交往技能，如分享、协商、合作等。同时，在亲子交往的过程中幼儿将获得良好的社会品质，如尊敬长辈、关心他人等，这是诸多研究都证明了的事实。亲子关系是以后形成诸多社会关系的基础，很大程度上影响了婴儿以后人际关系的形成和发展。

4. 亲子交往对学前儿童个性发展的影响

学前期是儿童个性形成的关键时期，不同的亲子交往方式对幼儿个性的形成和发展会产生不同的影响。美国著名的心理学家麦考比和马丁根据一些前人的研究，概括提出了家长教养方式的 4 种主要类型，即权威型、专断型、放纵型、忽视型。不同的教养方式体现出不同的亲子交往方式，对儿童个性的形成也产生着不同的作用。

(1)权威型

权威型的教养方式中，父母对儿童的态度积极肯定，会对儿童的要求和行为做出反应，尊重孩子的意见和观点，鼓励他们表达自己的想法并参与讨论；他们对儿童提出明确的要求，并坚定地实施规则，对孩子的不良行为表示不快，而对其良好行为表示支持和肯定。这类教养方式下的孩子多数独立性较强，善于自我控制和解决问题，自尊感和自信心较强，喜欢与人交往，对人友好。

(2)专断型

专断型的教养方式中，父母对儿童时常表现出缺乏热情的、否定的情感反应，很少考虑儿童自身的愿望和要求；父母往往要求孩子无条件地遵循有关的规则，但又缺少对规则的解释，他们常常对儿童违反规则的行为表示愤怒，甚至采用严厉的惩罚措施。这种方式下教养的儿童大多缺乏主动性，容易胆小、怯懦、畏缩、抑郁，自尊感、自信心较低，不善与人交往。

(3)放纵型

放纵型的教养方式中，父母和权威型父母一样对儿童充满积极肯定的情感，但是缺乏控制。他们甚至不对孩子提出任何要求，而让其自己随意控制、协调自己的一切行为，对孩子违反要求的做法采取忽视或接受的态度，很少发怒或训斥、纠正孩子。这种方式下的孩子往往具有较高的冲动性和攻击性，而缺乏责任感，不太顺从，行为缺乏自制，自信心较低。

(4)忽视型

忽视型的教养方式中，父母对孩子既缺乏爱的情感和积极反应，又缺少行为的要求和控制。亲子间交往很少，父母对儿童缺乏基本的关注，对儿童的任何行为反应都缺乏反馈，表现出厌烦、不想搭理的态度。这种教养方式下的儿童也容易具有较强的冲动性和攻击性，不顺从，且很少替别人考虑，对人缺乏热情与关心。

引导案例10-2

童童所处的家庭采取的是权威型的教养方式。父母对孩子的教育通常采用协商和鼓励的方式。童童走路摔跤的时候，爸爸妈妈通常不会去扶，但妈妈会在旁边说："我的宝贝真勇敢，摔倒了不但不哭，还能自己站起来。"在摔得不严重的时候童童都会欣喜地爬起来。当童童要求购买和家里同类型的玩具时，爸爸会和他进行谈判，买也可以，但其他东西就不能再买了。童童要自己做选择。在童童家，亲子关系非常和谐。

轩轩所处的家庭是专断型教养方式。对轩轩来说，如果自己因为不小心摔跤，那一定会引来父亲的一顿责骂："你怎么这么笨，走路都不会走！"一次，因为没有拿稳饭碗，碗掉在地上打碎了，轩轩被狠狠地责骂了一顿，以后每次吃饭，轩轩总是小心翼翼的。轩轩在家里面对父母尤其是父亲总是战战兢兢。

5. 有利于促进幼儿的认知发展

父母作为幼儿的第一任教师，在良好的亲子互动中可以为幼儿的认知发展奠定良好的基础。父母在照料幼儿生活的过程中，不断引导幼儿观察和认识身边的事物，有目的性地创设丰富的环境帮助幼儿探索周围的世界，并在幼儿遇到问题的过程中引导幼儿解决问题等，这些行为对幼儿认知的发展起着不可或缺的作用。

总之，与父母建立亲密的亲子关系，会让婴幼儿在人生的最初阶段获得积极的情绪情感体验。在交往过程中学会关心体贴他人，获得善良、同情、友爱等良好品质；在与父母的日常生活中获得认知上的发展及日后生活所需的社会交往策略与技能等。这些对幼儿的认知、社会、情感等发展都起着重要的作用。

二、学前儿童亲子交往的方式

亲子交往始于依恋。人与人之间建立起来的、双方互有的亲密感受以及互相给予温暖和支持的关系叫作依恋。婴儿主要通过吮吸、拥抱甚至哭叫等一系列行为逐渐与看护者建立起依恋关系。这种关系对儿童以后的社会性发展非常重要。在通常情况下，婴儿最先的看护者多为母亲。母亲在儿童成长和发展中扮演了非常重要的角色。西格蒙德·弗洛伊德有句名言：婴儿和母亲之间的关系是"独一无二、无可比拟的，作为最早也是最稳定的爱的对象，以及今后所有爱的关系的模式，母婴关系一旦建立，就一生不变"。

(一)学前儿童依恋发展的阶段

关于依恋的发展阶段,不同研究者从不同角度提出了不同的阶段理论,这里主要介绍较有影响力的鲍尔比的依恋发展阶段理论。根据鲍尔比关于儿童依恋的发展阶段理论,可将儿童对母亲的依恋关系的发展划分为4个阶段。

1.无分化阶段(0~3个月)

无分化阶段属于婴儿的前依恋期,最大的特点是表现出对人的反应无差别。这个时期婴儿对母亲的反应方式和对其他人的反应方式还没有出现明显的差异,他们喜欢注视人脸,喜欢听人的声音。

2.低分化阶段(3~6个月)

低分化阶段是依恋关系的建立期。此阶段婴儿对人的反应已表现出差别性。他们开始识别熟悉的人和不熟悉的人之间的差别,而且其依恋反应(如微笑)开始明显地局限于自己熟悉的人,对陌生人和母亲表现出不同的反应。这时母亲常常成为最主要的依恋对象,婴儿更倾向于依偎、亲近母亲。

3.特殊的情感联结阶段(6个月~两岁半)

特殊的情感联结阶段这是依恋关系的明确期,幼儿逐渐表现出对依恋对象深切的爱恋和依赖,他们会建立对特定个体的依恋。当母亲离开的时候,会表现出焦虑乃至哭闹。为了促进和依恋对象的接触和亲近,他们还开始调整自己的行为去适应成人的行为,以便能更好地和成人进行双向交流。此阶段,幼儿对生人开始表现出警惕,"认生"现象较为明显。

4.目标调整的伙伴关系阶段(两三岁以后)

目标调整的伙伴关系阶段这个阶段,儿童对母亲不只是单纯的依恋,而是逐渐能表现出对养育者情感的理解,开始考虑养育者的兴趣与需要,并不断调整自己的情绪和行为反应,与母亲的关系从单纯的依恋关系发展成为合作的伙伴关系。例如,儿童能够理解母亲的暂时离开,不大哭大闹。又如,当发现母亲情绪不好时,减少自己的要求,显得更加听话、顺从等。

(二)学前儿童依恋的类型

【经典实验】

常用的评价依恋类型的方法是"陌生情境"的技术。美国心理学家玛丽·艾恩斯沃斯(Mary Dinsmore Salter Ainsworth)采用陌生情境测验,研究婴儿与母亲的依恋关系类型。该研究在一间观察室进行,室内划分为三块,分别是儿童、母亲和陌生人,各摆上一把椅子,在儿童的椅子周围摆上一些玩具,如图10—1所示。同时设置一个陌生情境,大体包含8个片段(Episode),见表10—1,选择10~24个月的婴儿为实验对象,在不同的情境中观察儿童的反应,从而判断儿童依恋关系的类型。

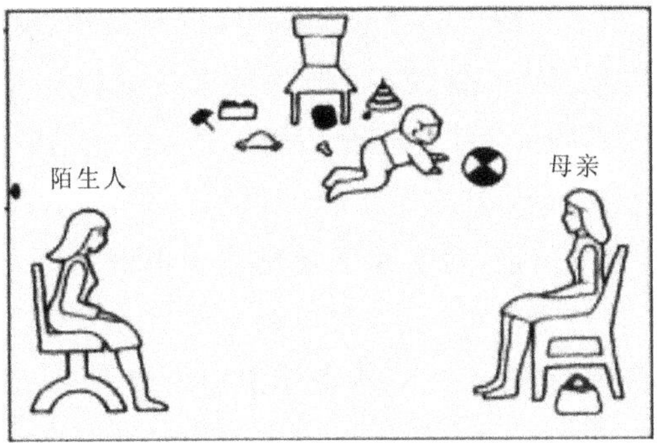

图 10－1　陌生情景布置

陌生情境实验的 8 个片段

片段	在场人物	持续时间	情境
1	母亲、婴儿和实验者	30 秒	实验者告诉母亲如何放置婴儿以及应该坐在哪里后离开。需要的话，实验者告诉婴儿可以开始玩玩具
2	母亲、婴儿	3 分钟	母亲不主动与婴儿互动，但可对婴儿的行为做出反应
3	母亲、婴儿、生人	3 分钟	陌生人进入房间，静坐一分钟，与母亲交谈一分钟，主动与婴儿交谈或玩一分钟
4	婴儿、生人	3 分钟以下	母亲离开，陌生人让婴儿自己玩。如果婴儿需要安慰，陌生人就过去安慰；如果婴儿哭得厉害，可早点结束这个情境
5	母亲、婴儿	3 分钟以上	生人离去，母亲回来。如果婴儿需要安慰，母亲进行安慰；如果婴儿玩玩具，母亲就坐在椅子上；如果婴儿非常难过，这个情境可以延长
6	婴儿	3 分钟以下	母亲再离去，让婴儿独处。如果婴儿哭得厉害，这个情境可以缩短
7	婴儿、生人	3 分钟以下	生人进来与婴儿打招呼。如果婴儿正常，就坐在椅子上；如需要安慰则安慰，哭得太厉害就缩短情境
8	母亲、婴儿	3 分钟	生人离去，母亲回来，抱起婴儿。如果需要，则安慰婴儿；如果婴儿想玩，就让婴儿重新去玩

(资料来源：秦金亮，王恬. 儿童发展实验指导[M]. 北京：北京师范大学出版社，2013)

艾恩斯沃斯根据孩子在不同情境中对母亲和陌生人的反应，将孩子分成安全型、焦虑—回避型和焦虑—矛盾型。他还认为，这些孩子长大成人并建立人际关系时，这些特点仍会显露出来，即婴儿身上发现的不同依恋类型也会适用于成人。

1. 安全型

安全型的婴儿在与母亲分离前，对实验室及玩具表现出兴趣并积极探索。与母亲在一起时，能愉快地玩玩具，不总是依偎着母亲；当母亲离开后，会表现出沮丧忧伤；当母亲回来后，会立即接近母亲寻求抚慰，在母亲的安抚下能快速平静下来，对陌生人的进入也没有表示出不安全感。

2. 回避型

回避型婴儿对母亲在场或离开都无所谓，与母亲分离时不哭，与母亲重聚时也回避或无视母亲的存在，只关注环境与玩具，自己玩自己的，对母亲疏远、冷漠。这类婴儿与母亲之间并未形成特别亲密的感情联结。

3. 焦虑—矛盾型

焦虑—矛盾型此类型的婴儿时刻警惕母亲离开，在母亲还未离开之前就表现出担心和紧张，对玩具少有探索兴趣。对母亲的离开极度抗拒，一旦分离就开始大哭。但母亲回来时，既寻求与母亲接触，又反抗母亲的安抚，母亲的安抚也不能让其平静下来，表现出矛盾的态度，对陌生人表现出抗拒不安全感。

【真题卡片 10—1】

单选题(2014 下半年保教知识与能力)

△在陌生环境实验中，妈妈在婴儿身边，婴儿一般能安心玩耍，对陌生人的反应也比较积极，儿童对妈妈的依恋属于(　　)。

A. 回避型　　B. 无依恋型　　C. 安全型　　D. 反抗型

【答案】C

【真题卡片 10—2】

单选题(2017 下半年保教知识与能力)

△如果母亲能一贯具有敏感、接纳、合作、易接近等特征，则婴儿容易形成的依恋型是(　　)。

A. 回避型依恋　　B. 安全型依恋　　C. 反抗型依恋　　D. 紊乱型依恋

【答案】B。

(三)依恋类型对儿童后期行为的影响

婴儿早期依恋的建立，是其社会性发展的基础，早期依恋的性质对儿童后期甚至人生的发展会产生巨大的影响。大量研究表明，婴儿对母亲的依恋与孩子的认知、情感和社会行为的发展有着密切的关系。

1. 早期依恋对认知的影响

不同依恋类型的幼儿在不同情境中会表现出不同的行为。1978 年马塔斯(Matas)等人曾对 12 个月和 18 个月的儿童的依恋类型进行了评定，在所选儿童 2 岁时，将儿童置于有关工具应用的问题情境中，以揭示早期依恋类型与以后发展的关系。结果表明，安全型依恋的儿童对问题表现出好奇和探索的倾向，遇到困难时较少出现消极情绪的反应，也会适当地请求帮助。焦虑型依恋的儿童面对问题则表现出失望、发脾气等，合作性、坚持性都较差，也极少求助于成人。也有研究指出父亲与儿童良好的亲子关系和儿童的攻击性行为呈负相关，与儿童的学业成绩、社会技能等呈正相关。由此可见，儿童依恋的性质在一定程度上会影响儿童的认知活动。

2. 早期依恋对情感的影响

婴儿早期安全型依恋的形成，会让婴儿处于对他人信赖、有安全感和稳定的情绪状态中。反之，若不能在早期形成安全型依恋，将可能成为一个情绪不稳定和对环境不信任的人。例如，著名心理学家埃里克森的心理社会发展理论认为 0～1 岁是婴儿人格发展中信任与不信任的矛盾冲突阶段：如当婴儿饿了、冷了或尿湿了时，就要求父母高度敏感并对婴儿的需求及时给出反应，否则容易引起婴儿的不信任感。若这一时期这对矛盾没有解决好，儿童将会缺乏对人的信任，将来成年后也可能很难信赖他人。更严重的是，若婴儿过早离开父母，将会造成更坏的影响。例如，1951 年，鲍尔比和同事在关于一些过早离开父母的婴儿状况的研究报告中指出，这些婴儿不能很好地与人相处，退缩逃避。鲍尔比由此得出了这样一个结论：“可以确信心理健康最基本的东西是婴幼儿应当有一个与母亲(或一个稳定的代理母亲)之间温暖、亲密的连续不断的关系。在这里，儿童既可找到满足，又可找到愉快。”他认为，如果个体及时获得安全型依恋，便会感受到爱、安全、自信，并会从事探索周围环境、与他人玩耍以及其他交际行为。反之，如果儿童感觉到不被关注，就会产生焦虑情绪；如果长期处于这种无助的情境之中，儿童就会体验到失望与抑郁，并产生许多行为问题和心理障碍。

3. 早期依恋对社会行为的影响

早期依恋对幼儿的社会行为也会造成影响。婴儿期对父母形成安全型依恋的幼儿在幼儿园通常会有较强的社会能力和良好的社会关系。有研究认为，安全型依恋的儿童与其他儿童相比，更有可能在学步期、学前期和小学阶段，在同伴中展示出社会交往行为。相比较之下，回避型依恋的婴儿则表现出有更多敌对的、愤怒的、侵犯的行为。这是因为，早期依恋关系导致儿童对同伴的期待，有安全依恋经历的儿童会期待与同伴的互动并积极发起交往，这样的社会行为也容易得到正面的回应，从而产生积极的社会交往行为。而有不安全依恋经历的儿童(如家庭中的不良关系)则可能导致这些儿童在与同伴的交往中变得孤立或者充满敌意，从而更加不被同伴接受和认可。所以，早期依恋关系的性质决定着儿童对自我和他人的多方面的认识，对幼儿的社会行为、交往能力等都会产生重要的影响。

三、学前儿童亲子交往的年龄特征

不同年龄的儿童，具有不同的身心发育特点，会表现出不同的年龄特征，在人际交往方面也同样如此。

(一)1 岁儿童的人际交往

宝宝在出世后这短短的一年里，就能够认识、掌握很多的社交技能和礼节。小宝宝天生就对人类的说话声有反应，要大力鼓励宝宝与人交往。所以，父母从开始就要不停地对他们说话，谈话将能够培养出宝宝非常友善的性格。

刚出生

父母的脸要靠近小宝宝的脸，最好的距离是 20～25 厘米，满足他想看和想听的愿望。父母可以和他自问自答地交谈，要面带微笑地应答他，可以高兴地欢呼，或者对他点点头。父母的这些行为将会鼓励宝宝对此做出应答。

12 周

父母要教给宝宝什么是回报。当他对你笑或者高兴地踢腿、挥动小胳膊的时候，父母应该给予他多多的拥抱，语调缓和，令人欣慰，关键是必须看着宝宝的眼睛。

16 周

演出开始了。从现在开始，父母的一举一动要充满戏剧性。模仿你的小宝宝的各种动作，夸大自己的面部表情，使他确实感到父母对他的关注是专心致志的。他会非常喜欢和父母在一起，而且他将停止哭闹。当父母走近他时，他会高兴地扭动着身体。

20 周

如果宝宝开始认生了，父母就要先把宝宝抱在怀里让他有安全感，然后把所有陌生人一一向他介绍。如果他只是听，没有任何反应，那么父母可以弄出一些柔和清脆的声音来引起他的兴趣，比如播放轻柔的音乐，或者轻轻摇动风铃。

24 周

宝宝在这个阶段已经能够做出一些明显的、甚至有些好斗的动作了，比如拍、敲、抓、打。父母要做的是帮助他学会更多的动作，可以给他做出一些新的示范动作。比如，父母在把他抱起来之前，特意伸直自己的双臂，宝宝是会模仿的。

28 至 36 周

如果宝宝喜欢听童谣的韵律，可以重复播放给他听。如果他牙牙学舌，父母就发出一个新的音调，让他去模仿。他已能够了解交谈是说和听的方式。而且在这个阶段，他能够第一次理解父母用冷冷的声音说出“不”的真正含义了。

37 周至 1 岁

父母用欢声笑语和有趣的笑话来培养宝宝的幽默感。给你的小宝宝示范一些与人交往的礼节，比如早上醒来问候道："你好！"挥挥手说："再见！"还可以把孩子介绍给其他小宝宝认识，或者尝试着让宝宝单独和他还不太熟悉的人在一起。那么，将来当父母不在他左右的时候，他仍然有安全的感觉。

（二）2 岁儿童的人际交往

12 至 15 个月

发展特征：宝宝很喜欢参加社交聚会，他会倾听别人的谈话，同时自己也能说个别有意义的词，比如"要""拿"等。在各种活动中，他会试着对别人有所帮助，当听到"不"后能停止自己做的事。

培养方向：在这个时期父母就要开始教导宝宝对人要客气，开始教他说"谢谢"。父母可带他一起去参加各种社交聚会，让他感觉到自己是其中的一员，他会很高兴的。当父母和其他人聊天的时候，可以把他放在婴儿安乐椅上；聚餐时，把宝宝的高脚椅摆放在餐桌边，而不是坐在大人怀里。各种场合都要给宝宝一个看得清的好位置，让他习惯和别人在一起。他偶尔还会嘣出某个字的音调呢。

15 至 18 个月

发展特征：宝宝不仅可以独自玩了，家里能够引起他兴趣的范围也在不断扩大。他会对人、宠物、洋娃娃等表现出自己的喜爱之情，喜欢注视大人们的行为并模仿，喜欢社会集会，在大人做家务时或是穿脱衣服时能帮上点小忙。

培养方向：父母要将同龄的小朋友介绍给宝宝，扩大他人际交往的圈子，及时表扬宝宝对别的小朋友、亲戚、宠物及洋娃娃表现出的爱和关注，并且鼓励他继续这么做。让宝宝帮助成人做些力所能及的简单家务，培养他助人为乐的兴趣。

18 个月至两岁

发展特征：为了让父母注意他，宝宝常会做出一些举动，如抓你的手臂、撞你、故意做出格的事和不服从你。但当他和别的宝宝一起玩时，却能改变自私行为，与之和谐并很少争吵。

培养方向：在宝宝寻求父母的关注时，应及时给予爱的回应；当他拒绝服从时，可采取让他分心的方式以避免不愉快的发生。这个年龄段的宝宝都会对分享这个概念感兴趣，所以父母应尽量让小宝宝和其他小朋友在一起玩耍。当父母看到宝宝与别人分享的时候，应该马上对他的这种行为表示赞赏。如果宝宝连抓带打只是为了想引起父母对他的注意，那么父母最好不要去严厉地责怪他。

（三）3 岁儿童的人际交往

发展特征：儿童想要独立，两岁以后，他就会本能地表现出与人对抗的心理，一起玩时经常充满敌意，总想把自己的意愿强加于人。

培养方向：父母从现在开始就要教导儿童如何礼貌待人，告诉他要尊重个人的私有物品。如果他做不到，不用去理他；如果他做到了，就夸奖他。父母说话的语气和腔调是使他能够表现出色的最佳妙方。开始教儿童基本的社交礼仪，如要尊重别人的所有权，和别的孩子有矛盾要采用温和的方式解决，及时表扬他为此做出的努力。多玩一些要把东西给别人的游戏，从中学会与别人共享。

（四）4～6岁儿童的人际交往

发展特征：随着年龄的增长，儿童的人际交往能力逐步提高，已有了初步独立解决问题的能力。儿童变得更独立了，也更能容纳别人了。当别人痛苦时，他有同情心，能和别的孩子及大人建立起友谊。当与同伴发生矛盾时，会请成年人帮忙，会用语言进行交流，但有时会采用攻击性行为来解决问题。

培养方向：儿童到了3岁就需要懂得诚实和正直的重要性了，因为这是使友谊牢不可摧所必需的品质。如果孩子表现得越来越慷慨大方，不自私自利，对伤心的人有同情心，父母就要对他大加赞赏。鼓励他和多个小朋友做朋友，继续强化与人分享的行为，由此引发他慷慨的品质。鼓励他与家人共同分享，告诉他，他是家庭成员之一，他有责任像其他家里人一样分享他所拥有的。

美国加州大学著名心理学家劳伦斯·哈特教授的研究表明，善于与人交往的孩子智商较高，往往比较聪明活泼，不仅容易与人相处融洽，而且可以从他人那里学得更广阔的知识。因此，我们要重视培养孩子与人交往的习惯。乐观的性格、良好的人际交往是适应社会的表现；孩子是否善于同别人打交道、在人群中人缘如何，对他以后的学习和人生的发展有很大影响。

四、亲子交往的影响因素

亲子间的相互作用并不是孤立存在的，它受到来自亲子双方及周围环境诸多因素的影响。

（一）家庭环境的影响

家庭环境包含着物质环境和心理环境两方面。家庭的物质环境包括家庭经济状况，如衣、食、住、行等方面的物质条件。家庭心理环境则是由家庭的气氛、父母的教养方式及家庭成员的精神生活内容所构成的。从某种意义上讲，家庭心理环境对儿童具有更大的影响作用。充分利用良好的家庭心理环境促进儿童的人际发展，使他们在未来的生活和发展中获得更多的机会和更大的成功，让孩子拥有温暖的家庭、知心的朋友、丰富的人生体验，这是做父母应尽的职责。

孩子从出生的那一天起，就开始了对人生的社会化历程，注定了必须学习人类社会的道德规范与行为准则，这其中也包含着怎样待人接物、怎样与他人和睦相处、怎样与他人友好往来。尽管此刻的儿童还没有自主意识，但是他已经在父母潜移默化的熏陶之下，开始感悟人们之间的相互沟通是在充满关爱、友好与信任的基础上，通过遵守一定的交往规则而进行的。一个交际能力强的孩子，由于能和他人和谐相处，就能够比较顺利地学习到更多的东西，也更快乐。这不仅会影响到他当前的成长，从长远来看，无疑也影响到他日后人际关系的发展。

在轻松、愉快、幽默的家庭气氛中，儿童会保持愉快的情绪，表现出富有朝气、乐观开朗和自信的性格特点。如果在少言寡语、单调、郁闷的家庭气氛中，儿童的情绪也比较消沉，性格也会变得比较内向。他们不善于与别人交往，不喜欢出门，导致出现自我封闭的状况。即使他们心里想与伙伴交往，但因不知技能、方法，也会造成与人相处、交往困难。如果家庭成员彼此不尊重、不信任，总是充满了敌意和争吵，会使儿童情绪紧张、烦躁，易表现出攻击性行为。父母和孩子之间如果缺乏交流，孩子缺乏爱的成长氛围，造成的后果在孩子的社交方面表现得最明显，会使孩子出现缺乏自信、没有自尊等不良后果。

在独生子女家庭中，孩子与同伴接触的机会相应减少，因此家长首先可借助家庭这个群体条件引导孩子交往。例如，可引导孩子产生与家中亲人交往的兴趣，不仅能经常与父母说话，还能经常与爷爷、奶奶或者外公、外婆等进行交往，使孩子与家庭中的每个人都保持密切的关系，有同他们一起说话、一起玩、一起做事情的愿望。

（二）教养态度的影响

家长是孩子的第一任老师。孩子最初是通过与家长的交往，学习初步的人际交往原则和方法的。在家庭教育中，家长要改变传统观念，确立正确的教养态度与方法；家长既要关心孩子的身体健康，还要注意孩子的心理健康。家长应避免发生以下情况：

1. 过分的溺爱。如今随着独生子女的增多，不少家长以娇惯、溺爱代替教育。不仅替孩子包办好所有的生活琐事，如吃饭、刷牙、穿衣等，甚至因为害怕孩子受委屈、不公正的待遇，不愿让孩子去独自交往，逐渐养成孩子事事依赖、被动的习惯，缺乏社会交往的能力，不能独自面对恐惧、困难和挑战。

2. 过严的教育。有的家长对孩子理解少、唠叨多，沟通少、打骂多，引导少、限制多，使得孩子始终处在被动的地位，给孩子的身心发展带来不利。大多数父母对孩子的要求严格往往只限于学习知识、提高智力方面，而忽视了孩子对交往的情感需求。

3. 过高的要求。有的家长受传统思想的影响，“望子成龙，望女成凤”的心态，显得异常突出。对孩子要求过急、过高，业余时间里也要求孩子到兴趣班学习，剥夺了孩子的自由空间，控制了孩子的交往机会，甚至超出了孩子的承受能力；有的家长热衷于批评、训斥，造成了孩子性格胆怯、孤僻，见人就躲，交往能力方面尤显欠缺。

4. 态度的不一致。家长在教育要求方面的不一致，使得对孩子的要求高低不齐。孩子年幼，缺乏足够的辨别能力，会被弄得无所适从。如果家长之间长期有意见分歧，不但无法形成教育合力，反而会使双方的教育效果互相抵消或削弱，还可能使孩子养成看风使舵，人前一套、人后一套，在不同的家长面前表现出不同行为等不良习惯。家长意见如有不一致的地方，最好通过交流、沟通，在取得一致以后再向孩子提出。尽量不要让孩子感到家长或长辈之间的矛盾分歧，教育目标和方法一致才能取得理想的教育效果。

(三)其他因素的影响

还有许多的情况,如现有的经济压力、事业上的不顺利及父母婚姻关系的不和谐,都可能影响家长对孩子的态度,可能使家长淡漠对孩子的关心,甚至把孩子当作发泄的对象。不和谐的婚姻也可能使一方把对另一方的敌意转移到孩子身上,或者相反。在离异家庭中,抚养子女的单亲家长可能把自己全部的感情倾注在孩子身上,对孩子施加过多的保护和关注。另外,长期的不育史和流产史,孩子的严重疾病或受伤,以及曾经可能经历过的孩子或亲人的死亡,都可能使家长补偿性地对孩子表现出过度的保护。

再有就是经济收入较高的家庭,往往把孩子寄养于自己的父母家,或是为孩子雇请家庭生活保姆。"隔代亲"、需要排除寂寞等因素使得老人往往事事迁就孩子,溺爱现象严重,这种家庭环境中成长起来的孩子往往目中无人,事事把自己当作小皇帝看待。他们盛气凌人,凡事总想照着自己的性子来,搞特殊,难与同龄人和睦相处,少数甚至屡屡无理顶撞成人的正确督促和教育。

凡此种种,如家长处理不当,都有可能形成不良的家庭心理环境,对儿童的心理产生负面的作用,影响儿童的交往。

第二节 学前儿童的同伴交往

引导案例 10-3

童童和轩轩在建构区玩"别墅设计师"的游戏。童童要搭一个大大的游泳池,他把公共材料区所有半圆形的积木块都拿到了自己身边。可是正在搭建花园的轩轩也需要半圆形积木块,于他开始指责童童抢光了半圆形积木,并试图夺几块过来。童童不甘示弱护住积木并说道:"我先拿到的就应该是我的!"两人为此争论不休,就在这时,站在一旁的卡卡说道:"你们为什么不一起搭一个又有游泳池又有花园的大别墅呢?"在卡卡的建议下,童童和轩轩达成了一致的意见,三个小朋友搭起了一栋"豪华别墅"。

孩子两三岁就要到幼儿园里去过集体生活,许多家长这时开始伤脑筋:孩子害羞怎么办? 孩子不受欢迎又如何是好? 事实上,孩子到幼儿园里与同伴相处是其社会行为发展的开端,他的情绪表达、同情心的养成和互帮互助行为等人际关系的基础,都要在此时期形成。如果没在这时的学习,等到长大之后再补救将事倍功半。

乔治·华盛顿大学的心理学家莱金·菲利普斯认为,许多儿童不能与他人正常交往的原因,是因为他们在生命的早期没有学会基本的社会交往技能,从而也不能以正常的方式和别人交往。

一、同伴关系的概念

同伴关系是指年龄相同或相近的儿童在共同活动中相互协作的关系。它是同龄人之间或心理发展水平相当的个体之间在交往过程中建立和发展起来的一种人际关系。

同伴关系的建立和发展受早期亲子交往的经验、儿童自身的特征及活动材料、活动性质等因素的影响。

二、同伴交往在儿童心理发展中的作用

1. 有利于儿童学习社交技能和策略

在同伴交往中，一方面，儿童发出社交行为，如微笑、请求、表示邀请等，从而尝试、练习自己还不会的社交技能和策略，并根据对方的反应作相应的调整，使之不断熟练、巩固。另一方面，儿童在交往中通过观察对方的社会行为而学习、尝试对自己而言是新的社交手段，从而丰富自身的社交行为，使之在数量和质量上均得以更进一步的发展。当儿童与同伴交流的时候，他们基本上是在平等的基础上进行社会交流的，需要儿童特别关注对方的灵活性，以保证顺利实现双方的信息交流，完成交往活动。可见，同伴交往比亲子交往更要求儿童的社交能力，更能锻炼幼儿的社会适应性。

在儿童的同伴交往过程中，同伴的反馈往往非常直接而坦率。你发出的是友好、合作、分享等积极行为，同伴便做出肯定和喜爱的反应；而如果你发出抢夺、抓人、独占等消极行为，同伴会做出否定、厌恶和拒绝的反应。这种丰富的、直接的反馈有利于激发儿童的社会行为向积极、友好的方向发展，从而控制其侵犯性或不友好的行为。

2. 有助于儿童社会性的发展

许多研究表明，同伴之间的相互作用在其社会化的过程中具有重要的作用。儿童可以从同伴那里得到反馈：什么是可能的，什么事是值得赞美的。与儿童和成人之间的相互作用相比，同伴之间的关系更加紧密。在与同伴的相互作用中，儿童可以更直接地从同伴那里获得行为的方式，平等地进行思想的交流，并得到同伴的期待和强化，因而更容易形成社会行为和态度；通过与同伴的相互作用，个体逐渐培养起自己沟通、自卫与合作的技巧。此外，同伴交往使个体学会了彼此平等对待的处事方式，控制了攻击冲动。在互动过程中，个体学会用他人的眼光而不仅仅是用自己的眼光认识情景，这是个体社会性发展的一个重要方面。没有亲密友伴，儿童则可能表现出很多的适应不良，因此，同伴作为儿童社会化过程中的一个非常重要的因素，成为儿童成长必需的社会环境。

3. 有利于儿童获得积极的情感支持

儿童与同伴之间积极、主动的交往关系，和良好的亲子关系一样，能满足儿童的安全感

和归属感，达到心情轻松、活泼、愉悦。观察发现，儿童在与同伴交往时经常表现出更多、更明显的愉快、兴奋和无拘无束的交谈，并且能更放松、更自主地投入各种活动。同时，良好的同伴关系也能成为儿童的一种情感依赖，对儿童具有重要的情感支持作用。不少研究发现，当儿童处于困境，比如有危险、遇到难题、受人欺负时，同伴的帮助往往是其摆脱困境，情绪恢复平静、愉悦的有力途径，所以同伴是儿童获得情感和社会支持的重要来源。

4. 有助于促进儿童认知能力的发展

在同伴交往中，不同的孩子带有各自不同的生活经验和认识基础。他们在共同活动中会有各不相同的具体表现，即使面对同样的玩具，也可能玩出不同的花样。他们在活动中不断地重复操作、组合玩具，从不同角度去使用活动材料和建构物体，并伴随着同伴交流、直接指导、协商和讨论，一起探索物体的多种用途或问题的多种解决方式。这些都为儿童提供了分享知识经验，相互模仿、学习的重要机会，有助于儿童扩展知识，丰富认知，发展自己的思考、操作和解决问题的能力。

5. 为儿童自我意识的发展提供有效的基础

首先，同伴交往为儿童进行自我评价提供了比较有效的对照标准。4 岁左右的儿童已能将自己与同伴作简单的对比，如常常会对另一个幼儿说："我比你快。""你没我乖。"或者说"我画得比你好。"等等。同伴的行为和活动就像一面"镜子"，为儿童提供自我评价的参照，让儿童能够更清楚地看见自己、认识自己。这是儿童最初的社会性比较，它为儿童形成积极的自我概念打下了最初的基础。

同时，与同伴的交往为儿童对行为的自我调控提供了丰富的信息和参照标准。儿童在交往中发出的不同行为，往往招致同伴的不同反应。例如，打人常招来同伴的拒绝或逃避，而微笑换回的则是友好和合作。从同伴的不同反应中，儿童既可以了解自己行为的结果与性质，又可了解是否为他人所接受，并认识到调整自己行为的必要性与哪些行为必须调节、控制，从而进一步据此调控自己的有关行为。因此，同伴交往，特别是同伴的反馈，对儿童自我意识尤其是自我调控系统的发展是具有非常积极的意义的。

鉴于同伴交往对儿童心理发展的特殊意义，幼儿园教师和保育员应为儿童提供充足的时间和空间，支持、鼓励他们的自由交往，把儿童本身视为一种"教育资源"，充分发挥儿童小社会的教育功能。

知识链接 10-1

儿童交往对工作成绩的影响

1897 年，美国心理学家诺尔曼·特里普勒在书上看到，自行车手们在有人追赶时骑车的速度要远远快于一个人骑车的速度。他由此联想到，一个人的表现也许会受到他人在场的影响。为证实这一假说，他进行了心理学上第一次常识社会心理学推想的测验。他让 10～12 岁的孩子单独或成对地卷钓鱼线(但不告诉他们真实的意图)。结果发现,许多孩子在两个人一起卷时的确卷得更快。事实上,对于许多儿童来说,与朋友交流比完成课堂任务更重要。

三、儿童同伴交往的类型

不同儿童在与同伴交往的过程中,其行为方式有很大差异,同伴对他们的反应也有许多不同。有的孩子能够"一呼百应";有的孩子提出的建议得不到响应;有的孩子被许多同伴所邀请,受到众多同伴的欢迎;有的孩子却不受欢迎,别的小朋友都不愿跟他在一起玩。儿童不同的行为方式决定了同伴之间不同的交往类型。

儿童交往的不同类型是依据他们在同伴关系的社会地位(即受欢迎程度)来划分的,一般可以分为四种类型:

1. 受欢迎型

受欢迎型儿童喜欢与人交往,在交往中积极主动,且常常表现出热情友好的交往行为,因而受到大多数同伴的接纳、喜爱,在同伴中享有较高地位,具有较强的影响力。

2. 被拒绝型

被拒绝型幼儿和受欢迎型儿童一样,喜欢交往,在交往中活跃、主动,但常常采取不友好的交往方式,如强行加入其他小朋友的活动、抢夺玩具、大声叫喊、推打小朋友等等。他们的攻击性行为较多,友好行为较少,因而常常被多数儿童所排斥、拒绝,在同伴中地位低,同伴关系紧张。

3. 被忽视型

与前两类儿童不同的是,被忽略型儿童不喜欢交往,他们常常独处或单人活动,在交往中表现得退缩或畏缩。他们既很少对同伴做出友好、合作的行为,也很少表现出不友好、侵犯性行为。因此,既没有多少同伴主动喜欢他们,也没有多少同伴主动排斥他们。他们在同伴心目中似乎是不存在的,被大多数同伴所忽视和冷落。

4. 一般型

一般型儿童在同伴交往中行为表现一般,既不是特别主动、友好,也不是特别不主动或不友好。同伴有的喜欢他们,有的不喜欢他们。他们既非为同伴所特别喜欢、接纳,也非特别忽视、拒绝,因而在同伴心目中的地位一般。

儿童的交往类型反映了他们在同伴中的社会地位和受欢迎程度,同时也影响看他们的心理发展。被忽视和被拒绝型的儿童都可以被称为"社会处境不利"儿童,对于这些儿童来说,他们不仅会失去与同伴一起活动的快乐,体验到情绪上的孤独感、压抑感,也会失去许多学习的机会,甚至会影响其一生的人际关系和性格。因此,教师和保育员应该注意了解儿童的同伴关系类型,对那些"社会处境不利"儿童给予特殊的帮助和指导,使他们逐渐成为人际关系和谐的人。

儿童之间的交往有一个发展过程。总的来说,随儿童年龄的增长,同伴之间的交往越来越广泛，同龄伙伴的影响也越来越大。这种影响表现为儿童对同伴的依从性，即能根据同伴的看法修改自己的意见。幼儿园小班儿童的依从性最弱，他们相互间的交往较少，因而相互间的影响也很小。但随着年龄的增长，他们对同伴的依从性有增强的趋势。就整个发展过程看，儿童对同伴的依从性的发展高潮不在幼儿期，而在7～10岁之间，以后又会表现出减弱的趋向。

四、学前儿童同伴交往的发展

通过对婴儿游戏伙伴的观察发现，在婴儿出生后的第一年里，同伴交往就已经有所表现了。学前儿童同伴交往的发展与其认知、语言和情感的发展是相互促进的。在学前儿童不同的年龄阶段，同伴交往有不同的发展特点和趋势。

1. 两岁之前

婴儿很早就能够对同伴的出现和行为做出反应。把婴儿成对地放在育婴箱里，他们在3～4个月大的时候就会出现触摸和观望对方的现象，在6个月大的时候能彼此微笑和咿呀学语。6个月以前的婴儿的这些反应不具有真正的社会性。这时的婴儿可能把同伴当作物体玩具，不能主动追寻或期待从另一个婴儿那里得到相应的社会反应，这时的行为往往是单向的。这种单向的社会行为将会持续到婴儿1岁时。那时，婴儿就会偶尔以微笑和模仿彼此来进行双向的交流了。

随着婴儿身体运动能力和言语能力的发展，在1～2岁时，儿童的同伴交往变得越来越复杂，协调的双向交流变得更为常见，而且绝大多数是相互之间的模仿。1～2岁儿童游戏最显著的特征就是儿童相互模仿对方的动作，其中包括了大量的、模式化的社会交往。这种相互模仿不仅意味着儿童对同伴感兴趣、愿意模仿同伴的行为，而且也意味着儿童知道他的同伴对他是有兴趣的。这种相互模仿的行为为以后的合作性交往提供了基础。在这种模仿性质的游戏中，儿童之间的互相理解能帮助他们用语言进行交流。

大约两岁时，儿童开始用语言来影响同伴的行为，同时他们也学会玩过家家之类的游戏。根据研究，儿童在两岁之前出现的社会交往行为源于早期的亲子关系，并且有着良好亲子关系的婴儿会有更深入的同伴交往。

2. 2～5岁

2～5岁时，儿童的同伴交往在质和量上都发生了很大的变化。他们最初交往的目的主要是获取玩具或寻求帮助。随着年龄的增长，同伴交往的目的越来越倾向于同伴本身，即为了引起同伴的注意，或者为了使同伴与自己合作、交流等。两岁以后，儿童与同伴交往的最主要形式就是游戏。

米尔德雷德·帕藤(Mildred·Parten)在对幼儿园儿童的观察研究中发现，儿童的合作—互动游戏随年龄的增长而增加。她指出，儿童游戏经历了三个阶段。最初是非社会活动，即一种没有参与者和旁观者的行为以及独自的游戏。然后是儿童的行为演变为一种有限的社会参与行为，即平行游戏。游戏期间，儿童共同分享相似的玩具但不相互交流。最后阶段是包括联合游戏和合作游戏这两种真正意义的社会交往行为。联合游戏只是儿童玩一样的游戏，但没有明确分工，分别进行不同的活动，通过交换玩具和彼此评价来相互交流。合作游戏是指游戏期间儿童的行为都指向同一目标，它是一种更深入的交流行为。

儿童游戏的三个阶段在儿童的发展过程中确实会随着年龄的增长依次出现，而且不同形式的游戏在学前期是并存的。尽管非社会活动随着儿童年龄的增长而减少，但对于3～4岁的儿童而言，它仍是儿童交往中常见的形式，即使在幼儿园，非社会活动也占儿童自由活动时间的1/3。在3～6岁，儿童独立游戏和平行游戏的发展相对稳定。

五、影响学前儿童同伴关系发展的因素

1. 早期的亲子交往经验

早期的亲子交往经验会对幼儿的同伴交往产生影响。一方面，早期亲子影响幼儿安全感、信任感的形成。一般而言，在集体中容易信任他人的幼儿更能获得同伴的接纳。另一方面，亲子交往还能奠定幼儿同伴交往的基础。例如，亲子交往中交往策略与技能、情感的表达方式等都会影响幼儿的社会交往技能，从而影响幼儿在群体中的社会交往。

2. 儿童自身的特征

儿童自身的一些特征，如姓名、性别、年龄、外表、卫生习惯、体质、性格、能力等，都会影响幼儿在同伴中被接纳程度。一般来说，幼儿更倾向于与同龄、同性别的幼儿做朋友，也易对熟悉的名字做出反应。

3. 社会交往技能

社会交往技能是影响幼儿同伴交往的重要因素。表现更多的友好、分享、合作等亲社会行为的幼儿更容易得到同伴的认可。相反，表现出攻击性行为、沉默寡言、较少与人合作分享的幼儿容易受到同伴的排斥。

4. 教师引导

教师在幼儿的同伴交往中同样起着重要作用。经常受到教师表扬的幼儿更容易获得同伴的认可；反之，经常受到教师批评的幼儿更易受到同伴的排斥。

【真题卡片10—3】

材料分析题(2014下半年保教知识与能力)

△材料：

幼儿园只有一架秋千，幼儿都很喜欢玩。大班(2)班在户外活动时，胆小的诺诺走到正在荡秋千的小莉面前，请小莉把秋千让给他玩。小莉没有理会他。诺诺就跑过来向教师求助："老师，小莉不让我荡秋千……"

对此，不同的教师可能会采取下面不同的回应方式：

教师A牵着诺诺的手走到小莉面前，说："你们的事情我知道了，我现在想看小莉是不是个懂得谦让的孩子。小莉你已经玩了一会儿了，现在能不能让诺诺玩一会儿呢？"

小莉听了后，把秋千让给了诺诺。

教师B："你对小莉怎么说的呢？"诺诺："我说我想玩一会儿。"想到诺诺平时说话总是低声细气的，教师就说："是不是你说话声音太小了，她没听清楚呢？现在去试试大声地对她说'我真的想荡秋千，我已经等了很久了'。如果这样说还没给你，你就回来，我们再想别的方法……"

请分析上述两位教师回应方式的利弊，并说明理由。

【参考答案】

(1)本案例主要反映了老师对幼儿在同伴交往过程中的行为的引导。两位教师的做法各有利弊。

(2)幼儿的身心特征（生理因素、情感特征）一方面制约着同伴对他们的态度和接纳程度，另一方面也决定着他们在交往中的行为方式。教师在教学活动、生活活动中，要留意幼儿身心特征对幼儿同伴交往的影响，采取有针对性的引导策略。对两位教师回应方式的利弊之处分析如下：

教师A的做法可取之处：发现幼儿同伴交往中出现问题，及时介入，介入过程中没有强制去让孩子按照自己的意愿执行，而是用讲道理的方式告诉幼儿做一个懂事的孩子。

老师A的不可取之处：该教师介入的方式属于主导者地位，也就是说以教师的身份介入到游戏当中，干涉了幼儿正常游戏的进行，而且让小莉离开秋千让给诺诺玩的时候，并没有询问小莉的意愿，委婉中透露着一种命令式的口吻，没有给孩子述说自己意愿的机会。对于诺诺来说，这一次通过老师的介入满足了他内心的愿望，下次遇到此类问题，他还是会第一时间想到找老师，欠缺自己动脑筋想问题、解决问题的能力，长期下来，会产生胆小、懦弱、依赖成人的问题。

教师B的做法可取之处：注意到了幼儿特点对同伴交往的影响，对交往中弱势的一方进行积极引导，帮助分析原因、提出合理建议，抓住契机培养了幼儿交往中主动性、勇气，更为可取。

教师B考虑不周全之处在于她对幼儿处理问题的过程关注不够，仅笼统交给方法，对后期交往过程应有更多关注、引导、鼓励。

第三节　学前儿童的师幼交往

引导案例10-4

新生入园当天，靳老师正忙碌着分别照顾和安慰哭闹的孩子。一个名叫真真的小女孩，眼角上挂着泪花，慢慢地移到老师面前，用试探的语气轻轻地说："老师，能抱抱我吗？你抱抱，我就不哭啦。"老师一边将她搂到怀里，一边轻声问道："为什么呀？"真真抹抹眼泪说："你像妈妈一样抱着我，我就不想妈妈了。"看见真真的要求得到了满足，其他孩子纷纷加入老师的怀抱。有的孩子靠在老师的腿上，有的趴在老师的背上，只要能够接触到老师的身体，孩子们就能感受到老师传递出来的那分爱。

思考：教师如何做，可以降低幼儿新生对入园的不适感？

引导案例 10-5

幼儿园组织公园春游。4 岁的童童特别高兴，为了这次春游，妈妈给童童买了他平时最喜欢吃的薯片。来到公园后，当小朋友们分享各自的食物时，童童却舍不得把薯片分给其他小朋友。他既不敢接受小伙伴们的馈赠，也不好意思自己吃，结果他只能站在一边，孤零零地看着大家你一口、我一口地吃着各种小零食。李老师看见后，走过来对他说："童童，分享是一种魔术，它能让你的薯片变成各种美味食物，还能给你带来快乐。"童童想了一会儿，开始把薯片分给其他小朋友。当李老师又一次来到童童身边时，他指着装得满满的口袋兴奋地说："李老师，小朋友给了我这么多好吃的，他们要跟我做好朋友！"

思考：当幼儿在与同伴交往中出现不良行为，教师应如何引导？

学前儿童进入托幼机构后，他们的生活范围不再局限于家庭。对幼儿来说，父母也不再是唯一的权威，教师将成为幼儿的另一个权威并对幼儿产生重要影响。教师通过幼儿园日常活动中的各个环节，如游戏活动、教学活动、生活活动等对幼儿的身心、认知、社会性发展等方面施加影响，因为建立优质的师幼关系对幼儿的发展有重要意义。

一、学前儿童的师幼交往概述

（一）学前儿童师幼交往的概念

师幼交往是指在幼儿教育机构中教师与幼儿之间的交往，教师交往是教师与幼儿不同形式的互动关系。幼儿进入教育机构后，教师取代家长成为主要教育者，在幼儿园的一日活动中通过不同的活动与幼儿进行着各种形式的交往互动，扮演着多样的角色。例如，在生活活动中，教师扮演着母亲的角色，照料幼儿的生活；在集体教学活动中，教师扮演教育者的身份，为幼儿传授知识和经验；在游戏活动中，教师又扮演着幼儿的伙伴，与幼儿一起游戏，并引导幼儿发展。可见，幼儿教师以多样的角色身份与幼儿进行着多种形式的互动。

（二）学前儿童师幼交往的重要作用

对于幼儿来说，教师是具有权威性的对象，教师与幼儿互动的形式和效果影响着幼儿的发展。良好的师幼关系能促进幼儿各方面的发展。

1. 能促进幼儿对幼儿园生活的适应

幼儿最初入园，必然会对陌生的环境产生排斥感，会表现出严重的入园焦虑。面对入园焦虑的幼儿，教师若能像母亲一样亲切抚慰幼儿，或者组织有趣的游戏活动，引导幼儿与同伴互相熟悉并建立积极的同伴关系，帮助幼儿消除陌生环境带来的恐惧感，建立对幼儿园的安全感，则能有效缓解幼儿的入园焦虑，帮助幼儿尽快适应幼儿园环境。

2. 有利于幼儿身心健康的发展

幼儿园一日的保教活动由教师组织实施，幼儿的身心发展都依赖于教师的管理。教师若能按照幼儿的身心发展特点组织活动，尊重幼儿的兴趣爱好和天性，给幼儿充满爱心、耐心的环境氛围，那么幼儿则能情绪积极地参与活动，他们的身心也会得到良好的发展。相反，若师幼关系紧张，幼儿会时刻处于紧张的心理状态下，这样有损幼儿的身心健康。

3. 有利于促进幼儿社会性的发展

在师幼互动的过程中，教师以各种方式影响着幼儿的社会交往，对幼儿的社会性发展产生着正面或负面的影响，优质的师幼关系能促进幼儿社会性的发展。

首先，教师的社会性行为会被幼儿模仿。在幼儿园中，教师是幼儿模仿的主要对象，教师的很多行为会潜移默化地影响幼儿，幼儿会习得教师的某些行为。如果教师呈现的都是正面的社会行为的榜样，则幼儿会习得好的社会行为。一个注重幼儿社会性发展的教师，会在幼儿园一日活动中的各环节给幼儿渗透亲社会行为及良好社会品质的培养。反之，教师不当的社会行为，如不遵守社会规则、不友善等，也会被幼儿模仿。作为幼儿的模仿对象，教师应尽量避免出现不当的社会行为。

其次，教师积极的引导能促进幼儿同伴之间的社会交往。幼儿教师作为一个班级的中心，他的权威会影响幼儿交往能力的高低，影响幼儿对同伴的选择及同伴互动的方式等。一般来说，经常受到教师表扬的幼儿容易得到其他幼儿的认可，其同伴关系的建立和发展也较为容易；反之，在集体中经常受到教师批评的幼儿也容易受到其他幼儿的排斥，他们同伴关系的建立较为困难。

二、优质师幼关系的特征

1. 互为主体性

新型的师幼关系应该是互为主体性的人际交往关系，教师和幼儿同为交往的主体，交往中双方互相尊重，以平等的地位进行互动。

2. 互动性

优质的师幼关系应该具有互动性，能充分体现交往的相互性和双向性，教师和幼儿之间能形成真正意义上的对话和交流。幼儿和教师能在宽松愉悦的环境中自由、真诚地交流，使交流能达到真正的沟通和相互理解的效果。

3. 民主性

民主性的师幼关系是指在师幼交往中教师能真正把幼儿当作具有平等人格的人来对待，尊重与倾听幼儿的想法，关注他们的兴趣爱好，包容他们发展过程中的不成熟，并以促进幼儿的发展为活动指向，而不是一味地以权威方式进行管教，让幼儿在互动中没有话语权。

4. 分享性

优质的师幼关系不是单方面的“教师传授，幼儿接受”的关系，而应该是教师与幼儿在知识、经验、情感等各方面的双向分享，教师与幼儿在互动过程中双方都能获得反馈并促进彼此的发展。

5. 激励性

优质的师幼关系还应该有较高的激励性质。师幼互动中，教师与幼儿的不同观点、不同见解可以相互碰撞，不同信息的碰撞既能激发幼儿的思考，促进幼儿的探索与发展，又能引起教师的不断反思，从而不断提升自己的专业素养，形成更有利于彼此进步的互动形式。

三、影响学前儿童师幼关系发展的因素

影响师幼关系发展的因素是多方面的，既有来自幼儿方面的因素，也有来自家长及教师的因素，多种因素共同作用影响着师幼关系的发展。下面具体从幼儿、教师、家长、外界环境几个方面进行分析。

（一）与幼儿有关的因素

研究显示，幼儿的性格气质、身体特征、能力等因素都会影响师幼的交往。

1. 幼儿的性格气质

国外的研究表明，影响师幼互动的第一位因素是幼儿自身所具有的特征。一来说，开朗、外向且行为积极的幼儿受到教师的关注与反馈的机会最多；而内向、不爱表现的孩子得到的关注及反馈最少，这就影响了教师与之互动的频率与效果。

2. 幼儿的长相

通常教师会对那些长相符合自己喜好的幼儿有更多的良性互动，而对那些不符合自己喜好的幼儿则较为忽视。

3. 幼儿的能力

独立生活能力、社会交往能力、认知发展能力较强的幼儿更能得到教师的青睐，从而与教师会有更多的良性互动。

（二）与教师有关的因素

1. 教师的教育观念及受教育水平

教师受教育程度是教师专业素质水平的一个重要体现。理论素养较高的教师会秉持科

学的儿童观、教师观和管理观念，以儿童为本，平等对待每一位幼儿，并根据幼儿的发展特点来组织相应的活动与幼儿互动。在与幼儿互动的过程中更多扮演的是支持者、合作者、引导者的角色，而不是一味地管教与束缚幼儿。

2. 教师的期望

在师幼互动过程中，教师对集体中的每个幼儿都会形成一个总体印象，并对幼儿产生一定的期望。不同期望则会影响教师对不同幼儿采用各异的方式进行互动，也影响了幼儿对教师的反馈方式。如一个对幼儿期望较高的老师，会对幼儿提出严格的要求，当幼儿不能完成时，她可能采取严厉的方式进行回应。

知识链接 10-2

战胜焦虑：给幼儿教师的建议

新入园的幼儿往往要面临分离焦虑和陌生人焦虑的挑战，这些情绪会给幼儿带来困扰，也会影响幼儿园正常教育活动的进行。因此，必须帮助幼儿摆脱焦虑，使幼儿尽快适应幼儿园环境，在幼儿园快乐健康的学习和生活。为此，我们给幼儿教师提出以下建议：

1. 做好家园联系，让幼儿做好入园的心理准备

教师要与家长沟通，指导家长做好幼儿入园前的物质和心理准备。例如，告诉幼儿，他即将要去幼儿园，幼儿园有许多老师和小朋友，有很多好玩儿的东西，有很多有趣的事情做等。在幼儿入园的准备过程中，幼儿会对未来的幼儿园生活产生美好的期待，这种期待能很好地对抗幼儿的分离焦虑和陌生人焦虑。同时，在家庭中，家人要尝试着与儿童的短暂分离，让儿童对入园后的分离有一个逐渐适应的过程。

2. 给新入园儿童安排一个很好的过渡期

允许新入园儿童在幼儿园的时间稍短一些（晚送或早接），逐渐延长入园时间，直至正常。允许家长在幼儿园有短暂的陪伴时间，待幼儿情绪稍稳或逐渐熟悉老师和环境后，取消陪伴。但执行时要注意既不能一味满足儿童要求家长陪伴的要求，也不能第一次就要求家长断然离开。一味满足要求会造成幼儿对家长的依赖，推迟适应时间；断然要求家长离开，会增加幼儿对幼儿园环境和老师的恐惧。

3. 可短暂使用物品替代幼儿对家人的依恋

幼儿喜欢的玩具或其他物品可以替代家长对幼儿起到安慰的作用。允许新入园幼儿或假期后刚开学的幼儿在入园的第一周内，把自己喜欢的玩具、娃娃、生活中的日用品等带在身边；午休时可以放在儿童枕边，能很好缓解幼儿的紧张情绪。表扬高高兴兴来幼儿园的孩子，对于幼儿入园时的情绪也可以起到很好的鼓励和安慰作用。

4. 做个更敏感、更和善的“陌生人”

教师要像一个敏感的儿童可以依赖的家庭照顾者那样理解和照顾儿童，不要试图一下

子就靠近和控制幼儿，那样势必会受到儿童的反抗。

（三）与家长有关的因素

师幼的互动与家长也有紧密的关系。家长的受教育水平、素质和教育观念等都会影响幼儿的发展，影响教师对待幼儿的教育态度和教师的积极性。家长如果积极参与配合幼儿教师的工作，教师与该家庭幼儿的互动效果会更好。

（四）与环境有关的因素

幼儿园的班级规模、师幼比例和环境创设也会对师幼关系产生影响。如果班级规模太大，会导致教师心有余而力不足，会导致教师以快速简洁的方式处理幼儿的问题。例如，对幼儿的好奇、疑问简单回答，或更多关注对幼儿的常规管理，忽视幼儿的情感需求。

第四节　学前儿童社会交往的培养

一、学前儿童社会交往培养的原则

针对学前儿童的身心发展特点，培养学前儿童社会交往时应注意以下原则。

（一）客观性原则

客观性原则是学前儿童社会交往培养的首要原则。学前儿童社会交往的主体是“人”，包括儿童、养育者和教师等。而人的行为和心理现象是复杂多样的，受到各种因素的影响和制约。每个儿童的发展基础和速度也是不一样的。因此，培养学前儿童社会交往的客观性原则主要包括两个方面：一方面，必须考虑到儿童自身的身心发展特点和他们生活的客观环境、条件的差异；另一方面，也应考虑到养育者和教师自身的特征等。要客观地结合各种因素，有效地培养和促进学前儿童的社会交往。

（二）发展性原则

发展性原则指的是必须用发展的眼光看待学前儿童社会交往的培养。学前儿童处于迅速成长中，在社会交往的培养中，养育者和教师不仅要注意儿童已经形成的身心特点，更要关注他们正在萌芽的身心发展趋势。这对学前儿童社会交往的发展趋势和发展前景具有特别重要的意义。

（三）教育性原则

学前儿童的亲子交往、师幼交往和同伴交往等社会交往的过程，是儿童个体社会化发展的过程。在这个过程中，儿童会产生许多社会行为，这些社会行为可能是积极的亲社会行为，也可能是消极的反社会行为。学前儿童社会交往的培养中应遵循教育性原则。通过榜样作用和情感支持等，积极引导儿童的换位思考以及训练移情能力等，促进儿童亲社会行为的发展，同时尽量减少反社会行为的出现，更好地促进学前儿童的社会化。

知识链接 10-3

入园后，幼儿的生活环境发生了很大变化，开始与教师和更多的小朋友进行交往。对于第一次跨进幼儿园大门的幼儿而言，他们或多或少、或长或短都会经历不适应期。有调查显示，各年龄段的幼儿中会有1/10左右的幼儿害怕开学。儿童心理学家称之为“入园恐惧症”，也称“幼儿园恐惧症”。

“幼儿园恐惧症”的原因很简单，就是幼儿不适应。除了生活不适应和情绪不适应外，主要在于社会交往的不适应。

二、学前儿童社会交往的培养

学前儿童社会交往的发展是家长、幼儿园和社会共同促进的结果。学前儿童社会交往的培养措施主要从家庭和幼儿园两大方面来探讨。

（一）家庭方面

家庭是孩子的第一所学校，是孩子成长的土壤。家庭中的许多因素，诸如家长的教养方式、家长文化水平、家长期待、家庭气氛、家庭结构等，对学前儿童社会交往产生重要的影响。家庭是孩子与社会最早的接触点，它和幼儿园、社会共同承担着培养儿童社会交往的职责。

1. 建立积极的亲子关系

家庭是幼儿学习社会交往的第一个场所。婴儿出生后，父母要注意与婴儿建立良好的依恋关系。

（1）要注意在“母性敏感期”的母子接触，在孩子刚出生的前几天，多与新生儿保持身体接触。尽可能采用母乳喂养，在哺乳过程中建立亲密的关系，会让婴儿感受到爱与安全。

（2）父母对孩子发出的信号要及时做出反应，并给予照顾，尽可能回应孩子的情感需求。

（3）要尽量避免父母与孩子长期分离，婴儿期是建立亲子依恋的关键时期，若此时父母与婴儿分离，以后将很难再建立亲密的亲子依恋。

（4）还应更多关注父亲在幼儿成长过程中的作用，给幼儿更多的父爱，让幼儿和父亲也能建立良好的亲子依恋。

2. 创设良好的家庭氛围

培养学前儿童的社会交往要使儿童与家庭之间形成平等和谐的关系，使儿童对社会交往产生积极的心理期待，而这种平等和谐的关系首先来自平等和谐的家庭氛围。民主的、平等的、和谐的家庭气氛有利于学前儿童形成良好的心境、积极乐观的人生态度，有利于他们积极参与学习和游戏，有利于他们社会交往的积极发展。家长应努力创造一个有利于孩子成长的、关爱的、接纳的、积极的家庭气氛。其中，最重要的是家长应学会尊重孩子。首先是尊重孩子们的独立思考，其次是尊重他们选择的权利。在家长对孩子尊重和关爱的氛围下，家长积极的情感关注和适宜的教养方式，是儿童形成积极、健康、稳定的社会交往心理的基础。

3. 家长要以身作则

根据班杜拉的社会学习理论，模仿是学前儿童社会交往中的一个很重要的方面。家长是孩子的第一任老师，是孩子的主要模仿对象之一。家长的言行往往是孩子模仿的榜样，对孩子的言行会产生潜移默化的影响。要引导和培养孩子形成良好的社会交往，家长要努力提高自身的素质，给孩子的社会交往树立积极正面的榜样。

家长要以自身关爱他人的实际行动感染孩子。家长对待孩子及其家庭成员、邻里、朋友、同事的态度和行为方式，往往也成为孩子对待家长和同伴的态度和行为方式。“言传不如身教。”家长平时要注意处理好与邻居、同事、朋友的关系，主动关心、帮助他们。在交往过程中，要有意识地作好示范，使自己的交往行为成为孩子学习的榜样。但在现实中，有的家长在外面表现很好，可在家里教育孩子时是另外一套。家长的以身作则最重要的是，一定要表里如一。否则，会影响孩子良好社会交往能力的形成和发展。只有父母加强自身修养，才能培养出孩子友好热情、文明谦让的社会行为。

4. 创设更多的交往机会

孩子与成人、同伴之间的共同生活游戏等，都是培养孩子社会交往的重要途径。家长应为孩子提供更多的人际交往、共同活动的机会。尽可能多地带孩子接触外面的世界，让孩子参加各种活动，与同伴多做游戏、交朋友，逐步拓展孩子的交往空间，提高他们社会交往的能力。多给孩子提供扮演不同社会角色的机会。鼓励他们请小伙伴到家里做客，并帮助孩子热情招待小朋友。

除此之外，孩子的社会交往还离不开家长的具体指导。在生活中，家长要多留意孩子的交往行为、交往水平，适当地作一些交往技能技巧、态度行为方面的指导和帮助。让孩子学会协商、学会发表自己的观点，让孩子懂得宽容、懂得克制、懂得理解和尊重他人的情感和需求。

（二）幼儿园方面

当学前儿童进入幼儿园后，幼儿园里的教师和同伴在学前儿童社会交往中起到重要作用。特别是教师，其作用主要体现在三个方面：一是改善与提高幼儿在家庭中未能很好形成的社会能力；二是根据幼儿不同的社会能力与特点，有针对性地为其创设交往的机会；三是直接参与幼儿的交往活动，在交往中给予榜样示范、引导帮助，培养幼儿形成良好、积极的社会交往能力与品质。

《幼儿园教育指导纲要（试行）》中指出，在社会教育方面，要“引导幼儿参加游戏和其他各种活动，体验和同伴共处的乐趣；加强师生之间、同伴之间的交往，培养幼儿对人亲近、友爱的态度，教给必要的交往技能，学会和睦相处”。因此，在幼儿园教育中应加强对儿童社会交往能力的培养，为儿童创设各种条件，学习交往方法，掌握交往技能。

1. 创设良好的心理环境

在幼儿园里，教师是儿童模仿的榜样，更是环境的主导者。教师为幼儿创设使他们感到安全、温暖、可信任的并鼓励他们探索与创造的心理环境，幼儿才能活泼、愉快地生活，积极主动地交往，获得更好的社会化发展。例如，很多刚入幼儿园的儿童对陌生的环境和陌生的人往往会产生恐惧、焦虑的心理，表现为孤僻、不合群。针对这种情况，教师应为幼儿提供交往的环境和机会，可以请中班、大班的幼儿来表演节目，跟他们做游戏、交朋友，以消除他们的焦虑心理，使他们感受到友爱、欢乐，同时也使他们学会了交往。

教师除了要有意识地营造温馨和谐的社会交往环境，还要给幼儿提供充分的与同伴自由交往的机会，引导幼儿自己解决相互之间的矛盾，鼓励幼儿互帮互助、增加幼儿之间相互交往的机会。

2. 创设不同的游戏活动区

幼儿园是幼儿集体生活的地方。游戏是学前儿童，特别是小、中班儿童最乐于参与的活动。游戏贯穿于儿童生活和学习的各个环节，是同伴之间互相交往的最好方式，是发展他们社会交往的重要途径之一。

幼儿园根据学前儿童的身心发展特点，创设不同的游戏活动区。例如，时装表演区、下棋区、聊天区、互换玩具区、电话区等。在这些活动区里，让幼儿根据自己的兴趣爱好选择活动内容和游戏方式，进行积极的交往。

不同活动区的各种游戏活动为幼儿创设了宽松、理解、合作的人际环境。在活动区，交往的方式是自由变化的，他们可以在同一活动区和同一组小朋友进行游戏活动，也可以在不同活动区和不同的小朋友进行交往，还可以在活动区与教师进行交流。在不同的游戏活动中，儿童以愉快的心情、兴趣盎然地投入其中，对教师的启发、指导很容易接受。不仅获得了与同伴、教师交流的技巧和社会规则，还学会了在交往中的共处与合作。

3. 注重角色游戏的指导

在各种类型的游戏中，角色游戏是幼儿期最典型、最有特色的一种游戏，能为学前儿童的社会交往提供良好的交往环境。角色游戏是幼儿通过扮演角色、运用想象，创造性地反映个人生活印象的一种游戏，通常都有一定的主题，如娃娃家、商店、医院等等。在角色游戏中，儿童通过对现实生活的模仿，再现社会中的人际交往，练习着社会交往的技能。

角色游戏水平的高低能反映社会交往能力水平的高低。因此，教师应有计划地、经常组织幼儿参观了解各种劳动，丰富幼儿的生活经验。

在角色游戏过程中，对于小班儿童，因为他们在游戏中常常忘记自己的角色，教师应着重增强他们的角色意识；对于中班儿童，教师应注重游戏中幼儿交往能力的发展，引导幼儿学会如何处理与同伴间的矛盾；对于大班儿童，教师则应注重鼓励幼儿与同伴商量和谦让。

除此之外，幼儿园应把促进学前儿童的社会交往明确列入系统教学计划之中，教给他们基本的社交规则、技巧，正确、客观地评价他们的社会交往，特别是密切联系家长，争取家长的配合和支持，共同担负起提高儿童社会交往能力的责任。这些都是鼓励、引导学前儿童形成良好的社会交往发展的有效措施。

学前儿童社会交往能力的培养不是一朝一夕能做到的，学前儿童社会交往能力地培养、形成和发展是一个潜移默化、循序渐进的过。，我们在家庭、幼儿园中有意识地、积极主动地、坚持不懈地创造条件、精心引导和培养，能够帮助他们这一能力的发展和提高。

考题预测

一、单选题

1.（　　）是指儿童早期与父母的情感联系。

A. 亲子关系的发展　　B. 同伴关系的发展

C. 性别角色的发展　　D. 亲社会行为的发展

2. 儿童依恋发展的第四阶段是（　　）。

A. 对人反应有差别的阶段　　B. 特殊的情感联结阶段

C. 目标调整的伙伴关系阶段　　D. 对人反应无差别阶段

3. 在幼儿的交往关系类型中，被拒绝型的幼儿主要表现出的特点是（　　）。

A. 性格内向，社会交往的积极性很差

B. 既漂亮又聪明，总是得到教师的特殊关照

C. 稳定性强，喜欢一个人独处，不关心班级活动

D. 精力充沛，社会交往积极性高，常有攻击行为

4.（　　）是儿童在早期生活中，除亲子关系之外在同龄伙伴中建立的社会关系。

A. 同伴关系　　B. 师生关系

C. 交往关系　　D. 一般关系

5. 婴幼儿最初社会性发生的标志是（　　）。

A. 诱发性微笑的出现　　B. 不出声的笑

C. 出声的笑　　D. 有差别的微笑的出现

二、简答题

1. 什么是依恋？依恋有哪几种类型？

2. 影响在园幼儿同伴交往的因素有哪些？

3. 你认为教师应该从哪几方面培养和发展儿童的交往能力？

三、论述题

1. 为什么早期依恋的质量为影响儿童后期的发展？不同性质的依恋对儿童后期发展将产生什么样的影响？

2. 如何引导独生子女的同伴交往？

3. 论述积极师幼关系的意义，并联系实际谈谈教师应如何建立积极的师幼关系。

四、材料分析题

1. 材料：在竞争激烈的当今社会，很多年轻的父母把孩子交给别人抚养，平时很少与孩子接触，使有些孩子很难与父母建立良好的亲子关系。

请针对上述现象，分析早期亲子关系对儿童心理发展的影响，并谈谈家长如何与孩子建立良好的亲子关系。

2. 小班入园第二周，王老师发现小雅在餐点与运动后，仍会哭着要妈妈。老师抱她，感觉她身体绷得很紧，问她要不要去小便，她摇头。老师又问："要不要去大便？"她点头。老师牵她到卫生间，她只拉了一点就离开了。过一会儿，她又哭了。老师给她新玩具，和她玩游戏，但她的情绪还是不好。离园时，老师与妈妈约谈，了解到小雅在幼儿园拉不出大便。

第二天早操后，小雅又哭了，老师蹲下轻声问："小雅是想上厕所了吗？"她点头。老师带她上厕所，她又只拉一点就站起。"老师陪你多蹲一会儿，把大便都拉出来，好吗？"小雅又蹲下，但频频回头。这时，自动冲厕水箱的水"哗"的一声冲出，小雅"哇哇"大哭，扑到老师身上，老师紧紧地抱住她，轻柔地说："老师抱着你拉，好吗？"老师将水箱龙头关小，把小雅抱到离冲水口远一点的位置蹲下，小雅顺利拉完大便。连续一段时间，老师们轮流陪小雅上厕所，并指导她观察、了解水箱装满水会自动冲水清洁厕所。小雅渐渐适应了幼儿园的厕所，笑容回到了脸上。

问题：请分析上述材料中教师的适应行为。

第十一章　学前儿童的游戏

学习目标

1. 了解游戏的概念。
2. 掌握学前儿童基本的游戏理论。
3. 了解儿童游戏的年龄特点。
4. 了解学前儿童游戏课程的设计。

第一节　游戏概述

引导案例 11-1

国外有媒体指出，中国的小孩越来越不会玩了。他们发现，中国的父母总是希望自己的孩子穿衣干干净净，不允许他们做那些可能会使衣服弄脏的游戏。同时，中国很多的年轻父母觉得游戏对孩子的成长意义不大，为了不让孩子输在起跑线上，应该花更多的时间来学习画画、英语、钢琴等。

思考：结合游戏对儿童成长的作用，分析这些父母的做法。

一、游戏的概念

一提起游戏，人们总是自然地联想起自己的娱乐活动，把游戏与生产、劳动、学习相区别。但是，婴幼儿生活中的游戏并非如此简单。著名的美国教育家杜威认为，游戏是学前儿童生活的一部分，在学前儿童阶段，“生活即游戏，游戏即生活”。

从广义上说，学前儿童游戏就是指各种“玩”的活动，是一种不创造物质财富的消遣、娱乐、享受性质的活动；从狭义上说，学前儿童游戏是指幼儿园中教师设计并提供的、引导儿童产出的、自发进行的“玩”的活动。

游戏是学前儿童认识世界的途径，是学前儿童通过实际行动探索周围世界的一种积极活动。学前儿童心理的发展，主要是在游戏活动中完成的，甚至可以说学前儿童在游戏中生活，在游戏中学习，在游戏中成长。

【真题卡片 11—1】

单选题(2016 上半年综合素质真题)

△中班(1)班的男孩如厕时常常有意将小便洒在便池外，甚至是小朋友身上。据此，王老师在便池里合适的位置上画了几朵花，要求幼儿小便时比看谁能瞄准花朵，给花浇水，此后男孩们小便时再也不乱洒了。王老师的教育方法体现的幼儿教育特点是(　　)。

A. 游戏性　　B. 综合性　　C. 整体性　　D. 浅显性

二、学前儿童游戏的基本特征

1. 自主性和内驱性

自主性和内驱性是幼儿游戏的主要特点。游戏是由幼儿的直接需要而产生，由内部动机驱使而产生，不是由外部强加的，是“我要玩”，而不是“要我玩”。在游戏中，儿童根据自己的需要、兴趣和能力，自主选择游戏伙伴、确定游戏主题、推进游戏进程。任何外部的强制和干涉都将使游戏“中断”，影响幼儿内在需要的充分满足。

2. 趣味性和愉悦性

一方面，游戏有内容、情节、角色、动作、语言、玩具和游戏材料等，游戏主题、游戏内容和游戏形式丰富多彩、灵活多变、引人入胜，幼儿常常从成功和创造中获得愉快，所以幼儿喜爱游戏。另一方面，由于游戏是幼儿自主的活动，在游戏中，没有强制的目标，幼儿能表现自己的能力，实现愿望，可以自主地选择游戏、决定游戏的玩法，控制所处的环境。在游戏中，幼儿的身心处于轻松的、自由的、愉悦的状态。

3. 虚构性和假想性

游戏是在假想的条件下完成的一种反映现实的活动，其情节的开展、角色的扮演、活动的方式和代替物的使用都是象征性的。在游戏中，幼儿反映的不是现实生活原原本本的翻版，而是通过虚构和想象，将日常生活中表象形成新的形象，用新的动作方式去重演别人的活动，并根据游戏的需要，改变物品的用途。

4. 社会性和时代性

周围的现实生活是幼儿游戏内容的基本源泉。例如，幼儿在角色游戏中开展的娃娃家、超市、医院、美发厅、小吃店等，在结构游戏中建构的房子、社区、公园、汽车、桥等，都是社会生活或物体在幼儿游戏中的反映。通过幼儿的游戏可见社会生活的侧影。

5. 规则性和有序性

虽然自选、自愿、独立、创造等体现了幼儿游戏的自主特征，但幼儿在游戏中并非毫无约束和限制。任何游戏都是有一定的规则的：既有幼儿在游戏中扮演角色、行为表征等游戏本身的“内隐”规则，也有幼儿为游戏的顺利开展而约定的“外显”规则。观察幼儿的游戏，我们可以发现，尽管他们的游戏有时似乎显得乱七八糟、非常忙乱，但每个游戏中都隐含有一种秩序性。幼儿在游戏中是遵循规则的，每个个体都有一定的自我“约束”，也会相互“监督”。也正是这种自序的约束，把幼儿的游戏带入一种和谐、有序的状态。

6. 过程性和非生产性

游戏没有实用的社会生产价值，不能直接创造财富，是一种不直接带来“生产性”结果的活动。除去物品在游戏者之间的转移和变化，从游戏开始到结束，不增加任何生产的物质。对于儿童而言，游戏活动本身即是目的，幼儿关注更多的是过程而不是目的和结果。

知识链接 11-1

有关游戏的理论

早期的传统理论	当前的游戏理论
1. 剩余精力说 代表人物：英国的斯宾塞 主要观点：游戏是儿童和高等动物对剩余精力的一种无目的的消耗，即游戏是剩余精力的发泄	1. 精神分析论 代表人物：奥地利的弗洛伊德 主要观点：游戏补偿现实生活中不能满足的欲望，儿童是为了追求快乐、宣泄不满而游戏
2. 松弛说 代表人物：德国的拉察鲁斯 主要观点：对于幼儿来说，由于身心发展水平的限制及生活经验的缺乏，对复杂的外部世界难以适应，很易疲劳，需要游戏来轻松一下，以便恢复精力。	2. 新精神分析学派 代表人物：美国的埃里克森 主要观点：游戏是情感和思想的一种健康的发泄方式
3. 预演说 代表人物：德国的格罗斯 主要观点：游戏是对未来生活的一种无意识的准备	3. 认知结构论 代表人物：瑞士的皮亚杰 主要观点：游戏是学习新的物品和事物的方式，形成和扩大知识和技能的方式。这种观点有助于对游戏是一种学习方式的理解

续表

早期的传统理论	当前的游戏理论
4.生长说 代表人物:美国阿普利登 主要观点:游戏是幼小儿童能力发展的一种模式,是机体联系技能的一种手段,成长的结果就是游戏,游戏是联系成长的内驱力,儿童通过游戏可以成长	4.学习论 代表人物:美国的桑代克 主要观点:游戏是一种学习行为,受社会文化和教育要求的影响,也受学习的效果律和联系律的影响
5.复演说 代表人物:美国的霍尔 主要观点:游戏是人类生物遗传的结果,儿童游戏是重现祖先生物进化的进程,重组祖先进化过程中产生的动作和活动	
6.成熟说 代表人物:荷兰的拜敦代克 主要观点:游戏是儿童操作某些物品以进行活动,是一般欲望的表现,不是单纯的一种机能	

【真题卡片 11—2】

单选题(2012 下半年保教知识与能力)

△认为“游戏是为未来生活做准备”的游戏理论是(　　)。

A.预演说　　B.剩余精力说　　C.复演说　　D.松弛消遣说

【答案】A。

三、学前儿童游戏的分类

长久以来,有关游戏的分类存在诸多争议,至今未有一致的结论。研究者们根据不同的理论从不同的角度对游戏进行分类,因而出现了各种各样的游戏分类说法。

(一)依据游戏的社会性特点分类

1.无所事事

无所事事,即儿童没有做游戏,只是随意观望能引起兴趣的情景。没有观望的,便玩弄自己的身体，走来走去，跟从老师，或站在一边四处张望。

2. 旁观

旁观，即儿童基本上是观看其他儿童做游戏，有时凑上来与正在做游戏的儿童说话，提问题，出主意，但自己没有直接参加游戏。

3. 单独游戏

单独游戏，即儿童独自一个人在玩，只专注于自己的活动，不管别人在做什么，也没有接近其他儿童的尝试。单独游戏一般出现在儿童学步中期。

4. 平行游戏

儿童各玩各的，所有的玩具和游戏方式相近，各自的游戏内容没有联系，不与同伴一起玩。有时儿童会相互模仿，但无意支配别人的活动。平行游戏出现在儿童学步后期和3岁左右。

5. 联合游戏

联合游戏，即儿童和同伴一起做游戏，时常发生许多如借还玩具、短暂交谈的行为，但还没有建立共同目标与分工，仍以自己的兴趣为中心。联合游戏主要出现于3～4岁儿童中。

6. 合作游戏

合作游戏，即游戏中有明确的分工、合作及规则意识，有一个或两个游戏的领导者，为了共同的目标分工协作。合作游戏主要出现在4岁或更大一些的儿童中。

（二）依据儿童认知发展特点分类

以皮亚杰等为代表的认知学派倾向于将认知发展作为儿童游戏分类的依据。他们认为游戏的发展是沿着认知发展的线索而展开的，在不同的认知发展水平上，便会出现不同水平的游戏形式。依据儿童游戏的认知特点，可将游戏分为以下四种。

1. 感觉机能性游戏

感觉机能性游戏又称为练习性游戏或机械性游戏。它是儿童发展中最早出现的一种游戏形式，其动因来自感觉器官所获得的快感，由简单的重复运动所组成，比如奔跑、跳跃、攀登、拨浪鼓、骑木马、敲打和摆弄物体等，这类游戏往往以独自游戏或各自游戏的形式发生。随着儿童年龄的增长，这类游戏的比例逐渐下降。

【真题卡片 11－3】

单选题（2014 上半年保教知识与能力）

△幼儿反复敲打桌子，在房间里跑来跑去，在椅子上摇来摇去，这类游戏属于（　　）。

A. 结构游戏　　B. 象征性游戏　　C. 规则游戏　　D. 机能性游戏

【答案】D。

【真题卡片 11－4】

单选题(2015 上半年保教知识与能力)

△儿童最早玩的游戏类型是(　　)。

A. 练习性游戏　　B. 规则游戏　　C. 象征性游戏　　D. 建构游戏

【答案】A。

2. 象征性游戏

象征性游戏是处于前运算阶段(2～7 岁)儿童常进行的一类游戏。象征性游戏是把知觉到的事物用它的替代物来象征的一种游戏形式。儿童将一物体作为一种信号来代替现实的客体,这就是象征游戏的开始。象征性游戏的初级阶段就是以物品的替代而获得乐趣,如把一根棍子想象成一匹马来骑。随着儿童年龄的增长和知识经验的不断丰富,儿童的象征功能也在不断发展。他们会通过使用替代物并扮演角色来模仿真实生活。这时的象征性游戏就进入角色游戏阶段,最常见的"过家家""医院""商店""公共汽车"等游戏。这些游戏都借助了一些替代物品,通过扮演角色来反映社会生活、场景和人物。象征性游戏是学前儿童最典型的游戏形式,它对儿童人格和情绪的发展都能发挥一定的功效。基于它的这一功效,现代的游戏治疗也是通过这种游戏形式得以实现的。

3. 结构性游戏

结构性游戏又称建构游戏或造型游戏,是指儿童运用积木、积塑、金属材料、泥、沙等各种材料进行建构或构造,从而创造性地反映现实生活的游戏。这类游戏有三个基本特点:(1)以造型为基本活动,往往以搭建某一建筑物或物品为动因,如搭一座公园的大门、建一个汽车的模型等;(2)活动成果是具体的造型物品,如门楼、飞机、坦克、卡通形象等;(3)它与角色游戏存在着相互转化的密切关系。

一般认为结构游戏的发展呈现了如下的趋势:1.5 岁左右,儿童开始简单堆叠物体;2～3 岁时,儿童往往先动手后构思,主题不明,成果简单、粗略、轮廓化;3～4 岁时,儿童逐渐能预设主题,成果的结构相对复杂,细节相对精细;5 岁以后,儿童结构游戏中的计划性有所增强,并可以多人分工、合作完成大型的建构。5～8 岁时,结构性游戏的比例达到了顶峰。

【真题卡片 11－5】

单选题(2015 下半年保教知识与能力)

△幼儿以积木、沙、雪等材料为道具来模仿周围现实生活的游戏是(　　)。

A. 表演游戏　　B. 结构游戏　　C. 角色游戏　　D. 规则游戏

【答案】B。

4. 规则性游戏

规则性游戏是一种由两人以上参加的、按一定规则从事的游戏。规则可以是由成人事先制定的，也可以是按照故事情节要求的，还可以是儿童按他们假设的情节自己规定的。这类游戏一般是在孩子 4～5 岁以后发展起来的。研究表明：幼儿中期的儿童能按一定的规则进行游戏，但是也常常会出现因为自己的兴趣或好恶而忘记甚至破坏规则的现象。幼儿晚期的儿童，不仅能较好地开展这类游戏，还能较好地理解并坚持游戏的规则，并运用规则约束参加游戏的所有成员。幼儿中晚期经常开展的体育游戏、运动竞赛、智力竞赛等都属于规则性游戏，这类游戏可以一直延续到成年。

（三）依据儿童行为表现分类

依据儿童游戏的行为表现，可将游戏分为以下 5 种。

1. 语言游戏

语言游戏是指运用语音、语调、词语、字形而开展的游戏，如和着语音、节奏的变化而展开的拍手游戏、绕口令、接龙等。随着儿童对语言规则以及语义的理解，儿童会用同音、谐音、多义、相关等语言技巧娱乐。这些游戏是以一定的语言元认知为前提的，既是一种游戏，也是一种元语言活动。

2. 动作技能游戏

动作技能游戏是指通过手脚和身体其他部位的运动而获得快乐的游戏活动。这种游戏既可以是一种户外进行的身体大幅度的运动（如相互追逐、荡秋千、滑滑梯、骑三轮车、攀登等），也可以是在室内桌面上进行的串珠、弹弹子、挑游戏棒、拍纸牌等相对精细的活动。这类游戏可以有简单的规则，也有纯机能性的，以纯粹满足动作机能的快感。

3. 想象游戏

想象游戏的主要特征就是：儿童将事物的某些方面做象征性的转换，如以玩具或玩物代表实物（如用一块积木代表电话、将小板凳当火车等）；以某个动作代表真实的动作（如张开双臂跑代表飞机在飞、双脚并拢往前跳代表小兔子在跳）；以儿童自己和其他儿童代表现实或虚构的角色（如扮演妈妈、司机、医生、营业员、小白兔、卡通人物等）。想象游戏以儿童的想象为转移。随着儿童生活经验和想象力的丰富，社会生活中的各种角色都可能成为儿童游戏中所扮演的角色，爸爸、妈妈、医生、司机、营业员、动画和卡通形象都是儿童在游戏中乐于扮演的角色。

4. 交往游戏

交往游戏指两个以上的儿童以遵守某些共同规则为前提而开展的社会性游戏。这类游戏以参与者之间的行为互动其特点，在使用游戏材料方面采用协商分配或轮换的形式。交往游戏按交往的性质可分为合作游戏和竞争游戏，交往游戏在指导儿童与他人交往方面有很重要的价值。在游戏中，儿童常遇到自己与他人的需要或情感相冲突的局面，因而可以发展他们的言语和非言语的沟通技能，还可培养负责任、耐心、愿意分享、合作等品质。

5. 表演游戏

表演游戏又称为戏剧游戏，它是以故事或童话情节为表演内容的一种游戏形式。表演游戏以儿童的语言、动作和情感发展为基础。在表演游戏中，儿童扮演故事或童话中的人物，并以故事中人物的语言、动作和表情进行活动。这种游戏也是以想象为基础的，但与想象游戏不同的是：在表演游戏中，儿童的想象受故事情节的约束，不能过于主观随意。

（四）依据教育的目的性分类

游戏可以是一种儿童自发、自愿的活动，没有任何的功利和目的。但同时，游戏也可以成为一种有效的教育手段。利用游戏的手段，达到教育的目的和功效。

1. 自发游戏

自发游戏是儿童自己发起的、自愿参加、自主支配的游戏。它一方面反映了儿童的认知特点和社会性等方面的发展水平，另一方面也反映了儿童的兴趣爱好。儿童的自发游戏对于儿童创造性的发展是极有价值的。游戏的主题、材料、规则都是儿童自己规定、自己确立的，这些都源于儿童创造性的萌芽和发展。儿童的自发游戏是儿童的权利，应得到尊重。当然儿童的自发游戏有时也需要成人加以适当的引导，使游戏的题材和内容更加健康、有趣、积极。

2. 教学游戏

教学游戏是指在学前儿童学前教育机构中，游戏被作为一种教育手段和教育组织形式而加以运用。教学游戏就是根据幼儿园教育大纲和课程的要求，有目的、有计划地进行设计和开展的游戏。游戏的目的是完成一定的教学任务和发展儿童某方面的能力。幼儿园的教学游戏有智力游戏、体育游戏、音乐游戏、语言游戏等。

学前教育机构在运用教学游戏时，应注意维护游戏的纯正性和趣味性，同时不应剥夺儿童自发游戏的权利和机会。对此，美国学者弗罗斯特曾经提醒过人们："一般大众对儿童游戏的误解已渐渐进行成一种趋势，使得一些自然、活泼、迷人的游戏，被过度重视科技导向、利用艺术手法和注重结构的游戏所取代。儿童的生活也逐渐被'成就论'这种错误的观念所操控。成人认为自己可行的事，对儿童也一样可行。这些过度忧心的父母以及教育行政管理者，正在剥夺儿童游戏的权利，也连带剥夺了他们的乐趣和惊奇感。"

（五）依据游戏内容和性质分类

1. 创造性游戏

创造性游戏是儿童以想象为中心，主动地、创造性地反映现实生活的游戏，是幼儿期典型的、特有的一种游戏。它包括角色游戏、结构游戏和表演游戏。

2. 规则性游戏

规则性游戏是成人为发展儿童的各种能力而编写的、有明确规则的游戏。它以生动有趣的游戏形式，使幼儿在自愿的、愉快的情绪中完成增进知识、发展能力的学习任务。规则性游戏包括智力游戏、体育游戏和音乐游戏等。

【真题卡片 11－6】

单选题(2016 下半年保教知识与能力)

△下列玩具，不是从功能角度分类的是（　　）。

A. 运动性玩具　　B. 建构玩具　　C. 益智玩具　　D. 传统玩具

【答案】D。

四、游戏的功能

游戏是学前儿童的主导活动。儿童在游戏中学习和成长，游戏对儿童的身体、智力、创造力、情感、社会性的发展都具有重要的积极作用。

1. 游戏能够促进儿童身体的发展

(1)游戏可以满足儿童身体活动的需要。由于骨骼肌肉和神经系统发展的特点，学前儿童在生理上要求不断地变换活动。好动是学前儿童的特点，长时间呆坐不动或保持同一动作、姿势会使他们感觉疲劳和厌烦，所以我们总看到学前儿童在跳跳蹦蹦。在游戏中，学前儿童可自由地变换动作，可以多次重复他们所感兴趣的动作而不会受到限制。

(2)学前儿童的许多游戏都含有生理活动，这能够锻炼学前儿童的身体，增强其体质，促进其正常的生长发育。游戏对学前儿童的体能发展和各方面的协调有着很大的影响。跑跳、攀爬、推拉、骑三轮车等需要大肌肉活动的游戏可以加快血液循环，促进新陈代谢，并且增强体力，使学前儿童身体更加结实、健康；拼图、绘画、玩沙、玩水等需要小肌肉活动的游戏可以训练手腕、手掌、手指的灵活性，手与眼的协调性，使学前儿童更为灵巧。实验表明，游戏有利于提高儿童体能、增强机能机体的适应能力、调整中枢神经系统的机能状态，使机体感到舒适和愉快。

2. 游戏能够促进儿童认知和语言的发展

(1)游戏从不同方面为学前儿童提供了认识外部世界的途径。在游戏中，学前儿童可以充分发挥积极性和主动性，通过观察、感知、比较、分类、记忆、想象、思维，通过对各种游戏材料的使用、各种游戏角色的扮演、已有知识的更新、生活经验的重组、游戏动作和情节的实践，学前儿童的感知能力、注意力、记忆力、想象力、思维能力、解决问题的能力都会得到发展。

(2)游戏培养了学前儿童的语言能力。由于在游戏中学前儿童需要与同伴沟通、交往，这就为儿童提供了极好的语言交流机会。通过交谈，促进了学前儿童语言的发展。通过游戏，学前儿童扩大了词汇量，加深了对词义的理解，语言表达能力也随之得到了发展。

3. 游戏能够促使儿童情感的发展

(1)游戏使学前儿童有机会表现自己的情感。儿童的喜、怒、哀、乐等各种情感，都能在游戏中完全、妥当地表现出来。在日常生活中，学前儿童可能遇到不高兴或不顺利的事情，又或者感到束缚，未能自由地表达个人的意愿。但在游戏中，学前儿童表达个人的内心情绪是社会所能接受的，游戏能使儿童进行情感宣泄。游戏对儿童的情感发展至关重要，可以说儿童获得游戏的机会，甚至就是一种心理保健的机会。“游戏治疗”的理论和实践已经表明，游戏是学前儿童发泄自己不良情绪的一种重要形式。通过游戏，学前儿童的情绪变得平静、缓和，这有利于抑制、降低消极情绪的负面作用。

（2）游戏能发展儿童的美感。比如，幼儿通过画画、朗诵儿歌、制作道具、设计服装、琢磨对话、表演歌舞节目、化妆等游戏活动，反映自然和社会生活中的美好事物，有助于学前儿童美感的发展。

4. 游戏能够促进儿童社会性的发展

（1）游戏提供了儿童社会交往的机会，发展了儿童的社会交往能力。游戏及玩具是学前儿童交往的媒介。通过游戏，儿童实现了与同伴的交往，并形成社会性活动。

（2）游戏有助于儿童克服自我中心化，学会理解他人。在游戏中，儿童出于扮演角色的需要，学会发现自我与他人的区别，由自我为中心的社会认知向以他人为本位的社会认知过渡。

（3）游戏有助于儿童社会角色的学习，增强社会角色扮演能力。游戏中，儿童通过对角色多样化和稳定性的理解和体验，有助于现实生活的角色扮演和转换，增强社会适应能力。

（4）游戏有助于儿童行为规范的掌握，形成良好的道德品质。儿童在游戏中模仿学习的社会行为规范会迁移到他们的实际生活中，有助于他们对现实生活中道德行为规范的理解和遵守。

5. 游戏能够促进儿童社会性的发展

（1）游戏为学前儿童提供了充分的创造性想象的发展空间，有助于学前儿童创造个性和创造性思维品质的形成。因此，游戏对于学前儿童创造力的发展具有重要作用。学前儿童对游戏充满了兴趣。在游戏中，学前儿童能够无拘无束地玩耍，产生许多新颖的想法和独特的行为，激发了创造性的萌生和发展。

（2）游戏过程中的心理氛围是宽松、自由的，学前儿童的创造性只有在自由、轻松、愉快的气氛中才能产生，游戏则恰恰为学前儿童提供了这种心理氛围。

（3）游戏可以激发学前儿童的发散性思维。发散性思维是学前儿童创造性的重要表现。在游戏中，学前儿童变换各种方式来对待物体，通过对同一游戏材料做出不同的设想和行为，或对不同的物体做出同一种思考和动作。在这一过程中，求异思维得到充分的训练。

【真题卡片 11－7】

单选题(2017 下半年综合素质)

△在教育活动中,幼儿园老师总是主动为幼儿提供丰富、适宜的游戏材料,并指导幼儿开展游戏活动。下列关于该行为的理由,不正确的是(　　)。

A. 游戏能促进幼儿同伴关系的建立

B. 游戏是教师自发自主的行为

C. 游戏需要教师的综合指导

D. 游戏是幼儿学习的基本形式

【答案】B。

第二节　学前儿童游戏心理的发展

不同年龄的学前儿童在游戏中的表现和所使用的方式会有所不同,并且表现出不同的发展水平。

一、婴儿游戏心理特点及游戏预设

婴儿身体与心理发展的水平决定了婴儿游戏的特点。3 岁前儿童处于感知运动阶段。在生命的最初三年,儿童从每天只能躺着到会抬头、翻身、坐、爬、站、走,儿童动作的发展是游戏发生发展的条件之一。此阶段儿童主要以感觉运动性游戏为主,如大运动类游戏、用手的游戏等,伴有象征性游戏的萌芽。此阶段儿童喜欢独自游戏和平行游戏。亲子游戏是两岁前儿童游戏的主要形式,在儿童游戏的发生、发展过程中占有重要地位。

(一)婴儿游戏心理特点

1. 被动性

婴儿心理发展处于皮亚杰认为的感觉运动阶段,主要玩一些练习性游戏。因为这一时期婴儿处于语言、表象产生前的阶段,婴儿只能协调感知和动作活动。刚出生的婴儿对世界的了解很少,他们不可能自主去探索这个世界,需要借助成人的帮助才能进行。但并不能认为婴儿是在不得已的情况下被动地参加游戏,这种被动是基于成人处于主导地位的被动,是婴儿积极探索外在世界的表现。

2. 自主性

观察研究发现 1～2 岁的婴儿多数喜欢单独玩,有时尽管几个年纪相仿的婴儿在一起玩,但他们往往表现为各玩儿各的、互不相干。有时会因别人手里玩具的吸引,而表现出一定的交往。婴儿喜欢在小朋友集中的地方玩，会表现出对别的儿童所做游戏的兴趣，但是一般不会主动要求加入游戏。

3. 重复性

婴儿的游戏表现出很大的重复性，也就是说这时的婴儿会对喜欢或感兴趣的游戏反复进行。婴儿并不需要游戏规则，只是为满足好奇心。例如，幼儿拿起玩具扔掉，捡起再扔掉；婴儿喜欢把玩具收拾好，然后倒出来，来回重复这样的动作；婴儿喜欢反复听一个故事；等等，这些就是这一特点的具体表现。

婴儿一般也会有几个较为熟悉的玩伴，能根据自己的好恶和平时的接触对小朋友做出评价，如他喜欢谁或不喜欢谁等。在玩游戏时，婴儿所玩的游戏主要表现为实物游戏，婴儿会反复摆弄实物，但并不以实物的功用做游戏，到婴儿末期开始表现出模仿性游戏。

(二)游戏的预设

3 岁前是孩子接触社会的最初阶段，父母与孩子的关系至关重要。应经常与孩子说话，给孩子讲故事、唱歌，给他们听柔和的音乐，给他们玩色彩鲜艳的玩具，为他们创设一个安全、温馨、幸！福、和谐的物质环境和心理环境。在保证安全的情况下，鼓励儿童的大胆探索行为，引导他们参与到游戏当中来，使他们在轻松愉快的气氛中变得自信、主动、大胆，为以后的全面发展奠定良好基础。

二、幼儿期心理特点及游戏预设

(一)幼儿游戏心理特点

依据皮亚杰的划分，幼儿期处于前运算阶段，主要表现为玩象征性游戏。因为这时的儿童已能运用象征性符号进行思维，词的功能也开始出现。这时，幼儿的游戏心理主要表现为模仿性、想象性和社会性。

1. 模仿性

随着幼儿身心的发展，这时的幼儿好动好，模仿，喜欢参加成人的社会实践活动。但是，由于幼儿能力有限以及知识经验不足，还不能很好地控制自己，而游戏活动正好弥补了幼儿独立参加实践活动这种新的需要。所以，这时幼儿在游戏活动中，装扮各种角色，进行各种活动来满足他们参加社会实践活动的强烈愿望，从而推动他们的心理向前发展。

2. 想象性

由于幼儿想象的发展，这个时期的幼儿想象活动十分活跃，具有明显的虚构性，他们可以给任何一样东西加上他们所想象的象征性意义，主要表现在各种游戏中，如这个时期的象征性游戏、角色游戏等。游戏的成分、角色、情节、行动以及幼儿玩具或游戏材料，往往是想象性的，比如把棍子当马骑、把树叶当钱用、让小朋友假装成医生、骑在椅子上一动不动假装开火车等。在强调幼儿游戏心理的想象性时，还应看到幼儿的游戏是非常具体的，表现在游戏中一般都有角色、有游戏材料和游戏动作、游戏内容、游戏情节和语言等。

3. 社会性

幼儿活动范围的扩大，使他们的游戏心理也逐渐带有很强的社会性特征。这个时期，幼儿喜欢共同游戏，不再像1～2岁幼儿那样各玩各的。幼儿上了幼儿园，开始了集体生活，逐渐喜欢和别的小朋友一起玩游戏，做一些模仿性的角色扮演游戏。而且社会环境以及成人与成人之间的关系，也会影响幼儿的游戏心理进一步发展，幼儿会有关系更为密切的好朋友。但同时幼儿的逆反心理也有所增强，听不进不同意见，游戏中分工合作能力差，喜欢按自己的意志行事，解决矛盾的办法也简单。这也反映出幼儿自我意识进一步发展。在玩角色游戏时，幼儿都愿意当"好人"，这明显地反映出幼儿游戏心理发展的社会性。

这时的幼儿规则游戏还没有得到很好的发展。随着幼儿游戏心理社会性的进一步发展，儿童到了具体运算阶段(7～11岁)，儿童认知结构中已经具有抽象概念，因而能够进行逻辑思维。逻辑思维在游戏方面的表现是：儿童喜欢做有规则的、逻辑性较强的游戏，并学会关注游戏中的规则和规律。

(二)幼儿阶段不同时期的游戏发展水平和预设

1. 幼儿初期的游戏

(1)游戏的发展水平

幼儿初期的儿童处于象征性游戏初期，此阶段儿童的象征性游戏内容和情节都比较简单，常常重复同一动作，而且游戏主题不稳定，常随外部条件和自己情绪的变化而改变。受思维水平的限制，他们对游戏规则的理解较差，自我控制的水平较低。此阶段儿童所进行的角色游戏比较简单，角色的种类不多，大都是独自充当角色或平行充当同一角色。这个时期幼儿游戏的一个明显特点是由独自游戏向联合游戏过渡。他们不再喜欢独自玩耍，而是喜欢和同伴们一起玩。在同其他儿童共同游戏的过程中，儿童的思维、想象和各种社会性交往技能都得到了一定程度的发展。在游戏活动中，儿童逐渐认识到自我的存在。因此，在这个阶段，要更多地为幼儿创造与同伴接触的机会，这样将对他们的全面发展起到十分重要的作用。

(2)游戏的预设

幼儿初期是儿童在幼儿园生活的初始阶段，教师应注意为儿童创设温馨的心理环境和物质环境，真正让幼儿感到"幼儿园像我家，老师爱我，我爱她"。在室内功能区的设置上，要以角色区为主；室外设置运动区、玩沙区、玩水区等。值得一提的是，由于幼儿初期的儿童处于象征游戏初期，在游戏中经常独自充当角色或平行充当角色，所以在游戏区投放玩具时应做到同种玩具提供多份，以满足儿童的需求。

2. 幼儿中期的游戏

(1)游戏的发展水平

幼儿中期是儿童象征游戏的高峰期，儿童游戏内容逐渐扩展，同时游戏的水平也提高了：游戏情节丰富，内容多样化，游戏兴趣明显增加。他们能够自己选择主题，设计组织游戏，自行分工，扮演角色等。由于表征水平的明显提高，还出现了用替代物进行游戏的行为，如他们会用小木棍代替体温计，用纸片代替钞票等。儿童的游戏不仅模仿、反映日常生活情境，还经常创造性地反映日常生活。幼儿建构游戏的水平也逐渐提高，能进行主题构造活动，还喜欢看图构造，对规则游戏产生了兴趣。

（2）游戏的预设

幼儿中期的儿童玩得最多的就是象征性游戏。要为儿童创设一个宽松的心理环境，鼓励他们积极思考、大胆想象、不断创新。在环境的创设中，以象征性游戏和结构性游戏环境为主，适当增加结构材料的种类和数量，以满足儿童想象和创造的愿望。

3. 幼儿晚期的游戏

（1）游戏的发展水平

幼儿晚期的儿童处于象征游戏的高水平阶段，儿童已摆脱了实物直观相似的束缚，语言描述和动作表象起主导作用，可以用语言、动作替代实物进行游戏。此阶段儿童会自行策划游戏，讨论游戏主题，构思情节，分配角色，创设环境，积极主动地进行游戏。这一时期，合作游戏特征突出。他们喜欢有一定难度的棋牌类和富有挑战性的体育竞赛类的规则游戏。

（2）游戏的预设

在游戏环境的规划方面，为幼儿晚期的儿童创设的功能游戏区，应以游戏类别进行整体划分，玩具及材料应按类摆放。室外要有平坦、开阔的运动区，场地上的玩具材料摆放要安全、科学、合理，以促进儿童的全面和谐发展。

第三节　学前儿童游戏课程设计

一、学前儿童游戏培养原则

1. 趣味性原则

兴趣是游戏的一个主要特征，许多游戏理论主张通过游戏来消除儿童的生理与心理的疲劳。此外，游戏还能带给儿童愉悦的情绪。这就要求游戏要重视对儿童无意注意的吸引，游戏自身也要新颖、奇特、出乎意料，符合儿童注意和兴趣的特点。这样才可以使儿童游戏有活力，使儿童在游戏中掌握知识，并使游戏本身变得引人入胜。由于幼儿园一般把游戏作为教学活动来开展，这就要求游戏教学的趣味性并不局限于目的本身，游戏不能只满足儿童玩得投入、玩得快乐，还要完成一定的教学任务。

2. 具体性原则

学前儿童受其思维发展的影响，要求游戏具体、可操作。皮亚杰认为：游戏是使思维和行动相结合的方法，没有积极行动的游戏永远是不好的游戏。行动（游戏行为）是游戏不可缺少的部分，也是吸引儿童大脑、五官、手脚、身躯等全身心投入活动之中的关键因素。这就要求儿童游戏要具体，可以进行实际操作。即使游戏是对观念性的物体进行游戏性操作，教师也应引导和鼓励儿童在操作过程中不断的表达和交流，这样才能使内部思维活动通过外显的操作表现出来。

3. 自由性原则

自由才能使儿童内心趋向鼓舞，积极投入到游戏中，并在游戏中自由表达需求。符合儿童情感发展的心理特征、有自由选择的情感是游戏的心理学基础。如果游戏没有自由性，儿童就会失去对游戏的兴趣和主动性。在注意自由性的时候，并不排除游戏教学的设置，二者是相互统一的。游戏中给儿童自由是为了使儿童提高自觉性与积极性，这不与遵守规则相矛盾。相反，儿童对游戏的自由性自觉性会促使他们对游戏规则的自觉遵守。教师要善于使用各种方法，调动儿童的积极性，让儿童对游戏教学感兴趣。

【真题卡片 11－8】

单选题(2016 年上半年保教知识与能力)

△为了让幼儿在户外活动中能一物多玩，最适宜的方法是(　　)。

A. 教师集体示范　　B. 幼儿自主探索

C. 教师分组讲解　　D. 教师逐一训练

【答案】B。

4. 互动性原则

儿童有交往的需要，游戏可以满足儿童这一要求。在游戏中儿童之间、师生之间、亲子之间，可以进行互动交流、互相对话，可以包容和共享。在游戏中重视互动性，可以促进相互间的了解，增进儿童的社会性发展。学前教育中师生间的互动十分重要。师生间互动可以促进师生双方特别是儿童的学习、认知和社会性的发展。师生互动发生的情境具有多样性，可以发生在幼儿园的各种活动中。由于受教师角色的影响，教师对儿童的情感、期望与评价，直接影响儿童的自我认识、社会行为、师生互动及其儿童身心发展的方方面面。所以，在儿童游戏的培养中，教师要自觉利用与儿童的积极情感联系，塑造儿童积极的情感与行为，促进儿童身心和谐发展。

知识链接 11-2

教师和幼儿的互动

中班幼儿在角色游戏区活动，文文在邮局里无所事事，摆弄一个称重器。在此之前，孩子们没有“邮局”这个角色游戏的经验。教师看到这种情况，拿了一个盒子走过去，对文文说：“我想把这个寄到超市去(旁边有超市游戏区)，你能帮我称一下吗?”文文马上接过盒子，放在称重器上，看了一下，说：“100 克!”老师问：“多少钱?”“十块钱。”教师假装付了钱，文文立刻把盒子送到了隔壁的超市。接着，有几个小朋友也学着老师的样子，将一些东西寄到旁边的医院、美容院、娃娃家，邮局变得热闹起来。

二、学前儿童游戏课程设计

2016 年，教育部发布的《幼儿园工作规程》对幼儿园游戏作了明确的规定：以游戏为基本活动，寓教育于各项活动之中；幼儿园应当将游戏作为对幼儿进行全面发展教育的重要形式；幼儿园应当因地制宜创设游戏条件，提供丰富、适宜的游戏材料，保证充足的游戏时间，开展多种游戏。

(一)游戏课程内容

1. 角色游戏

角色游戏是幼儿心理发展的一种社会需要，是幼儿身心发展水平的再现，是幼儿期最典型的游戏，在幼儿游戏中占有中心地位，心理学家们称学前期为角色游戏期。角色游戏是幼儿独立自主的活动，4～5 岁是角色游戏的高峰期。

角色游戏的目标有：(1)积极反映幼儿的直接社会经验；(2)掌握幼儿熟悉的社会角色和角色之间的行为规范；(3)发展幼儿想象力、思维能力和游戏能力(游戏的目的、计划，游戏中交往、协商、轮换、分享、评议等游戏技巧，提高口头语言表达力)；(4)会从平行游戏向联合游戏、合作游戏发展，初步培养幼儿集体观念；(5)会选择使用、自制玩具，充分运用玩具开展游戏，提高幼儿动手操作能力。

【真题卡片 11－9】

单选题(2017 下半年保教知识与能力)

△当教师以“病人”身份进入小班“医院”时，有六位“小医生”同时上来询问病情。每个孩子都积极地为教师看病，打针，忙得不亦乐乎，结果教师一共被打了六针。对小小班幼儿这种游戏行为最恰当的理解是(　　)。

A. 过于重视教师的身份　　B. 角色游戏呈现合作游戏的特点

C. 在游戏角色的定位中出现混乱　　D. 角色游戏呈现平行游戏的特点

【答案】D。

2. 体育游戏

幼儿园体育游戏有：有规则地走、跑、钻、爬、攀登等活动游戏，玩各种体育器械和玩具。

体育游戏的目标有：(1)促进生长发育，使形态机能、基本活动能力达到幼儿一般发展水平；(2)利用自然因素提高幼儿机体适应能力；(3)发展幼儿身体活动能力；(4)会玩运动器械、球类、体育玩具；(5)培养幼儿机智、灵活、活泼克服困难的优良品德。

3. 结构造型游戏

结构造型游戏是以构造活动为方式的一种操作性游戏，也是一种艺术造型游戏和创造性游戏。幼儿园结构造型的游戏活动有：(1)绘画(平面造型)；(2)纸工、泥工、编、穿、自制玩具的手工(立体造型)；(3)结构玩具的造型(立体造型)。

结构造型游戏的目标有：(1)引起对构造活动的兴趣；(2)发展幼儿手的灵巧动作和眼手协调能力；(3)培养幼儿结构造型活动能力(认识结构性材料、工具，学习结构操作技能)、设计构思创造能力、分析欣赏作品能力、集体合作结构能力以及命题、模拟、自由创造结构能力；(4)形成认真、坚持、克服困难的活动习惯。

4. 艺术表演游戏

艺术表演游戏是指以艺术的手段表现文艺作品内容的游戏，它是幼儿的一种戏剧、音乐、艺术活动。幼儿园表演游戏主要有桌面表演、歌舞表演、童话、故事表演、木偶、皮影表演等。

艺术表演游戏的目标有：(1)培养对艺术表演活动的兴趣；(2)训练听觉，培养音乐感受力；(3)培养音乐活动能力(唱歌、律动、舞蹈、节奏乐、音乐欣赏等)；(4)学习表演木偶戏、皮影戏、歌舞、童话剧等，学习艺术语言，增强对儿童文学的兴趣和理解。

5. 智力游戏

智力游戏是指以规则组成的智力活动为活动方式的游戏。游戏的内容十分广泛，有科学的内容(如数学、自然常识、饲养种植、实验等)，也有语言、文学、社会常识方面的内容。

智力游戏的目标有：(1)训练，发展幼儿听说的口头语言能力；(2)形成空间概念、时间概念、简单数形概念，学习对应、比较、分类、排序、计算、测量数的活动能力；(3)使幼儿获得关于自然、生物现象(四季、动植物)、简单物理现象(磁铁、水、电)、化学现象(食物变化)、自然物(石头、泥沙)方便的直接经验；(4)培养幼儿良好的学习态度和习惯。

由于学前儿童的生活、学习方式主要表现为游戏，因此在儿童各种活动中都具有浓厚的游戏性质。幼儿园的生活应充满游戏情趣，要注意在生活活动中创设游戏环境，在培养儿童的学习、生活习惯与能力时，要及时鼓励、强化儿童的积极行为。

(二)教师对幼儿游戏的指导策略

教师对幼儿游戏的指导必须以保证幼儿游戏的特点为前提，否则一切指导都可能是徒劳的，甚至可能成为幼儿发展的障碍。

1. 尊重幼儿游戏的自主性

尊重幼儿游戏的自主性就是尊重儿童人格的具体体现。

尊重幼儿游戏的兴趣和意愿。幼儿是独立的人，因而有着自己的意愿和兴趣。显然，幼儿在按照自己的意愿和兴趣活动时，他们对活动有更高的自主性。

尊重幼儿游戏的氛围和游戏中的想象、探索、表现和创造。幼儿游戏时的氛围是幼儿积极主动参与游戏的结果，是游戏的“假想”的特点在游戏中的体现。教师不能因是幼儿就随意去破坏这种氛围，否则会使游戏索然无味。

【真题卡片 11—10】

材料分析题(2017 下半年保教知识与能力)

△操场上新安装了一个投篮架，幼儿经常在这里玩投篮游戏。一天，几个幼儿带着笔刷和水桶来到这里，他们先是快乐地粉刷投篮架，之后开始往篮筐里灌水，有的从上面灌，有的从下面灌……相互配合，反反复复，忙得不亦乐乎。

你是否应支持这些幼儿的行为？请说明理由。

【参考答案】

教师应该支持幼儿的游戏活动。具体理由如下：

1. 游戏是非强制性的，被迫的游戏就不再是游戏了。儿童之所以游戏，是出于自发、自愿的需要，游戏给他们带来欢乐。材料中幼儿的游戏不是成人强制的，而是自发出现的。幼儿在游戏中反反复复、忙得不亦乐乎，整个游戏的过程伴随着愉悦的情绪。

2. 幼儿天生的好奇心，使他们对生活中的一切都要看、要摸、要问，幼儿这种自发探究倾向是一种由内部发展上需要而引起的活动，游戏能使幼儿获得经验和满足。案例中，幼儿自发的拿着笔刷与水桶对篮球架其他功能与用途进行积极的探索，这一自发的探究行为正是幼儿好奇、好问、好动、好玩天性的体现。因此，教师应尊重幼儿身心发展的特点，保护幼儿的天性并给予合理的引导。

3. 教师应尽量满足儿童游戏的各种需要，从物质上和精神上给儿童的游戏予以支持，推动游戏不断地向更高水平迈进。案例中，幼儿能够相互配合、共同进行游戏，说明幼儿的合作能力在游戏中得到了发展。教师可以通过引导幼儿讨论或者通过增加多种材料的方式继续推动幼儿游戏向更高水平迈进。

4. 幼儿园以活动为中介，通过各种活动促进儿童的发展。教师可以通过一日活动或游戏等多种形式活动的开展使幼儿的身心得到全面的发展。本案例中幼儿的行为就是教学外的一种积极的情绪体验与科学探究精神的萌芽，对此教师应给与精心的呵护。综上所述，教师应支持幼儿的游戏活动，并通过游戏促进幼儿认知、社会性、情绪情感、智力等方面的发展。

2. 以间接指导为主

游戏能丰富幼儿的生活经验。幼儿的游戏是对幼儿生活的反映，其生活经验是幼儿游戏的基础和源泉。

教师应观察并合理参与幼儿游戏。在幼儿游戏活动的过程中，教师不仅是观察者、记录着，还应是幼儿游戏的参与者和干预者。

3. 按幼儿游戏发展的规律指导游戏

幼儿游戏会随着幼儿年龄的增长、身心的发展变化而变化，教师对幼儿游戏的指导应考虑这种发展。

4. 按各种类型游戏的特点指导游戏

由于不同种类的游戏有着不同的特点，所以教师对游戏的指导还应考虑到不同种类游戏的特点。

【真题卡片 11—11】

单选题(2016 上半年保教知识与能力)

△在秋天的“树”美术活动中，教师不适宜的做法是(　　)。

A. 让幼儿按照教师的范画绘画　　B. 组织幼儿观察幼儿园的树

C. 提供各种树的照片组织幼儿讨论　　D. 引导幼儿观察有关树的名画

【答案】A。

【真题卡片 11—12】

单选题(2016 上半年保教知识与能力)

△活动区活动结束了，可是曼曼的“游乐园”还没搭完，他跟教师说：“老师，我还差一点儿就完成了，再给我 5 分钟，好吗？”老师说：“行，我等你。”老师一边说，一边指导其他幼儿收拾玩具……该教师的做法体现了幼儿园一日生活安排应该(　　)。

A. 与幼儿积极互动　　B. 根据幼儿的活动需要灵活调整

C. 按照作息时间按部就班地进行　　D. 随时关注幼儿的活动

【答案】B。

(三)教师对幼儿游戏的介入

成人对游戏干预时机的选择主要取决于两个因素：一是儿童客观的需要，即看儿童的游戏行为是否自然顺畅，是否需要帮助；二是成人的主观心态和状况，即成人希望幼儿在游戏中表现出的水平、态度和情绪体验，也包括成人是否具备投入儿童游戏的热情和精力。在介入之前，成人一定要仔细观察，选择适宜的时机再介入。

【真题卡片 11—13】

材料分析题(2012 下半年保教知识与能力)

△李老师发现大班“理发店”的顾客很少，“顾客”对理发店不感兴趣。于是，李老师带幼儿到理发店参观，看理发店的设施，鼓励幼儿向理发师咨询问题，记录幼儿的问题，还拍下照片。幼儿在理发店看到顾客躺着洗头，梳理发型。回到幼儿园，李老师组织幼儿讨论“如何

开好理发店”，并把照片给孩子们回顾。有的幼儿反映没有躺椅，有的反映没有发型梳。李老师则启发幼儿自己用积木做躺椅，自己画发型。之后“理发店”生意又红火起来。

问题：请分析案例中教师采用了哪些策略来支持幼儿的游戏活动。

当幼儿在游戏中出现以下情况时，教师可以介入。

1. 当幼儿游戏出现困难时

当幼儿不知道自己该做什么游戏、如何去游戏时，教师的介入是引导幼儿开始游戏的关键。

2. 当必要的游戏秩序受到威胁时

当必要的游戏秩序受到威胁时，教师可用游戏口吻自然制止幼儿的干扰行为，并提出活动建议。

3. 当儿童对游戏失去兴趣或准备放弃时

这时，幼儿教师的介入可以帮助幼儿拓展游戏内容，提高游戏技能，进一步激发幼儿游戏的兴趣。

4. 在游戏内容发展或技巧方面发生困难时

在这种情况下，教师可以作为游戏同伴介入游戏给予儿童示范，或者让幼儿相互启发，相互影响，以帮助幼儿克服困难，拓展游戏。

知识链接 11-3

介入幼儿游戏的角色定位

根据教师、家长对游戏介入程度的高低，可将教师的角色分为以下两类共6种。在实践中，教师应根据对儿童游戏性质及正在做游戏的儿童的特征仔细观察，不断变换所扮演的角色，推动游戏的发展。

1. 非支持性角色

(1) 不参与者

儿童游戏时，教师或者家长会利用这段时间忙其他的事情。在没有成人参与的情况下，儿童游戏往往类型单一，社会性水平不高，情节简单，且常常十分吵闹。

(2)导演者

如果教师以导演角色介入游戏中，告诉儿童在游戏中应该做什么、不应该做什么，完全控制了儿童游戏，就很可能破坏儿童游戏，变成“游戏儿童”，而不是“儿童游戏”。

2. 支持者角色

(1)旁观者

教师或者家长在一旁观察儿童游戏，并用语言或非语言信号(如点头、微笑)来表示对幼儿游戏的关注，让幼儿感受来自教师的支持和赞同。

(2)舞台管理者

教师不参与游戏，但积极地帮助儿童为游戏做准备，并随时为正在进行的游戏提供帮助，如回应儿童关于材料的要求、协助儿童布置环境、提出适当地建议以延伸儿童的游戏等。

(3)共同游戏者

成人作为孩子们平等游戏伙伴积极参与儿童游戏中，通常扮演小角色，并通过一些策略进行暗示，间接对游戏产生影响。这时，成人一般应遵循游戏的原有进程，让儿童主宰游戏。

(4)游戏带头人

通常在儿童很难自己开展游戏或正在进行的游戏难以拓展下去的时候，成人积极地参与儿童游戏，通过提议新的游戏主题、介绍新的道具或情节元素以扩展已有的主题等方式，对儿童游戏施加更多的影响。

考题预测

一、单项选择题

1. 3岁前婴儿一般不能进行(　　)。

A. 独自游戏　B. 合作游戏　C. 平行游戏　D. 动作游戏

2. 下列有关表演游戏的说法，正确的是(　　)。

A. 是幼儿按照自己所熟悉的经验，以周围真实生活为游戏内容的来源

B. 以虚构的童话故事作为游戏内容的来源

C. 是在教师的组织下，严格按照故事、童话的情节、语音进行表演的

D. 游戏是以演给他人看为目的

3. 下列游戏中，属于创造性游戏的是(　　)。

A. 智力游戏　B. 音乐游戏　C. 角色游戏　D. 体育游戏

4. (　　)是学前期儿童的典型游戏。

A. 结构性游戏　B. 规则性游戏　C. 象征性游戏　D. 合作性游戏

5. 幼儿期最典型、最有特色的游戏，也是创造性游戏，最有代表性的是(　　)。

A. 角色游戏　B. 表演游戏　C. 结构游戏　D. 建筑游戏

6. “娃娃过家家”属于(　　)。

A. 结构游戏　B. 角色游戏　C. 表演游戏　D. 智力游戏

7. 在指导幼儿游戏时，下列行为不恰当的是(　　)。

A. 参与幼儿的游戏　B. 控制幼儿的游戏

C. 支持幼儿的游戏　D. 指导幼儿的游戏

8. 以下介入游戏的时机不恰当的是(　　)。

A. 当幼儿游戏出现困难时

B. 当儿童对游戏兴趣或准备放弃时

C. 在游戏内容发展或技巧方面发生困难时

D. 当儿童就游戏内容展开讨论时

9. 下列结束角色游戏的方式不恰当的是(　　)。

A. “现在时间到了,该下班了。”

B. “没看好病的病人请明天再来吧。”

C. “时间到了,游戏结束,老师要收玩具了。”

D. “请还没卖完东西的售货员明天再来。”

10. 幼儿在一起玩,彼此之间有交谈,彼此之间有自己玩的主题,每个人的主题皆是独自的,这是属于(　　)游戏形态。

A. 单独游戏　　B. 联合游戏　　C. 平行游戏　　D. 合作游戏

11. 家长根据儿童的年龄特点选择玩具,四五岁儿童的玩具主要是(　　)。

A. 练习手的抓握和带响的可活动的玩具

B. 练习行走和手的操作的玩具

C. 发展智力的和练习手的技能的玩具

D. 成型的玩具和一些文字、数字的材料等

二、论述题

简述游戏对幼儿社会性发展的作用。

三、材料分析题

某老师在语言活动“小乌龟开店”的基础上,组织一次表演游戏。教师一一出示早已准备好的道具。介绍完道具,配班老师带领全班幼儿“开火车”离开活动室去“剧场”看表演,主班老师忙着在活动室里布置场景:一家花店、一家书店、一家气球店。场地布置好了,幼儿由配班老师带领进“剧场”。主班老师提问:“谁愿意上来表演?”“哗!”几十只小手举了起来。老师挑了五个没有举手而上次语言活动表现又不好的幼儿上来表演。表演时,老师不停地提示孩子们对话,做动作。第二轮,老师请了五个“做得好的孩子”上来表演,五个孩子表演同一个角色。老师还是不时地按照故事情节规范语言,纠正孩子们的动作。好多孩子忙着摆弄有趣的道具,忘了表演,老师又不停地提醒……

结合我国对学前儿童游戏基本特征的认识,试分析该活动是不是真正意义上的游戏活动。

参考文献

1.王振宇.儿童心理发展理论[M].上海:华东师范大学出版社,2010.
2.邓赐平.儿童心理理论的发展[M].杭州:浙江教育出版社,2008.
3.姜勇.国外学前教育学基本文献讲读[M].北京:北京大学出版社,2013.
4.张文新.儿童社会性发展[M].北京:北京师范大学出版社,1999.
5.李秉德.教学论[M].北京:人民教育出版社.2005.
6.余文森,刘家访,洪明.现代教学论基础教程[M].长春:东北师范大学出版社,2007.
7.卢勃.学前教育学(新世纪网络教育系列教材)[M].北京:清华大学出版社,2014.
8.黄人颂.学前教育学(第二版)[M].北京:人民教育出版社,2009.
9.柳阳辉.学前教育学教程[M].上海:复旦大学出版社,2015.
10.罗伯特·斯莱文(美).教育心理学(第7版)[M].北京:人民邮电出版社,2004.
11.鲁道夫·谢芙(英).儿童心理学[M].北京:电子工业出版社,2005.
12.玛莉亚·蒙台梭利(意).蒙台梭利早期教育法[M].北京:中国发展出版社,2006.
13.陈帼眉.幼儿心理学[M].北京:北京师范大学出版社,2017.
14.刘新学,唐雪梅.学前心理学[M].北京:北京师范大学出版社, 2011.
15.林崇德. 发展心理学[M].杭州:浙江教育出版社,2002.
16.李甦.学前儿童心理学[M].北京:高等教育出版社,2013.
17.林永海.幼儿教育心理学(修订版)[M].北京:商务印书馆,2011.
18.陈坪,李殿录,李敏.学前儿童心理学[M].哈尔滨:黑龙江教育出版社,2009.
19.王小英,员春蕊,苏媛媛.学前儿童心理学[M].长春:东北师范大学出版社,2012.
20.刘金花.儿童发展心理学[M].上海:华东师范大学出版社,2013.
21.刘万伦.学前儿童发展心理学[M].上海:复旦大学出版社,2014.
22.陈帼眉,冯晓霞,庞丽娟.学前儿童发展心理学[M].北京:北京师范大学出版社,2013.
23.陈水平,郑洁.学前儿童发展心理学[M].北京:北京师范大学出版社,2013.
24.周念丽.学前儿童发展心理学[M].长春:东北师范大学出版社,2014.
25.张丽丽,高乐国.学前儿童发展心理学[M].长春:东北师范大学出版社,2016.
26.曹中平.学前儿童发展心理学[M].长沙:湖南大学出版社,2015.
27.罗家英.学前儿童发展心理学[M].北京:科学出版社,2011.

28. 方俊明，雷江华. 特殊儿童心理学[M]. 北京：北京大学出版社，2011.

29. 雅克布松. 情感心理学[M]. 哈尔滨：黑龙江人民出版社，2001.

30. 傅宏. 学前儿童心理健康[M]. 南京：南京师范大学出版社，2002.

31. 沈雪海. 学前儿童心理发展分析与指导[M]. 上海：复旦大学出版社，2014.

32. 唐凡茹. 2～6 岁，有趣的幼儿心理学[M]. 北京：中国纺织出版社，2016.

33. 关学增，冷月. 幼儿文学教程[M]. 郑州：河南大学出版社，2017.

34. 朱家雄等. 学前儿童美术教育[M]. 上海：华东师范大学出版社，1999.

35. 刘晓东. 解放儿童[M]. 北京：新华出版社，2002.

36. 祝智庭，钟志贤. 现代教育技术促进多元智能发展[M]. 上海：华东师范大学出版社，2003.

37. 中华人民共和国教育部. 3—6 岁儿童学习与发展指南[M]. 北京：首都师范大学出版社，2012.